PLASTIC
塑膠

有毒的愛情故事

A TOXIC LOVE STORY

✷減塑推廣版✷

Susan Freinkel
蘇珊·弗蘭克

達娃、謝維玲——譯

野人

目次

物件主角：椅子

塑膠主角：拜杜爾（Baydur，聚氨酯發泡塑膠），由拜耳（Bayer）公司製造的完美塑膠

物件配角：特百惠保鮮盒、單體椅、塑膠水桶、潘頓椅、麥托椅、路易魂

塑膠配角：聚丙烯（PP）、高流動性極耐工程塑料（Ultradur）

本章關鍵字

丹麥設計師維諾潘頓（設計了S型的潘頓椅）、藝術設計、比爾亞當斯（亞當斯家具創辦人）、伊姆斯夫婦（Ray & Charles Eames，創造第一款形象塑膠椅）、義大利的卡特爾公司（Kartell，創造世上第一個塑膠水桶）、康斯坦丁·葛契奇（Z型麥托椅設計師）、菲力普·史塔克（「路易魂」設計師）

物件主角：飛盤
塑膠主角：聚乙烯，世界上最常用的聚合物
物件配角：芭比娃娃、呼拉圈、夾鏈保鮮袋
塑膠配角：聚苯乙烯「斯泰隆」（Styron）、熱塑性塑膠

本章關鍵字
陶氏化學公司、惠姆歐企業（WHAM-O）、標準石油、約翰・洛克菲爾（標準石油公司負責人）、中國珠江三角洲、中國勞工守護團體

物件主角：點滴袋
塑膠主角：鄰苯二甲酸鹽（例如DEHP）、聚氯乙烯PVC（醫療設備最常用的塑料）
物件配角：拋棄式針筒、新生兒保溫箱、葉克膜人工心肺機
塑膠配角：戴奧辛、雙酚A（BPA）

本章關鍵字
醫療奇蹟、惡魔的原塑料、環境荷爾蒙、二手毒藥、塑化劑、隱睪症、尿道下裂、內分泌失調、環保增塑劑（Hexamoll DINCH）、鄰苯二甲酸鹽症候群、保鮮膜

5

到錯地方——從塑膠打火機談海洋塑膠垃圾

157

物件主角：拋棄式打火機
塑膠主角：聚甲醛樹脂
物件配角：微型垃圾、原子筆、刮鬍刀
塑膠配角：烷基酚、多氯聯苯（PCB）、聚碳酸酯

海洋公共財
拋棄式生活
緩慢而永恆的葬禮
用過即丟上癮症
垃圾漩渦
甲的毒藥，乙的禮物
從海洋回到餐桌上
一次性的物我關係

本章關鍵字
中途島、黑背信天翁、食物鏈、海洋塑膠垃圾汙染、一次性塑膠用品、海洋生物、用過即丟（拋棄式生活風格）、微碎片、海綿效應、《寂靜的春天》

物件主角：購物塑膠袋
塑膠主角：聚乙烯
物件配角：紙袋

本章關鍵字
背心袋、美孚石油、零垃圾、廢棄物管理、塑膠袋稅、一次性使用vs.再使用、塑膠袋回收

7 完成資源循環——從寶特瓶談資源的回收與再利用

物件主角：寶特瓶
塑膠主角：聚對鄰苯二甲酸乙二酯（PET）
物件配角：植物寶特瓶、聚酯纖維衣服和地毯
塑膠配角：聚酯纖維（布料）、乙二醇

本章關鍵字

資源回收、國際通用回收編碼、環保3R（減量、回收、再利用）、退瓶法案、瓶罐押金、中國再生塑料、生產者延伸責任（EPR）、垃圾變能源、永續包裝聯盟、從搖籃到搖籃（Cradle to Cradle）、瓶到瓶（bottle-to-bottle）封閉循環再生工廠、植物性塑膠瓶（PlantBottle）

8

綠色的定義——從信用卡談塑膠的未來

物件主角：信用卡
塑膠主角：聚氯乙烯
物件配角：會員卡、現金卡
塑膠配角：生質塑膠聚乳酸（PLA）、甘蔗乙醇、英吉爾（Ingeo）天然塑膠、聚羥基烷酯（PHA）、Mirel生質塑膠

綠色塑膠
生命週期思考練習
「培養」塑膠
可生物降解（一般譯為「可生物分解」，本書根據biodegradable專業意涵譯為「可生物降解」）
沒有塑膠的生活
重建健康的關係

本章關鍵字
大來卡、生質塑膠、生命週期思考法、環保女士（生活一年不碰塑膠）

後記

一座塑膠橋 307

致　伊萊、以撒克及莫里亞

For Eli, Isaac, and Moriah

塑膠村

我決定一整天不碰觸任何塑膠，但實驗才展開十秒，
我就知道這個實驗有多荒謬……。

一九五〇年，費城一家玩具公司為電動火車玩家開發了新的附件產品，一種按下即接合的塑膠建築配件，可用來組成所謂的美國塑膠村（Plasticville）。配件中還有多組可供選用移居到小鎮的「塑膠人」偶。

塑膠村原本只是個懶洋洋的鄉間小鎮，火車搖搖擺擺晃過紅色的穀倉駛進小村，村中有舒適鱈角風格建築、警察局、消防隊、學校及一座有尖頂的典雅白教堂。多年後，整條產品線擴展成大片熙攘忙碌的住宅區，有殖民風格的兩層樓房、分層的長形平房，還有一條大街，街上有銀行、五金加藥妝店的雜貨店、現代超市、兩層樓醫院、一棟仿費城古蹟獨立會堂的市政府大樓。最後，塑膠村甚至還有自己的免下車汽車旅館、機場和電視臺WPLA。[1]

當然，今天我們全都住在塑膠村中。但是在我決定要一整天不碰任何塑膠製品之前，實在不知道自己的世界到底有多麼塑膠。實驗的那一天才展開十秒鐘，我立刻知道這個實驗有多荒謬，因為在我拖著腳步睡眼惺忪地走進浴室時發現：馬桶座是塑膠做的。我立即修改計畫，改花一整天寫下所有觸摸到的塑膠製品。

我在四十五分鐘內填滿了筆記簿的一整頁（簿子本身就必須被分類到部分塑膠類，因為它有尼龍裝訂，我那削尖的二號鉛筆也有一層黃色壓克力顏料）。在清晨例行活動中，我寫下的物件有：

鬧鐘、彈簧床、暖墊、眼鏡、馬桶座、牙刷、牙膏管及蓋子、壁紙、人造石流理臺、

1　傑佛瑞．麥克歐（Jeffrey Meikle），《美國塑膠：一部文化史》（American Plastic: A Cultural History），(New Brunswick, N.J.: Rutgers University Press, 1997)，p. 189. 關於玩具本身的資訊請參見以下網站：http://www.tandem-associates.com/plasticville/plasticville.htm。

插電茶壺、冰箱門把、冷凍草莓的袋子、剪刀把手、優格罐、蜂蜜罐蓋、果汁壺、牛奶瓶、礦泉水瓶、肉桂粉罐蓋、麵包袋、茶盒外包裝玻璃紙、茶包袋、保溫瓶、鍋鏟把手、洗碗精瓶、碗、砧板、三明治袋、電腦、絨毛運動衫、運動內衣、瑜伽褲、運動鞋、貓飼料的容器、舀飼料的量杯、蹓狗皮帶、隨身聽、報紙袋、掉落在人行道上的一包美乃滋袋、垃圾桶。

女兒看著清單快速加長，睜大眼睛喊著「哇！」

到了晚上，我填滿了四頁筆記本。我的規則是每一物件只記錄一次，就算碰過多次的物件，如冰箱門把也一樣。要不然，我可能會把整本筆記都填滿。就這樣，我在清單上列出了一百九十六種物件，其中包括大如廂式休旅車的儀表板（其實，車內的整個內部裝潢都是塑膠）等物件，小到在午餐切來吃的蘋果上貼的橢圓小標籤。毫不意外的是，包裝材料占了清單的一大部分。

我從不認為自己的生活特別充滿了塑膠。我住在一棟近百年的房子，喜歡天然布料、老家具、自己手工烹煮的食物。我家的塑膠製品可說是比一般美國人少，但主要是為了美感而非政治因素。是我糊塗了嗎？隔天我記錄了每一件我接觸到的**非**塑膠物件。到上床時間，我在筆記本中記錄了一百零二項物件，使我的塑膠/非塑膠比例達將近二比一。我在這天第一個小時接觸的物件包括：

棉質床單、木地板、衛生紙、瓷龍頭、草莓、芒果、花崗石流理臺、不鏽鋼湯匙、不鏽鋼水龍頭、餐巾紙、紙板蛋盒、雞蛋、柳橙汁、鋁製派盤、羊毛地毯、玻璃奶油碟、鑄鐵煎鍋、糖漿罐、麵包用木砧板、麵包、鋁製濾網、瓷器餐盤、玻璃杯、玻璃製門把、棉襪、木製餐桌、狗的金屬套索項圈、土壤、樹葉、小樹枝、木棒、草（以及我若沒有用塑膠袋就會摸到我的狗在落葉、樹枝和草皮上遺留的便便）……

奇怪的是，我覺得記錄非塑膠物件清單不僅比較困難，而且很無聊。由於我決定不重複記錄同一物件，在寫下第一批項目後，變化就不大了，至少和塑膠類比起來是如此：木材、毛料、玻璃、石材、金屬、食物。進一步濃縮後，只剩下動物、植物、礦物。這些基本分類差不多包含了清單上的所有項目。反觀，塑膠的清單包含了各式各樣豐富的材料，令人眼花撩亂的合成物不僅構成了現代生活中龐大的部分，而且出乎意料的不顯眼。

我仔細衡量過生活中冗長的塑膠清單後，發覺自己對塑膠幾乎一無所知。**塑膠到底是什麼？從何而來？我的生活又是如何在不知不覺中充斥著合成物品？**審視著清單，我看到其中有使生活更輕鬆方便的塑膠產品，包括快乾衣物、家電用品、裝狗大便的塑膠袋，還有那些我知道能輕易放棄的塑膠物件，包括保麗龍杯、三明治袋、不沾鍋等。

我從未仔細觀察過塑膠村中的生活，但是新聞報導的有毒玩具、嬰兒奶瓶等，似乎說明了塑膠生活要付出的代價超過了益處。我開始思考自己是否不知情地讓子女暴露在會影響生理發育與健康的化學物質中。我從女兒上幼稚園開始就擺在她的午餐盒中的硬式塑膠水瓶，已證實會滲出仿雌激素的化學物質。這難道是她九歲時乳房就開始發育的原因？我很快又想到許多問題。我勤勉地放到回收筒中的塑膠製品都到哪裡去了？我丟掉的東西是否流落到遙遠的海洋中，漂流在廣大的塑膠垃圾潮之中？某處的海豹是否因為我丟棄的塑膠瓶蓋而哽咽窒息？我該停止使用塑膠購物袋嗎？汽水瓶真的會比我的孩子和我更長壽嗎？這一切要緊嗎？我該在乎嗎？生活在塑膠村到底意味著什麼？

快樂的騙子

塑膠一詞本身就會引發困惑。我們以單數型式將所有人造物質通稱為塑膠，但塑膠其實有幾千萬種*。它們並不是由各種物質組成的單一家族，而是多種相關物類的集合。

我拜訪了位在紐約的材料連結（Material ConneXion）公司，這是個供設計師思考其產品要使用什麼材料製成的顧問公司暨材料資料庫。我在這裡藉機一瞥塑膠一詞所含括近乎無止境的可能性。創辦人把這裡形容為「新材料的可愛動物園區」[2]。在瀏覽數千種現有的塑膠時，我果然覺得自己處在一個觸覺和視覺的仙境中。有一片壓克力厚板看起來像是純淨凝結的瀑布；珠寶色澤的膠團使人忍不住想要捏它一把；看起來、摸起來像老人皮膚的膚色布料（一位職員說：「好噁心，我永遠也不想穿上那種東西」），還有各種假皮革、絲網、灰絨毯、仿草

* 譯注：常見塑膠的簡要說明，請見書末「演出角色」。

2 喬治．貝瑞里安（George Beylerian），由約翰．瑞藍（John Leland）引述於《黏物（即膠質、網狀物及樹脂）大師》（The Guru of Goo (and Gels, Mesh and Resin)），《紐約時報》（The New York Times），二○○二年三月十四日。

葉，能記憶折疊方式的布料，及能吸收太陽能並將能量轉移到著裝者身上的布料。我看到各種板塊，模仿了紋理細緻的大理石、煙燻黃寶石、晦暗的水泥、斑點花崗岩、有木紋的木材。我觸摸了各種表面，有霧面的、光亮的、凹凸不平的、砂紙般的、毛茸茸的、黏濕的、羽狀的、冰冷如金屬的、如皮膚般溫暖有彈性的。

但是塑膠不一定要是材料連結公司裡奇特展示的一部分，才能令人感到驚豔。即使是尼龍這樣常見的塑膠都能具有令人發出「哇！」的可能性。製成降落傘時它能變得細緻如絲，織成褲襪時獨具伸展性，製成牙刷時能硬如鬃刷，做成魔鬼氈時又濃密如毛。《美麗家居》（House Beautiful）雜誌對這樣的變化心醉神迷，在一九四七年將一篇文章命題為〈尼龍……快樂的騙子〉。[3]

不論所有塑膠彼此間差異多大，都有一共通處，即它們都是聚合物（polymer），在希臘文的意思是許多組件。聚合物是由數千個所謂單體（monomer，希臘文意為單一組件）的原子單位組成長鏈後，彼此連結成巨大的分子。和水這種只由微不足道的一氧二氫原子組成密實的微小物質分子比起來，聚合物實在是大得無稽。

聚合物能含有上萬個單體，組成的鏈之長，使科學家在多年來一直爭辯著它們是否能被界定為單一分子。有位化學家說，若是如此，你乾脆隨意主張「在非洲某處發現一隻大象，長四百五十公尺，高九十公尺」。[4] 但聚合物分子確實存在，而且其巨大體型為塑膠提供重要

3 《美麗家居》（House Beautiful），一九四七年十月，p. 161.

4 羅伯·卡內格（Robert Kanigel），《擬真：真皮與兩百年的假皮》（Faux Real:Genuine Leather and Two Hundred Years of Inspired Fakes），(Washington, DC: Joseph Henry Press, 二〇〇七年), p. 87。

的特性——可塑性。比起單一珠子或幾粒珠子可供操弄的方式，想像一長串珠子能被拉扯、伸展、相疊或纏繞的方式有多少。珠串的長度和排列方式決定了聚合物的特性，包括強度、耐用度、清晰度、彈性和伸縮性。鏈子擠縮一起能製造用來裝洗潔精所需堅硬耐用的塑膠瓶。鏈子間有寬廣空間的，則能製造較有彈性的瓶子，最適合用來裝需要擠壓的番茄醬。[5]

疆界無限的「塑膠界」

人們常說我們生活在塑膠的時代。但我們究竟在何時不知不覺地進入這個時代？有人說一切始於十九世紀中葉，當時發明家開始從植物中尋找具有可塑性的新半合成化合物，用來取代如象牙這類日漸稀少的天然材料。有人則將時間定在一九〇七年，當時比利時的流亡者李歐・貝克蘭（Leo Baekland）製造出電木（Bakelite），世界上第一個由不存在於自然界中的分子所組成的完全合成聚合物。藉由這項發明，電木公司（Bakelite Corporation）自誇人類超越了自然世界中動物界、礦物界和植物界的典型分類法。現在我們擁有了「第四界，而且其疆界無限」。[6]

你也可以將塑膠的啟蒙定在一九四一年。珍珠港事件後不久，負責供應美國軍隊戰場用品的公司主管倡議以塑膠取代鋁、黃銅和其他具戰略價值的金屬。[7]二次世界大戰將聚合物從實驗室中拉進了現實生活。今日所知的許多主要塑膠，包括聚乙烯、尼龍、丙烯酸、保麗龍[8]

5 赫爾曼・馬克（Herman F. Mark），《巨型分子》（Giant Molecules），(New York: Time, Inc.)，p. 64。

6 麥克歐《美國塑膠：一部文化史》，p. 114。

7 哈利・杜伯伊斯（J. Harry DuBois），《美國塑膠史》（Plastics History, U.S.A.），(Boston: Cahners Books, 一九七二年)，p.197。

8 保麗龍（Styrofoam）一詞是陶氏化學公司（Dow Chemical）對技術上稱為發泡聚苯乙烯的塑膠申請的商標名。但我在此是用來指稱任何以發泡聚苯乙烯製成的產品。

等，都在戰爭期間收到第一張上戰場的訂單。工業界為了達到軍方需求而大幅增產塑膠之後，自然而然地化劍為犁，把合成物轉化為各種塑膠製品。如早期一家塑膠公司主管的回顧，到了戰爭末期，顯然「原本完全沒有塑膠製品的存在，但現在一切都將轉變為塑膠」。[9] 塑膠在此時真正開始滲透到日常生活的每個角落，悄悄地進入我們的房子、車子、衣服、娛樂、工作，甚至身體之內。

塑膠一項接著一項產品、一個接著一個市場地挑戰了傳統材料，並且獲勝，取代了汽車中的鋼鐵、包裝中的紙材與玻璃，以及家具中的木材。現在就連阿米西人*的馬車也有部分是以玻璃纖維的強化塑膠纖維製成。到了一九七九年，塑膠製品的產量已超過鋼鐵。塑膠在短得驚人的時間內，成為現在生活的骨架、結締組織*及滑溜的外表。

塑膠確實無可置辯地具有勝於天然材料的優勢。但這還不足以說明它怎會突然之間無所不在。隨石化工業的興起，當發明新聚合物的化學公司在一九二〇至三〇年代間，開始與控制生產這些聚合物關鍵原料的石化工業巨獸結合後，塑膠村不僅變得有可能，甚至是必然的。

煉油廠一天二十四小時全年無休地運作，持續不斷地生產著必須棄置的副產品，如乙烯氣。若能為這種氣體找到用途，副產品就能成為潛在的經濟發展機會。如兩位英國化學家於一九三〇年代初期所發現，乙烯可製成聚乙烯聚合物，也就是現在廣泛使用的包裝材料。另一項副產品丙烯則能在重新配置後，做為聚丙烯的原料，即優格的杯子、可微波的餐盤及愈

---

9 麥克歐《美國塑膠：一部文化史》，p. 180。

＊ 譯注：Amish，阿米西人是基督新教再洗禮派門諾會信徒，他們拒絕使用電力、汽車等現代工具，在美國及加拿大地區以儉樸的手工生活方式而著名。

＊ 譯注：結締組織，指連結動物體內各部器官位置的組織，如軟骨、韌帶等。

10 巴瑞·康曼爾（Barry Commoner）為肯尼斯·蓋斯（Kenneth Geiser）所著《材料之要：永續的材料政策》（Materials Matter: Toward a Sustainable Materials Policy）撰寫之前言，(Cambridge, MA: MIT Press，二〇〇一年)，pp. x-xi。

11 貝瑞·康曼爾，《貧窮的力量：能源與經濟危機》（The Poverty of Power: Energy and the Economic Crisis），(New York: Random House，一九七六年)，引述自麥克歐《美國塑膠：一部文化史》，p. 265。

來愈廣泛使用的包裝材料。另一種副產品丙烯腈能做成壓克力纖維，使這個合成世代的經典象徵——人工草皮得以問世。[10]

塑膠是石化工業中的一小部分，在我們消耗的石化原料中只占了微小部分。但是石化工業的經濟動力驅動了塑膠村的興起。如環境保護人士巴瑞・康曼爾（Barry Commoner）所言：「石油化學工序具有自身的內在邏輯，使每一新工序產生一股強烈趨勢，即迅速增產更多產品來取代既有產品。」[11] 源源不絕的石油發動的不僅是汽車，也是整個以消耗由塑膠製成之新產品為基礎的文化。

走入塑膠村的舉動並非思考後的決定，也不是某種經濟大危機或政治辯論後的結果。它也沒有考慮到社會福利、環境衝擊，或在其有效年限之後該拿這些塑膠製品怎麼辦。塑膠允諾的是廉價而豐盛的物資，這在人類歷史上可曾是件壞事？難怪我們會對塑膠上癮，或者說是對塑膠帶來的便利、舒適、安全、穩定、樂趣及輕薄成癮。

世界的年度塑膠消耗量在過去七十年間持續穩定上升，從一九四〇年代近乎零的程度到今日的每年二千七百億公斤。[12] 我們其實在一個世代之間就變成了塑膠人。在一九六〇年，一般美國人消耗約十三公斤塑膠產品。[13] 今天，我們每人一年消耗超過一百三十六公斤的塑膠，製造近四千億美元的銷售量。[14] 這可是閃電般的快速成長，一位工業專家聲稱塑膠是「二十世紀最浩大的商業故事」。[15]

12 〈參考資料：全球塑膠合成樹脂產量〉（FYI: Global Plastics Resin Production Over the Years），《塑膠新聞》（Plastics News），二〇〇九年十月三十日。二〇〇八年，總產量為二千四百五十億公斤，從前一年的二千六百億公斤下滑，反映出經濟衰退現象。

13 多明尼克．羅沙多等（Dominick Rosato），《塑膠市場》（Markets for Plastics），(New York: Van Nostrand Reinhold Co., 一九六九年), p. 3。

14 每人平均消耗量是根據美國三億人口及每年四百五十億公斤的塑膠製品計算所得，這個產量比二〇〇八年的產量略少，但略高過二〇〇九年的後經濟衰退期。二〇〇七年年度銷售量三千七百四十億美元資料源自：塑膠工業協會，〈塑膠及經濟速覽〉，線上資訊： httpp://www.plasticsindustry.org/。

15 二〇一〇年五月採訪Cereplast有限公司總裁 菲德瑞克．席爾（Frederic Scheer）。

第三美麗的名詞

塑膠的迅速擴散及滲透到我們生活中的驚人程度，說明塑膠與人之間存在著深層而持久的關係。但我們對塑膠的感受卻混雜了倚賴和不信任感，類似成癮者對成癮物質的感受。最初，我們沉溺於科學家創造的神奇饗宴中，享受他們從碳、水和空氣及其他物質中創造出一種接一種的神奇材料。一位女士在一九三六年參觀過杜邦（Du Pont）在德州舉辦的化學神奇世界（Wonder World of Chemistry）博覽會後，滔滔地說著：「杜邦改善自然的方式太棒了。」[16] 幾年後，人們告訴市調人員他們認為**玻璃紙**（cellophane）是英文中，繼**母親**及**記憶**之後，第三美麗的名詞。[17] 在這份迷戀中，我們決定只相信這位現代新夥伴最美好的一面。塑膠宣告了材料自由的新時代，使人從自然的吝嗇掌控中解脫。在塑膠時代，原物料將不會短缺，也不會因為木頭的死板或金屬的導電性等天然材料的天生特性而受限。[18] 合成物將可取代、甚至精準模仿稀有貴重金屬。塑膠愛慕人士預測塑膠將為我們帶來更乾淨明亮的世界，人人都可在其中享有「普遍平等的奢華」。[19]

我們對聚合物的癡狂究竟何時開始消退，實在很難說，但是在一九六七年當電影《畢業生》上映時，這股癡狂已經消失了。在某個時期，在大量的塑膠粉紅鶴、乙烯塑膠外牆板、人造皮鞋等產品的助長之下，塑膠朝便宜仿製品行進的強烈趨勢，終於使塑膠變成了廉價的替代品。所以在電影中，當友人把班傑明．布拉達克（Benjamin Braddock）拉到一旁給他生涯建議：「我要說的只有這個……塑膠！」時，觀眾完全明白為何班傑明對此建議非常反感。[20]

16 麥克歐《美國塑膠：一部文化史》，p135。

17 傑佛瑞．南伯格（Geoffrey Nunberg），《走向核能：衝突時代的語言、政治、文化》（Going Nucular: Language, Politics and Culture in Confrontational Times），(New York: Public Affairs，二〇〇四年), pp. 4-5；與南伯格於二〇一〇年三月的電子郵件往來。

18 羅伯特．費道爾（Robert Friedel），《塑膠先鋒：賽璐珞的製造與銷售》（Pioneer Plastic: The Making and Selling of Celluloid），(Madison:University of Wisconsin Press，一九八三年), p. 28。

19 愛德溫．史羅森（Edwin Slossen），《創造性化學》（Creative Chemistry），(New York: Century，一九一九年)，pp. 132-135，引述於麥克歐《美國塑膠：一部文化史》，p. 70。

20 長久以來這句話一直使塑膠工業界感到不滿，該業界的主要交易期刊直到一九八六年前，「一直無法引用那個『關於塑膠的老笑話』。」麥克歐《美國塑膠：一部文化史》，p. 3。

塑膠一詞不再給人無限可能的遐想，而只是一種乏味、沉悶的未來，就和羅賓森太太的微笑一樣虛假。

今日我們所仰賴的其他材料幾乎都沒有這種負面聯想，也不會引發這般發自肺腑的厭惡感。諾曼・梅勒（Normal Mailer）將此厭惡感稱為「宇宙中一股不受控制的惡力……等於是社會中的癌症」。[21] 我們或許創造了塑膠，但它在某種根本層次上仍是個異類，會永遠被視為「不自然」（雖然和水泥、紙或鋼鐵等其他任何人工製成的材料比起來，它並沒有更不自然）。或許原因之一是它超自然的耐用性。塑膠不像傳統材料那樣，在對人類有意義時的時間範圍內，它既不會溶化、生鏽，也不會分解。那些漫長的聚合物鏈被設計成歷久不衰，這意味著我們所製造的塑膠，不論是變成了垃圾、海床上的碎屑或掩埋場底層，至今大都仍與我們同在。人類或許會在明天消失於地球表面，但我們所製造的許多塑膠將持續存在幾百年。[22]

塑膠村實物教學

這本書追溯了我們與塑膠的曲折關係，從最初的狂喜擁抱，到後來幻想全失，直到今日冷漠和困惑的複雜情緒。在人類為自身需求打造物質世界的漫長計畫中，人與塑膠的故事就在這變革最大的世紀中上演。故事的範疇非常廣大，但內容卻也熟悉得驚人，因為情節裡充滿了我們每天使用的物件。我從中選擇八種物件，即梳子、椅子、飛盤、點滴袋、拋棄式打火

21 史蒂芬・分尼薛爾（Stephen Fenichell），《塑膠：合成世紀的生成》（Plastic: The Making of a Synthetic Century），(New York: Harper Collins, 一九九六)，p. 306。

22 艾倫・魏斯曼（Alan Weisman）在《沒有我們的世界》（The World Without Us）(New York: Thomas Dunne Books，二〇〇七年)一書中精采地探索了這一點。

機、塑膠購物袋、寶特瓶和信用卡，來幫助我敘述塑膠的故事。塑膠村捲入了現代生活中那張既是奇蹟也是危害的材料之網中，而上述每個物件都是一堂實物教學，闡述了生活在塑膠村的意義為何。透過這些物件，我檢視了塑膠的歷史與文化，以及塑膠製品的生成。我探討了塑膠的政治學，以及合成物如何影響健康與環境，也探索了我們在使塑膠的生產與處置更永續的作為上所付出的努力。我希望這一切能使我們更了解自己與塑膠的關係，並且在眾人的努力下啟發如何使塑膠變得更健康的方法。

我為何決定要專注於這些常見的小東西上？它們不像那些能自我修護或導電的智慧塑膠，不是使人眼花撩亂的先進聚合物科學正在推展的物件，因為這些智慧物件對我們的日常生活意義不大。我也選擇不探討諸如汽車、家電和電子用品等耐久物件。這些物件當然也能為塑膠世代提供許多洞見，但汽車或網路電話的材料故事所涵蓋的內容遠超過單純的塑膠。簡單的物件，經適當的探索後，能萃取出其中的精華議題。如歷史學家羅伯特．費道爾（Robert Friedel）所述，「我們的物質世界是建立於」小事物之上。[23]

有時候簡單的物件能描述出糾纏混亂的故事，塑膠的故事更是充滿了自相矛盾的議題。我們享有了空前的豐盛物資，卻又經常感到貧困，就像是在裝滿防震用保麗龍花生球的箱子裡翻找，結果發現除了保麗龍球，什麼也沒有。我們將經過數百萬年才形成的自然物質，形塑成只打算使用幾分鐘的產品，接著將這被製造成萬年不化的垃圾倒回地球。我們享有以塑膠為基礎的科技，前所未有地拯救了許多生命，卻也對人類健康帶來了隱伏的禍害。我們將那些

23　羅伯特．費道爾（Robert Friedel），〈關於物質〉（Some Matters of Substance），《從物件看歷史：材料文化文集》（History from Things: Essays on Material Culture），Steven Lubar and W. David Kingery等編輯，(Washington, DC:Smithsonian Institution Press, 一九九三年)，pp. 49-50。

和從地球偏遠地區挖出的高能量分子一樣的能量埋葬到掩埋場中。我們將塑膠垃圾運輸到海外去變成原物料，製成成品後又賣回給我們。我們捲入了高分貝的政治爭論中，塑膠最激烈的批評者和最忠實的辯護者都說著同一件事：這些材料太珍貴，不該浪費。

這些自相矛盾的議論使我們對塑膠的焦慮持續增長。然而使我訝異的是，今日占據頭條新聞的許多與塑膠有關的議題，過去都曾出現。研究顯示早在一九五〇年代，人體組織中就出現了微量塑膠。一九六〇年代出現了第一則塑膠浮現在海上的報導。紐約蘇佛克郡在一九八八年首度禁止使用塑膠包裝材料。每一回，這些議題在擄獲了我們的注意力數個月或數年之後，就又悄然消失在公眾雷達網中。

但是我們現在面臨的風險更高了。人類在本世紀最初十年製造的塑膠，已超過整個二十世紀的總產量。[24] 隨著塑膠村擴展得愈來愈遠，我們也愈發陷在塑膠強加於我們的生活方式中。我們愈來愈難相信這種塑膠化的速度能夠永續，也無法相信自然世界能長期忍受我們無止境地「超越自然」。但是我們有可能開始致力解決塑膠帶來的問題嗎？我們有可能與這些材料建立一個對我們更安全，對子孫更永續的關係嗎？塑膠村有未來可言嗎？

24　李查・湯普森等（Richard C. Thompson），〈塑膠，環境與人類健康：今日輿論及未來趨勢〉（Plastics, The Environment and Human Health: Current Consensus and Future Trends）《皇家哲學會刊B輯》（Philosophical Transactions of the Royal Society B），364期，二〇〇九年七月，p. 2166。當月會刊整本都在討論塑膠，及相關的健康與環境議題。對於目前科學對塑膠的了解與擔憂做出相當優秀的概觀。

超越自然

從梳子談塑膠的啟蒙

物件主角：梳子

塑膠主角：賽璐珞（celluloid）**，仿如纖維素**（cellulose）

物件配角：檯球（早期撞球）、底片、尼龍絲襪

塑膠配角：電木、尼龍、鐵氟龍、克維拉（防彈布料）

本章關鍵字：材料烏托邦、歐・亨利短篇小說〈聖誕禮物〉、杜邦公司、原子彈

在人類的欲望虛擬露天拍賣場——E-bay網站上，你可以找到一小塊專事古董梳子的交易空間。我逛過幾次之後，看到數十種由早期的賽璐珞塑膠製成的髮梳*，美到可收藏到博物館中，著迷得也想擁有它們。

有些梳子看起來像是由象牙雕成或由琥珀塑成，或是點綴了雲母般，像鑄了金那樣閃閃發亮。我看到以大型花邊裝飾的人造玳瑁梳，它可能曾在美國鍍金年代，被配戴在首次亮相的社交名媛高梳的髮型上；此外，還有皇冠般的髮梳，帶著藍寶石、祖母綠的光芒，或如萊茵石的舊稱那樣閃耀「黑鑽」的光芒。

我最喜歡的是一把一九二五年的精緻裝飾藝術髮梳，上面有個彎形把手，還附有隨身收納盒，梳子和盒子放在一起，看起來像是個用玳瑁做成的優雅皮包，上面還鑲了一顆萊茵石的扣子。髮梳只有四吋長，顯然是為爵士時代的短髮美女而設計。看著梳子時，我能想像它的第一個主人，一位穿著小洋裝、綁著短馬尾生氣蓬勃的女孩，顯現著她自馬甲、長禮服和沉重髮髻中解放出來的自由。

令人吃驚的是，這些美麗的古董價格相當平易近人。賽璐珞塑膠使梳子在有史以來首次能真正的大量生產，將價格壓低到即使是沒有大把鈔票可花，但想擁有美好事物的收藏家也買得起。對於生活在塑膠啟蒙期的人而言，賽璐珞提供的是一位作家所謂的「文明生活中許多必要與奢華品的偽造版」，藉此預告了這項新材料文化的美學和豐富度。[1]

* 譯注：在此，comb指的是用來做為髮簪的長齒型裝飾髮梳，而非平常的扁梳。

1 愛德華．瓊西．沃爾登（Edward Chauncy Worden），《硝化纖維素工業》（Nitrocellulose Industry）(New York: D. Van Nostrand, 1911) v. 2, p. 567, 引述自麥克歐《美國塑膠：一部文化史》，p. 15。

梳子是人類最古老的工具之一，在各個文化和世代中，被用來裝飾、梳理頭髮和除蝨。它們是由人類最基本的工具，也就是手衍生而來。自從人類開始以梳子取代手之後，梳子的設計就幾乎沒有變過，使專寫嘲諷新聞的報紙《洋蔥》寫了一小篇文章，題目為〈梳子科技：為何這項科技如此遠不如剃刀或牙刷界？〉那位在八千年前，以獸骨雕鑿出四齒梳，製造出已知最古老梳子的石器時代工匠，毫無困難就知道該如何使用我那把放在浴室梳洗臺面上的天藍色塑膠梳子。

人類在大半的歷史中，幾乎利用了手邊所有材料來製造梳子，包括骨頭、玳瑁、象牙、橡膠、鐵、錫、金、銀、鉛、蘆葦、木材、玻璃、瓷器、混凝紙漿。但在十九世紀末，隨著某種全新的材料，即第一種人造塑膠賽璐珞的問世，這些各式各樣的選擇開始逐漸消失。在以賽璐珞製成的物件中，梳子是第一種也是最受歡迎的產品。梳子製造商跨越了材料界的不歸點之後，就不曾回頭使用舊材料。從此，梳子通常是由某種塑膠製成。

梳子謙卑的改造故事，其實是塑膠如何改造人類故事的一部分。塑膠使我們自長期束縛著人類活動的自然限制、材料侷限和有限資源中解脫出來。這項新彈性也化解了社會階級界限。這些可塑性高、用途廣泛的材料問世，使生產製造者得到一只創造新產品的寶盒，同時也拓展了機會，使經濟拮据的人也能成為消費者。**塑膠袋為新材料與文化民主帶來希望**。而人類最古老的個人配件——梳子，使每個人都能將那股希望配戴在身邊。

友好的碳氫分子

塑膠，這個如此深入生活中的物質究竟是什麼？塑膠的英文plastic是衍生自希臘文的動詞plassein，意思是模造或形塑。塑膠的可塑性要拜賜於其分子結構，那些能夠屈曲收縮的漫長原子或小分子鏈，以重複的模式不斷連結成浩大的單一分子。「你看過聚丙烯分子嗎？」一位熱中塑膠的人士問我。他說：「那是我所見過最美麗的東西，就像看著一座綿延數里遠的大教堂。」[2]

二次世界大戰後，當合成塑膠幾乎成為生活的特色時，我們開始覺得塑膠是不自然的東西，但事實上大自然早在生命之初就開始編織聚合物了。每種生物都含有這些分子長鏈。組成植物細胞壁的纖維素就是聚合物。形成人體肌肉、皮膚的蛋白質，或是握有基因密碼的螺旋梯DNA，也都是聚合物。不論是天然或合成的聚合物，其結構中的骨幹很可能是由碳所組成，這是一種強硬、穩定、熱情的原子，是形成分子鍵的理想物質。此外通常還有氧、氮及氫等元素反覆與碳骨鏈連結，這些原子選擇排列的方式將製造出特定的聚合物變化。將氯加入這串康康舞隊，就能取得聚氯乙烯（Polyvinyl chloride），也就是所謂的乙烯基（Vinyl）；加上氟，就能得到光滑的不沾材料鐵氟龍（Teflon）。

最早期的塑膠是以植物纖維為原料，如今隨著油價攀升，植物纖維再度受到注意，用做新「綠色」塑膠的基礎原料。但今日多數的塑膠是由碳氫分子組成，這些碳氫組合是由石油或

2　二〇〇八年三月採訪亞當斯製造公司負責人比爾·亞當斯（Bill Adams）。

天然氣產品衍生而來。以乙烯為例，這是在天然氣加工或煉油時釋放出來的氣體。這種友好的分子是由四個氫原子和兩個碳原子組成，碳原子以在化學中相當於雙手握手的方式連結在一起。透過一點化學上的推擠，這些碳原子會鬆開一個連結鍵，使彼此能伸出一隻手抓住另一個乙烯分子的碳原子。重複這個程序幾千次後，哇啦！就能得到一個巨大的新分子——聚乙烯，最常見也最多功能的塑膠。視製程而定，這種塑膠能被用來包三明治，或用來拴繫太空漫步的太空人。

拯救大象、玳瑁，和平民

以下這則《紐約時報》報導雖然已有一百五十餘年歷史，聽起來卻相當現代。在一八六七年，該報警告由於人類對象牙無止境的需求，大象有「瀕臨絕種」的危機。當時，象牙被用來製作從盒子鈕釦鉤、鋼琴琴鍵到梳子在內等各種物品。但其中最大宗的用途是檯球用的球。* 當時檯球風靡了美國及歐洲的上流社會。每個莊園、每棟華廈都有一張檯球桌，**到了一八〇〇年中葉，人們很快開始擔心世界將沒有足夠的大象使檯球桌有球可打。**斯里蘭卡的象群情況最嚴重，當地的象牙是最上等檯球的供貨源頭。《時報》報導在該島北方，「當局提出一顆象頭幾先令的價錢，就使當地人在不到三年內殺死了三千五百頭大象。」總計，象牙每年的消耗量至少達一百萬頓，這強化了象牙會短缺的擔憂。《時報》希望「在大象滅絕、毛象用盡之前，能找到適當的替代品」。[3]

＊ 譯注：檯球為早期撞球，球桌並無球袋。

3 《紐約時報》（New York Times），〈象牙的供給〉（The Supply of Ivory）一八六七年七月七日。歷史學家費道爾認為象牙短缺的擔憂是過分渲染，因為真正短缺的是用來製作檯球的特定類型象牙，其材料是取自象牙的核心。

象牙並非大自然這個大貯藏室中唯一開始短缺的物件。供給龜甲用來製作梳子的不幸供給者**玳瑁**，也開始變得稀有。即便是另一種在美國獨立戰爭之前已被美國製造商用來做梳子的天然塑膠——**牛角**，也因為牧場停止為牛隻去角而供貨不足。

據傳，在一八六三年紐約一位檯球供應商在報紙上刊登了一則廣告，提供「可觀財富」[4]，價值一萬元的黃金，給任何能夠提供適當替代品的人。紐約州一位年輕短期印刷工約翰·衛斯理·海特（John Wesley Hyatt）讀到這則廣告，認為他能辦到。海特雖然沒有受過正式化學訓練，卻有發明的本領，在二十三歲已取得磨刀具的專利。他在自家後院搭建一座小棚屋，開始實驗以各種溶劑結合一種由硝酸和棉花製成的糰狀混合物。（硝酸和棉花的混合物稱為棉火藥，是一種令人卻步的物質，因為它非常易燃，甚至具爆炸性，有段時間被用來取代火藥，直到製造商對工廠經常發生爆炸感到厭煩為止。）

待海特開始在自家實驗室中進行實驗時，前人因天然材料的有限及物質限制的刺激，各種發明和革新已發展了數十年，並成為海特實驗的基礎。維多利亞時代對橡膠和蟲膠等「**天然塑膠**」很著迷。歷史學家羅伯特·費道爾（Robert Friedel）指出，當時人們將這些物質視為突破木材、鐵或玻璃限制的契機。[5]這些材料不僅具有可塑性，而且禁得起被硬化定型成最後的產品形式；對於在工業化過程中快速轉變的時代而言，這是相當誘人的特質組合，既有扎實的過去，也有流暢撩人的未來。十九世紀的專利簿中充滿了各種組合式發明，結合了軟木、木屑、橡膠、樹脂，甚至還有血液和奶蛋白，一切都是為了製造出某種具有現今塑膠特質的

4 海特（Hyatt）和賽璐珞早期情勢的故事可見於史蒂芬·分尼薛爾《塑膠：合成世紀的生成》，pp. 38-45，及麥克歐《美國塑膠：一部文化史》，pp. 10-30。有些人（尤其在英國）認為真正的塑膠之父是亞歷山大·帕克斯（Alexander Parkes），這位英國發明家是第一位將纖維素、硝酸和溶劑結合，創造出漿狀的半合成物質膠棉，成為海特實驗的基礎。帕克斯也記錄了使用樟腦做為溶劑來製造合成物的潛在價值，但並未像海特那樣在加熱與加壓中添加此物。帕克斯發明的帕克斯材料（Parkesine）並缺乏賽璐珞的多功能與切實性，他的行銷技術也不如海特。

5 費道爾，《塑膠先鋒》（Pioneer Plastic），p. 28。

材料。這些原型塑膠出現在如銀版照相盒等裝飾性物件中，但它們其實只是未來產品的仿造品而已。這時「塑膠」一詞還沒問世，雖然它要到二十世紀初才會出現，但我們已經開始夢想著塑膠了。[6]

海特在一八六九年有了突破。經過多年的反覆實驗，他在某天生產出一種具有「皮鞋皮革的質地」，但能做的不僅是縫出一雙皮鞋的白色物質。這是一種能變得和牛角一樣硬的可塑性物質。它能甩掉水分和油，能模造成型、能壓到平扁如紙，再裁剪或鋸成可使用的形式。它是由天然聚合物，即棉花的纖維素創造而成，但具有已知天然塑膠所沒有的多功能性。[7] 海特的兄弟以賽亞（Isaiah）是位天生的行銷家，他將這材料命名為「賽璐珞」（celluloid），意思是「仿如纖維素」（cellulose）。

雖然賽璐珞確實是很好的象牙替代品，海特似乎不曾領到那一萬元獎金。這可能是因為賽璐珞做不出很好的檯球，至少一開始是如此。賽璐珞檯球缺乏象牙有的彈跳力和回彈力，而且很沒定性。海特製造的第一批檯球，在彼此相撞時產生的巨大爆裂聲很像槍聲。科羅拉多一位酒館老闆寫信給海特：「我並不介意，不過每次球一相撞，店裡每個人都會拔槍。」[8]

然而，它卻是製作梳子的理想材料。海特在早期專利中提到賽璐珞克服了許多製作梳子的傳統材料具有的缺點。它濕的時候不會有木頭的濕黏感，也不會像金屬一樣腐蝕，不會像橡膠那樣粉碎，或像天然象牙那樣破裂變色。[9] 海特在專利申請書中寫道：「顯然上述其他材

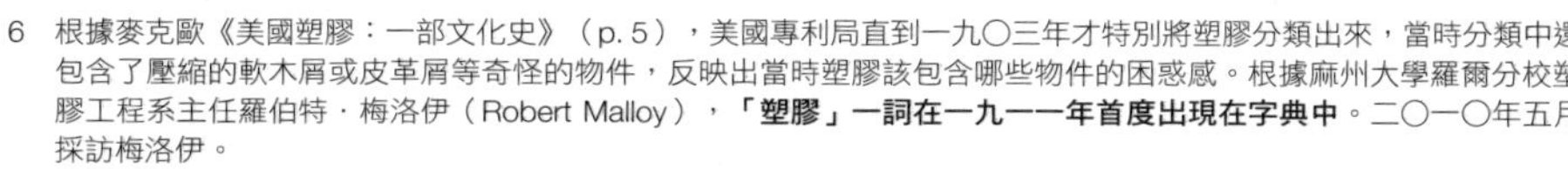

6 根據麥克歐《美國塑膠：一部文化史》（p. 5），美國專利局直到一九〇三年才特別將塑膠分類出來，當時分類中還包含了壓縮的軟木屑或皮革屑等奇怪的物件，反映出當時塑膠該包含哪些物件的困惑感。根據麻州大學羅爾分校塑膠工程系主任羅伯特．梅洛伊（Robert Malloy），**「塑膠」一詞在一九一一年首度出現在字典中**。二〇一〇年五月採訪梅洛伊。

7 羅伯特．費道爾（Robert Friedel），《材料世界：美國歷史國家博物館展》（A Material World: An Exhibition at the National Museum of American History），(Smithsonian Institution, 1988)，p. 41。

8 分尼薛爾《塑膠：合成世紀的生成》，p. 41。

9 麥克歐《美國塑膠：一部文化史》，p. 16，摘自海特一八七八年專利。

料……都無法製造出一把具有賽璐珞梳子優秀特質和天生優勢的梳子。」[10] 賽璐珞比多數天然材料更經久耐用也更穩定，況且只要稍加努力，它也能被做得很像天然材料。

加入豐富的奶油色和斯里蘭卡上等象牙的紋路，賽璐珞就能被製成市場上稱為「法國象牙」的人造產品。[11] 也可以在賽璐珞中摻入棕色和琥珀色斑點來模仿玳瑁，勾勒出類似大理石的紋路，注入珊瑚、天青石、紅玉髓或其他次等寶石的顏色，或變成如黑檀木或黑玉的黑色。海特的公司在傳單中誇耀地說，賽璐珞能做出非常擬真的「仿製品」，甚至能騙過「專家的眼睛」。[12] **一如石油解放了鯨魚，賽璐珞也使大象、玳瑁和珊瑚蟲能在原生棲地活下去，暫時不死；我們也不必再搜索地球，追尋愈來愈稀有的物質。**[13]

當然，在各種品質組合中，使某一物件奢華珍貴的關鍵是稀有度。幾乎沒有什麼比那些我們得不到的事物更令人渴望。作家歐・亨利（O. Henry）在他一九〇六年的故事〈聖誕禮物〉（The Gift of the Magi）[14] 中捕捉了這股渴望的痛苦（及終極的空虛感）。

為人妻的年輕黛拉愛上百老匯街上某家店的一組梳子，「美麗的髮梳，以純玳瑁製成，還有珠寶邊飾……她知道這些梳子非常昂貴，儘管不敢奢望擁有，她還是滿心的渴望與嚮往這組梳子。」單靠著丈夫一週二十美元的薪水，黛拉根本買不起這些梳子。看來黛拉也不像是來自能餽贈如此精美傳家寶的家庭。住在租金八美元、面向通風井的公寓中，利用「每回向菜販、肉商壓榨一角兩角」來省錢，在故事的開始，黛拉是以她所沒有的而非擁有的事物來定

10 海特專利，引述自基斯・勞爾（Keith Lauer）及茱莉・羅賓森（Julie Robinson）所著《賽璐珞：收藏家的參考及估價指南》（Celluloid: Collector's Reference and Value Guide），(Collector Books, 1999)，p.102。

11 雖然這很受製造商喜愛，但製程並不容易。材料必須被做成多種濃淡不一的白色及黃白色，然後壓成多重薄片，再逆紋將層壓物橫切，才能取得看似象牙的薄板。引述自與羅伯特・費道爾的電子郵件，二〇一〇年五月。

12 麥克歐《美國塑膠：一部文化史》，p. 15。

13 麥克歐《美國塑膠：一部文化史》，p. 15。

14 歐・亨利（O. Henry），〈聖誕禮物〉（The Gift of the Magi），收錄於《歐・亨利最佳短篇故事》（The Best Short Stories of O. Henry），(New York: Modern Library, 1994)，pp. 1-7。

義她的世界。然而最終，驅動黛拉的並非那股揮之不去的不足感，不是那股現代消費主義的驅動力。在聖誕夜，她剪下並賣掉自己最驕傲的長髮，為丈夫珍貴的金懷錶買了一條錶鍊。她的丈夫也在同時賣掉了懷錶，為黛拉買了她滿心渴望的玳瑁梳。在這組無私的行動中，兩人同時以自己所放棄的，即他們所沒有的，而不是以他們想要消費的物質來詮釋自己。

假使那些梳子是以賽璐珞製成，歐・亨利就沒有故事好說了。

即使靠著丈夫吉姆微薄的薪水，黛拉仍然買得起賽璐珞髮梳。確實，歐・亨利故事中的反諷所激發的，是只有在資源稀有、貨品罕見的世界中才合理的慷慨意象。在塑膠村中，我們並不清楚這樣的禮物能帶來什麼意義。顯然當海特的公司充滿熱情地宣告「投資在賽璐珞的幾塊錢」等於「花幾百元購買真正的天然產品」時，他所想到的並非稀有物品具備的優勢。[15]

解除消費渴望的痛苦

賽璐珞神奇的偽造天分變成這個工業的標誌。如果能不必煞費苦心的層層加疊與染色，好製作出看似象牙或玳瑁的梳子，一切就會更容易且更便宜。可是顧客要求產品有天然材料的外觀。人們喜歡這種詭騙技巧遊戲帶來的樂趣，就某種程度來說，這是人類逐漸開始支配自然的證據。藝術評論家約翰・羅斯金（John Ruskin）如此形容這種擬真障眼法（trompe d'oeil）帶來

15 麥克歐《美國塑膠：一部文化史》，p. 15。

的刺激：「當任何東西看起來像是另一種東西時，相似度高到**幾乎**能夠矇騙時，我們會有種驚異的喜悅感，一種愉快的刺激感。」[16]

或許最使人感到喜悅的是，手中低廉的物品仍有被視為稀有物品的機會。海特的公司生產一系列浴廁用品組合，並以諸如「擬象牙」、「擬琥珀」、「擬玳瑁」、「擬黑檀木」等含糊不清的美麗名稱來命名。公司鼓勵銷售員強調這些產品的美麗，希望能藉此說服「尚未因品味之故，而從鋪張浪費的銀製盥洗用具改用便宜又比較美麗的產品」的女性改變主意。[17]

拜賽璐珞之賜，現在包括歐・亨利故事中的黛拉，人人都買得起一組看起來像是富豪洛克菲勒會有的扁梳、毛梳和鏡子組；一家公司誇耀說：「紋路如此精緻真實，會使你以為這只有上好的老大象閃亮的象牙才能做出。」[18] 原本不堪負擔的髮梳，現在每個女店員都能用鑲金銀細絲的仿玳瑁髮梳將頭髮梳高。（這也是件好事，因為根據世紀初一位觀察家，當代的髮型往往要用上「幾公斤的賽璐珞」髮梳。）[19] 材料稀有性使黛拉的渴望加劇，但賽璐珞設法解除了消費渴望帶來的痛苦，使具階級意識、充滿渴望的櫥窗瀏覽者變成滿足的購物者。賽璐珞協助將奢華（或至少看似奢華）的品味，傳遞到那些過去不敢想像自己能享有精緻生活的人。但更重要的是，**它助長了人們對愈來愈多物品的需求**，就是這樣。

賽璐珞出現在美國正要從農業經濟轉變為工業經濟的時代。原本人們耕作、養殖自己的食物，製作自己的衣服，此時吃、喝、穿、用的物品卻愈來愈多來自工廠。[20] 我們很快就成為

16 麥克歐《美國塑膠：一部文化史》，p. 13。

17 費道爾，《塑膠先鋒》，pp. 85-86。費道爾提到賽璐珞梳妝用品組的需求，也因為產品較符合個人衛生而提升。賽璐珞毛梳和扁梳與銀器不同之處，在於前者不會褪色，能用肥皂雨水清洗，也不受濕氣影響。在製成仿象牙的產品後，它們呈現白色，那是衛生的顏色。

18 〈豪華精裝象牙塑料盥洗組〉（Ivory Py-ra-lin Toilet Ware de Luxe），(New York: The Arlington Co., 1917)，引述自麥克歐《美國塑膠：一部文化史》，p. 18。

19 杜伯伊斯《美國塑膠史》，p. 47。

20 蘇珊・史崔瑟（Susan Strasser），《保證滿意：美國大眾市場的形成》（Satisfaction Guaranteed: The Making of the American Mass Market），(New York: Pantheon Books, 1989)，p. 6。

消費國度。如歷史學家傑佛瑞・麥克歐（Jeffrey Meikle），在他充滿洞見的文化歷史《美國塑膠：一部文化史》（American Plastic: A Cultural History）中指出，賽璐珞是第一批氾濫於消費市場的新材料：「賽璐珞透過取代難以取得或製造過程昂貴的材料，使許多物品變得大眾化，擴張了中產階級的消費傾向。」[21] 賽璐珞充裕的供給使製造商能跟上快速成長的需求，同時持續壓低價格。賽璐珞和日後跟進的塑膠一樣，為美國人提供了進入新生活狀態的新道路。

梳子當然不是賽璐珞使物品大眾化的唯一範例。賽璐珞衣領與亞麻布搭配在一起，能使任何男人看起來瀟灑時髦。賽璐珞牙刷取代了骨製握柄，使人們只要花幾毛錢就能維持口腔衛生。[22] 當海特成功以賽璐珞製造出檯球後，檯球隨即從白蘭地配雪茄的豪華環境走入社區活動中心。檯球不再只是有錢人的娛樂，也成為平民大眾的遊戲，尤其在球桌加上了球袋，使整個運動演化成現代撞球時更是如此。[23] 如《音樂世界》中的哈洛德・希爾教授唱道：「這桌子有一個、兩個、三個、四個、五個、六個袋子。這些袋子顯示出紳士與流浪漢的不同。大寫「B」，和大寫「P」押韻，這就是我們的撞球！」*

賽璐珞最大的影響或許是做為底片的基礎材料。在塑膠影響最深刻的文化遺產中，影片歷史就能自成一本書。賽璐珞寫真的本領在此達到了終極的表現，將現實完全變化成幻影，化立體的血肉為螢幕上閃閃發亮的平面魅影。在此，賽璐珞透過多種方式發揮了強力的整平效果。影片提供的是一種新的娛樂方式，使大眾容易取得且能共同分享。〇・一美元就能買到一下午的劇情片、愛情片、動作片，偷得浮生半日閒。從西雅圖到紐約的所有觀眾在看到巴

21 麥克歐《美國塑膠：一部文化史》，p. 14。

22 蘇珊・摩斯曼（Susan Mossman,）編之《早期塑膠：展望，一八五〇至一九五〇年》（Early Plastics: Perspectives, 1850-1950），(London: Leicester University Press)，p. 118。

23 採訪《賽璐珞：收藏家的參考及估價指南》之作者茱莉・羅賓森，二〇一〇年四月。

* 譯注：大寫「B」代表Billiard ball，球桌上沒有球袋，早期是有錢人的遊戲。「P」代表Pool（球池），球桌上有六個球袋，是平民玩的遊戲。

斯特・基頓（Buster Keaton）的滑稽動作時，全都大聲狂笑，在聽到艾爾・喬森（Al Jolson）在有聲電影中說出第一句話：「等等，等等，你還未聽到真正的東西」時，全都興奮不已。

大眾文化中的電影跨越了階級、種族、人種及文化界限，將所有人的注意力都拉到同樣的劇情中，使我們覺得現實本身也和螢幕上的電影名稱一樣短暫而易變。透過影片，舊時代的菁英遭到罷黜；現在只要你面容姣好、有些才藝和一點點好運氣，每個人都能享有過去令人與階級聯想在一起的光鮮亮麗。任何一位黛拉都能成為螢幕上的社會名流和真實生活中的電影明星。

諷刺的是，賽璐珞影片開啟的世界差點就謀殺了賽璐珞梳子工業。一九一四年，由交際舞者轉行為電影明星的愛琳・卡斯特（Irene Castle）決定將她的長髮剪成俏麗短髮。那一撮撮剪去的長髮摔得最重的地方，莫過於麻州的李奧明斯特鎮。小鎮早在獨立戰爭之前已是美國梳子生產首都，此時則是賽璐珞工業的搖籃。鎮上一半的梳子公司幾乎在一夜之間被迫關門，使數千名梳子製造工人頓時失業。鎮上主要賽璐珞梳子製造公司佛斯特格蘭特（Foster Grant）的負責人山姆・佛斯特（Sam Foster），要工人別擔心。他肯定地說：「我們能生產其他東西。」他想到製造太陽眼鏡，因而創造了全新的大眾市場。[24] 該公司日後，利用隱藏在黑色鏡片之後的彼得・謝勒（Peter Sellers）、米亞・法羅（Mia Farrow）、拉寇兒・薇之（Raquel Welch）等明星，在廣告中挑逗地說：「藏在那副佛斯特格蘭特太陽眼鏡之後的人是誰啊？」只要到在地的藥妝店走一趟，任何人都能買到相同的迷人神祕感。

24 格蘭・奇特樂（Glenn D. Kittler）著之《內情：佛斯特格蘭特的故事》（More than Meets the Eye: The Foster Grant Story），(New York: Coronet Books, 1972)。

材料的烏托邦

儘管賽璐珞非常重要，他在二十世紀初卻扮演了相當謙卑的角色，主要侷限在如梳子這類新穎小型的裝飾性或實用性物件上。用賽璐珞製造物品是個勞力密集的過程；一小批模造而成的梳子，仍需要手工鋸開、拋光。由於材料本身揮發性強，整座工廠就像個火絨盒般易燃。工人往往在持續不斷的水柱中工作，即使如此，火災仍屢見不鮮。要等到更合作的聚合物發展出來，塑膠才真正開始改變人類生活的容貌、感覺和品質。到一九四〇年代，我們已發展出可大量製造塑膠產品的塑料和機械。此時已是塑膠製程標準配備的塑膠射出成型機，能將粉狀或粒狀塑膠原料一次就轉變成鑄模後的成品。一臺配備了多重注入空間模具的機器，能在一分鐘內生產出十把完全成型的梳子。[25]

杜邦公司買下李奧明斯特鎮最早的賽璐珞公司之一，並在一九三〇年代中期公開一張照片，展示一對製造梳子的父子檔工人一天的產量。照片中，父親站在一小疊三百五十把梳子旁，兒子站在一萬把射出成型的梳子旁。在一九三〇年，一把賽璐珞梳子售價為一美元，十年後你能在任何地方用十美分到五十美分不等，買到一把機器鑄造的乙酸纖維素梳。[26] 隨大量生產塑膠的興起，在賽璐珞年代大受歡迎的奇特裝飾用梳子和人造象牙梳妝組逐漸消失於市面。[27] 至此，梳子被簡化到最基本元素，梳齒和把手，只擔任最基本的功能。[28]

電木是第一種真正純合成塑膠，這種完全在實驗室製造而成的聚合物，為杜邦廣告中射出成

25 麥克歐《美國塑膠：一部文化史》，p. 29。

26 同上。

27 珍・克魯斯（Jen Cruse），《梳子：歷史與發展》（The Comb: its History and Development），(London: Robert Hale, 2007)。她寫道：「射出成型機的問世，加上一九三〇年代流行趨勢的改變，中止了將梳子製成裝飾物件的想法，美國西部的製造梳子技術因而逐漸消失。」p. 54。

28 雖然賽璐珞中止了製造梳子時對玳瑁的需求，但製造仿玳瑁梳的傳統持續存留。確實，如今玳瑁只是塑膠色彩的一部分，而且就像樂高遊戲鮮亮的基本色一樣，具有玳瑁色的物件其實保證了該物件是塑膠製品。

型梳子製造工的兒子鋪設了通往成功的道路。一如賽璐珞，電木的發明是為了替代另一種稀有天然物質——蟲膠，也就是由雌性紫膠介殼蟲生產的黏液。由於蟲膠是非常良好的電流絕緣體，對蟲膠的需求在二十世紀初大幅上升。然而，這要花上三萬三千隻介殼蟲六個月時間，才能生產出一公斤的蟲膠。為了趕上電器工業的快速擴展，我們需要某種新的替代材料。[29]李歐・貝克蘭藉由將甲醛混合石灰酸（或酚，一種煤炭的廢棄副產品），將混合物加熱加壓後製造出遠比蟲膠更多功能的塑膠。雖然稍費點力，電木也能仿造天然材料，但還是缺乏賽璐珞的模仿本領。不過，它有自己強有力的特性，因此刺激了其獨特塑膠外觀的發展。[30]

電木是一種帶有光滑機械般美感的結實深色材料，作家史蒂芬・分尼薛爾（Stephen Fenichell）如此描述它：「**簡潔得像海明威的句子。**」[31]不同於賽璐珞，電木可以被精準地鑄造成型，製作成任何東西，包括從如芥子大小的工業用軸襯，到一般大小的棺材。當代人們為電木「千變萬化的適應力」歡呼，驚奇貝克蘭如何將煉焦炭過程中一直被丟棄、惡臭又骯髒的煤渣，轉變為如此奇妙的新產品。

一般家庭會聚集在電木收音機旁（收聽由電木公司贊助的節目），開有電木配件的汽車，以電木電話保持聯絡，用有電木槳葉的洗衣機洗衣服，用套在電木外殼內的熨斗燙平皺紋，當然，還用電木梳子來梳理髮型。一九二四年，《時代》雜誌在一期以貝克蘭為封面的期刊中熱情地介紹：「一個人從早上以電木把手的牙刷刷牙，到從電木菸嘴取下最後一根香菸，在電木菸灰缸中壓熄香菸，倒在電木床上的一天之內，所摸到、看到、用到的都將是由這種千變萬

29　分尼薛爾《塑膠：合成世紀的生成》，p. 87。

30　費道爾，電子郵件往來，二〇一〇年五月。

31　分尼薛爾《塑膠：合成世紀的生成》，p. 97。

化的材料所製成的產品。」[32]

電木的問世標示了新塑膠發展的轉變。從此，科學家不再尋找能夠模仿自然的材料，反之，他們開始「以創意的新方法重組自然」。[33]一九二〇及三〇年代目睹了世界各地的實驗室湧出各種新材料，包括乙酸纖維素，一種具有賽璐珞的適應力，但不易燃的半合成物（植物纖維為其基本元素之一）。另一項產品是聚苯乙烯，一種光亮的硬塑膠，它能染上鮮亮色彩或維持水晶般清澈透明，或在充氣後膨脹成泡狀聚合物，也就是杜邦在日後使用的商標產品保麗龍。杜邦也引介了尼龍，回應了人類數百年來對人造絲的尋求。在一場以「光澤如絲」但「堅韌如鋼」的廣告詞為促銷的宣傳活動後，第一雙尼龍絲襪與世人見面時，所有女性全為之瘋狂。商店在幾小時內賣光存貨，在某些城市，供給不足導致了「**尼龍暴亂**」，購物者間出現了全武行的打鬥場面。[34]在大西洋的另一端，英國化學家找到了聚乙烯，一種強力防水的聚合物，成為包裝的必要材料。到最後，我們終於得到大自然從未夢想過的塑膠，包括什麼東西都無法沾黏的表面（即鐵氟龍），及能阻擋子彈的布料（Kevlar，克維拉）。

雖然這許多新材料也和電木一樣是純合成物，但它們有一重大不同，即電木是一種「熱固性」塑膠，意思是其聚合鏈是在鑄模過程中，透過熱能與壓力而結合在一起。分子「凝結」的方式就和鬆餅機中的麵團一樣，一旦連結成長鏈，就無法被解開。你可以打破電木，但無法將它融化做成其他物件。熱固性塑料的分子是不可變的，是聚合物世界的綠巨人浩克，這就是為何你現在仍然能找到看似全新的老電木電話、電木筆、電木手鐲，乃至電木梳子。

---

32 《時代》雜誌，一九二四年九月二十二日，引述自分尼薛爾《塑膠：合成世紀的生成》，pp. 97-98。

33 費道爾《塑膠先鋒》，p. 108。

34 分尼薛爾《塑膠：合成世紀的生成》，pp. 147-149。

聚苯乙烯、尼龍或聚乙烯等聚合物是「熱塑性塑膠」；其聚合鏈是在塑膠尚未鑄模成型前，透過化學反應形成。連結這些長鏈的連結鍵比電木的連結鍵鬆動，所以這些塑膠遇冷或遇熱會立即產生反應。它們會在高溫中融化（融點視塑料類型而定），在冷卻後固化，如果溫度夠冷還能結凍。這一切意味著這些塑膠不像電木，它們能被鑄模、融化、再鑄模、再融化，一而再地變化。它們改變型態的可變性，是熱塑性塑料能快速取代熱固性塑料的原因之一，如今有百分之九十的塑膠是此類型。[35]

許多新的熱塑性塑膠都曾經被製成梳子，拜賜於射出成型技術及新纖維科技，現在梳子製成的速率更快，數量更大，一天可以生產成千上萬把。這種速率本身就是一種功績，在各種可以廉價大量生產的必需品和奢侈品的加乘效果下，不難理解為何當時許多人將塑膠視為豐盛新世代的前兆。分布隨機又不均勻的自然資源使某些國家富裕，使其他國家一貧如洗，並且導致了無數毀滅性的戰爭，便宜又容易製造的塑膠為此提供了解決之道。**塑膠保證的是個材料的烏托邦，人人都可享有。**

兩位英國化學家，維特・雅爾斯理（Victor Yarsely）及愛德華・庫森斯（Edward Couzens），在二次世界大戰前夕寫下了這段充滿希望的願景：「讓我們試著想像一位生活在『塑膠世代』的居民。這位『塑膠人』進入的是個每個平面都光鮮明亮的彩色世界……在這個世界中，人就像魔術師一樣，幾乎能製造出他想要的每種需求。」[36] 他們想像這個塑膠人在打不破的玩具、圓角、無法磨損的牆壁、不變形的窗戶、弄不髒的衣料、輕型汽車、飛機和船隻的世界

35 唐納德・羅薩多（Donald Rosato）、瑪林・羅薩多（Marlene Rosato）、多明尼克・羅薩多（Dominick Rosato），《簡明塑膠百科》（Concise Encyclopedia of Plastics），(Boston: Kluwer Academic Publishers, 2000) p. 56。美國化學委員會（American Chemistry Council），「樹脂回顧：二〇〇八年版」（The Resin Review: 2008 Edition）。兩者間的區別並非絕對，有些聚合物，如聚乙烯，能被配製成熱塑性或熱固性。此外，還有其他較小類的聚合物，包括環氧樹脂、矽及「工程塑膠」等聚合物，是專門用來應對高性能需求。

36 V.E. Yarsley及E.G. Couzens，《塑膠》（Plastics），(Harmondsworth, England : Allen Lane, Penguin Books, 1941)，pp. 154-158。

中長大、老去。伴隨老年而來的羞辱將因為塑膠杯和假牙而減緩，直到死神將他領走後，他會被埋葬在「衛生的封閉塑膠棺材中」。

消費者的國度

那個世界遲遲未現。一九三〇年代發明的新塑膠在二次世界大戰期間，多數都由軍方獨占。譬如，一九四一年陸軍急著節省珍貴的橡膠，因此下令每個軍人配備的梳子都改為塑膠製，不再採用硬橡膠。於是每一陸軍成員，從下士到將軍，不論白人或黑人，「盥洗用具組」中都有一把五吋長的黑色口袋梳。[37] 當然，塑膠也被壓製成更重要的組件，用來製造迫擊砲引信、降落傘、飛機組件、天線外套、火箭筒砲管、砲塔外殼、鋼盔內襯，以及其他無數的應用。塑膠甚至是建造原子彈不可或缺的元件，在曼哈頓計畫中，科學家靠著鐵氟龍優越的抗腐蝕性，製造出盛裝揮發氣體的容器。塑膠的產量在戰爭期間大幅躍升，從一九三九年的一億四千二百萬公斤，到一九四五年的三億七千一百萬公斤，遽增了四倍。[38]

不過，日本投降後，這些產品的潛力必須被運用到某處，塑膠於是在消費市場中活躍起來。（確實，早在一九四三年，杜邦已經開始準備以塑膠製造戰爭用品以外的家庭用品原型。）戰爭結束後幾個月間，成千上萬人在紐約第一國家塑膠博覽會前排隊等著進場，展示各種在戰爭中證實其實力的塑膠製品。對在過去二十年來一直擔憂物資不足的大眾而言，這場博覽會展示的是一

37　二〇一〇年四月，採訪美國軍需歷史博物館館長路瑟．漢生（Luther Hanson）。

38　麥克歐《美國塑膠：一部文化史》，p. 125。鐵氟龍於原子彈的角色取材自約翰．安姆斯利（John Emsley）所著《分子展示會：日常生活科學》（Molecules at an Exhibition: The Science of Everyday Life），(Oxford: Oxford University Press, 1998)，p. 133。

場令人興奮、閃亮的預告，預告聚合物可帶來的希望。其中有各種顏色、且永遠不用重漆色的紗窗；輕到一根手指就能舉起，但又堅固到能裝載一堆磚塊的行李箱；用濕布就能擦乾淨的衣料；強韌如鋼的釣魚線；使購物者能看見新鮮食物的透明包裝材料；看似由玻璃雕刻而成的花朵；仿真的假手。[39] 這正是滿懷希望的英國化學家們所想像的豐足時代。博覽會主席得意洋洋地說：「什麼也阻擋不了塑膠！」[40]

配備了標準梳子的退伍軍人回歸的世界，不僅材料豐富，也因為軍人的鈔票、房屋津貼、有利的人口結構和經濟起飛而造就了各種機會，使美國人享有前所未有的可支配收入。戰後的塑膠生產量，以比快速成長的國民生產毛額更急劇的成長弧度增加。[41] 拜塑膠之賜，美國新富豪擁有無盡的廉價物品可隨意選擇。新產品和應用品不斷湧出，到最後更成為一種常態。大家開始以為保鮮盒本來就存在於世，當然塑膠流理臺、人造皮椅、紅色壓克力車尾燈、保鮮膜、塑膠外牆、擠壓瓶、按鈕、芭比娃娃、萊卡胸罩、運動鞋、幼兒果汁杯和數不盡的其他物件也都一樣始終存在。這個新工業與媒體（尤其是女性雜誌）合作，向消費者推銷塑膠的好處。《美麗家居》雜誌於一九四七年十月在五十頁的特刊中以標題〈塑膠——自在生活之道〉的文章，向家庭主婦保證：「塑膠將使妳從單調的工作中解脫。」[42] 就像小撞球檯在許多公司扮演了新功能一樣，連梳子也被用在消費性服務上。一九五〇年末期，許多飯店、航空公司、鐵路公司和其他工業開始發送印有公司名稱的贈品梳子。[43]

物品的快速增加加速了戰後的社會流動性。如今，我們是個消費者的國度，因為能夠共享現

39 〈塑膠新用途〉（Host of New Uses in Plastics Shown），《紐約時報》（New York Times），一九四六年四月二十三日，p. 31。

40 同上。

41 麥克歐《美國塑膠：一部文化史》，p. 2。二次大戰後二十年內，塑膠成長速率達兩位數，比任何主要競爭材料還快。羅薩多等，《市場》，p. 2。

42 塑膠工業最常用來促銷塑膠的優點是容易清洗，只要用濕布一抹就乾淨溜溜。一位《現代塑膠》（Modern Plastics）的前編輯回想起：「我們以前寫了很多年的故事，廢話胡扯一堆，然後是你可以用一條濕布就擦乾淨了，每個故事結局都是這樣。」引述自麥克歐《美國塑膠：一部文化史》，p. 173。

43 克魯斯《梳子：歷史與發展》，pp. 195-6。

代生活的便利與舒適，而成為愈發扁平的社會。不僅每家的鍋子裡都有雞肉可吃，每家的客廳也都有電視和音響，每個車道上都停了一輛車。如歷史學家麥克歐的觀察，透過塑膠工業，我們合成製造想要或需要物件的能力不斷增長，這使得現實本身感覺有無限可能性、非常具有可塑性。[44] 此時，身為塑膠村中的成熟居民，我們開始有理由相信自己太過塑膠化。一如《美麗家居》雜誌在一九五三年對讀者的保證：「你比文明歷史上的任何人更有機會扮演自己。」[45]

44　麥克歐《美國塑膠：一部文化史》，p. 2。

45　湯瑪士・海恩（Thomas Hine）所著《Populuxe》，(New York: Knopf, 1986)， p. 4。

平民的皇座

從椅子談塑膠對工藝設計史的影響

物件主角：椅子

塑膠主角：拜杜爾（Baydur，聚氨酯發泡塑膠）**，由拜耳**（Bayer）**公司製造的完美塑膠**

物件配角：特百惠保鮮盒、單體椅、塑膠水桶、潘頓椅、麥托椅

塑膠配角：聚丙烯、高流動性極耐工程塑料（Ultradur）

本章關鍵字：丹麥設計師維諾潘頓（設計了S型的潘頓椅）、藝術設計、比爾亞當斯（亞當斯家具創辦人）、伊姆斯夫婦（Ray & Charles Eames，創造第一款形象塑膠椅）、義大利的卡特爾公司（Kartell，創造世上第一個塑膠水桶）、康斯坦丁．葛契奇（設計了Z型麥托椅）

一九六八年，紐約現代工藝博物館進行了一場有歷史意義的展示會，展覽了以塑膠製成的新藝術作品、家具、家庭用品、珠寶和其他各式各樣雜貨。這場「一如塑膠」（Plastic as Plastic）的展示會，旨在宣揚聚合物所帶來的藝術創作自由。[1] 如《紐約時報》藝術評論家希爾頓．克萊姆（Hilton Kramer）在其評論中所述：這是「藝術家的夢想成真」——「一整批可製成想像中任何尺寸、形狀、體型或顏色的材料」。藝術家和設計師們會深深地愛上這些新材料，值得大驚小怪嗎？

然而，令克萊姆訝異的是展示會中的藝術家對「近乎浮士德式的自由」，反應非常差勁，至少和那些具有創意，負責將美麗的願景轉化在現實世界運用上的工業設計師比起來是如此。他認為設計師們（尤其是發明家具的設計師），「在塑膠的世界中，比最優秀的藝術家更自在、更有創造力與靈感。」設計師的作品「為我們定義了新世界帶來的感受」。[2]

設計師在展示會之前已經探索這個新世界數十年了。從電木問世以來，他們就在塑膠中看見為日常生活中的汽車、咖啡壺或椅子等創造現代美感的機會。事實上，椅子尤其如此。**如果說梳子使塑膠得以大量生產，那麼椅子為我們展現的是塑膠能有多美好。**

表達創意的最佳材料

1　這場展示會對贊助者虎克化學公司也是很好的公共關係宣傳，該公司是日後愛河汙染事件的元凶。麥克歐《美國塑膠：一部文化史》，p. 1。

2　Hilton Kramer〈「一如塑膠」：分裂的忠誠與矛盾的野心〉（'Plastic as Plastic'：Divided Loyalties, Paradoxical Ambitions），《紐約時報》，一九六八年十二月一日，p. D39。

之前，我對生活中的椅子，除了對舒適度的評價之外，幾乎不曾多加思考。但是我現在才開始了解到要製作一張好椅子，需要多少精心巧思。這就是為什麼赫爾曼米勒公司（Herman Miller）要花一千萬美元發展符合人體工學的精緻人體工學辦公椅（Aeron office chair）。[3] 我們和椅子的關係幾乎比任何其他家具都親密。然而，同一組餐桌椅，不僅是我這五尺三吋身材上大屁股栽坐的地方，它們也得承受我老公那六尺高且臀部幾乎沒肉的身材，和長得極快的青少年兒子們及嬌小的小女兒。一張椅子必須支撐各種身材和體型，而且要有相當的舒適度，這是非常不易達成的目標。其他家具都不需面對這樣的要求。

為此，椅子長久以來一直被視為是家具設計的聖母峰。創意人士一再地挑戰這項看似容易的物件，尋找著創新方式來結合型態與功能。設計博物館中不乏各種與椅子和設計相關的歷史書籍。紐約現代藝術博物館（Museum of Modern Art，簡稱MoMA）設計部門主任帕歐拉・安東尼里（Paola Antonelli）說：「不論從設計或人類學角度來看，椅子都非常重要。」[4]

稍加回顧椅子的歷史，你會不禁訝於椅子的基本型態竟然始終如一。現有最古老的椅子是從埃及皇后海特芬莉絲（Heterpheres）古墓中出土的一張三千四百年前的椅子（是為了讓皇后能有個好座椅來應付往生後的世界），這張古老椅子即使在現代居家客廳中，也會顯得得宜。[5] 它的座位寬大低矮，扶手極高，四腳像獅子的腳掌般收伏著。在各個國家和文化中，椅子基本的直線型態在千百年來重複不斷。這種型態是因應坐椅子的人體外型及材料限制而生，有史以來椅子材料大都是木材和金屬、皮革與繩子，及近代才開始使用的布料。

---

3 二〇〇八年四月採訪家具史學家彼得・費爾（Peter Fiell）。

4 二〇〇八年九月採訪MoMA設計部門主任帕歐拉・安東尼里。

5 Florence de Dampierre，《椅子歷史》（Chairs: A History），(New York: Abrams Books, 2006)，p. 17。

即使在如此受限的範圍內，椅子依然為各個文化的時代精神提供了極具說服力的證詞。以十八世紀兩個截然不同世界的椅子為例，一張是路易十四的扶手椅，鍍金的華麗裝飾，細節豐富，反映出凡爾賽宮的浮誇與政治型態；同樣地，一張震盪教派（Shaker）＊線條簡單樸實的椅子，反映出該教派樸素嚴格的信仰。路易十四的巴洛克風格扶手椅顯示出這位太陽王的光輝，而且只有他能享受這張椅子，其他宮廷中的成員都只能坐在板凳上。震盪教的工匠則刻意避開裝飾法，唯一的細節是為了實用目的而做。他們對家具的態度「和他們對自己的血肉之軀一樣不具感情，重要的是實用的精神，而非傳達精神的工具。」[6]

我們在第五世紀克里斯模斯（Klismos）椅的優雅彎曲線條中，看見了豪邁、充滿想像力的希臘文化開花結果，也在中世紀歐洲龐大結實的王座般座椅中看見封建制度嚴厲的掌控。

工業化的精神則在典型木製咖啡座椅的出色設計中清楚呈現。家具迷口中的索涅特十四號椅（The Thonet Model 14）是德國家具製造師麥克．索涅特（Michael Thonet）為了創造一款能大量生產且價格合理的椅子，而於一八五九年製造問世。他透過將一張好椅子的幾何結構簡化成六個組合容易的組件，成功達成目標。這張椅子有兩個木圓圈、兩根桿子和一對彎曲的拱狀支柱，加上十顆螺絲釘及兩個螺帽。到一九三〇年，這個型號已經售出五千萬張椅子，此後，又售出了數千萬張。[7] 現代的椅子也一樣充滿故事。美國人對人體工學椅的迷戀，清楚說明了我們有多麼愛坐不愛動。

＊ 譯注：震盪教派為美國十八世紀基督教中的一個支派，教徒皆為獨身，共居一處，生活儉樸。

6 Paul Rocheleau、June Sprigg，《震盪之作：震盪教建築的型態與功能》（Shaker Built: The Form and Function of Shaker Architecture），(New York: Monacelli Press, 1994)，引述自帕歐拉．安東尼里，〈一張常人的椅子〉（A Chair for the Common Man），未出版手稿。

7 Alice Rawsthorn，〈十四號椅：安坐了數千萬人的椅子〉（No. 14: The Chair that has Seated Millions）《國際先驅論壇報》（International Herald Tribune），二〇〇八年十一月七日。

但是椅子並非只是文化工藝品而已。長久以來它們也是藝術家的畫布。工業設計師喬治・尼爾森（George Nelson）觀察到：「每一個真正的原創想法，每種設計上的創新，每種新材料的應用，每項家具的技術創意，似乎都在椅子上找到最重要的表達方式。」[8]

從二十世紀中葉起，許多創意靈感都是源自於塑膠。**這組化學材料艦隊的抵達，將傳統材料加諸於設計上的限制吹得無影無蹤。**除了一連串的直角以外，現在椅子設計師能發展出各種符合人體形狀的座椅。一張塑膠椅可以有許多腳，或者如豆袋椅般，一隻腳也沒有。它可以很堅硬、軟綿綿、充滿空氣；也可以塑造的像顆球或棒球手套。**聚合物科技無所不能，唯一的限制是設計師的想像力。**

塑膠樂天主義

「塑膠」在希臘文的字根中是做為形容詞或動詞，而非名詞，比起我們開始使用這個名詞時任何人想像中的塑膠，這或許更符合塑膠的本質。[9]當我們說起塑膠這東西時，它其實並沒有「物的特質」，一種你能在天然物質中找到定義其結構的本質。木材、石塊、金屬、礦物，全都有其與生俱來的特質，藉此我們知道該如何使用與面對它們。我們知道鑽石堅硬到能夠刮破玻璃，金戒指不生鏽，黑檀木能拋磨到光亮無比。當我們看見一件以天然材料製成的物件時，就知道它是如何成型的，知道它可能是栽種的、敲打而成或織就而成的。

8 George Nelson，《椅子》（Chairs），(New York: Whitney Publications Inc., 1953)，p. 9，引述自夏洛特・費爾、彼得・費爾，《一千張椅子》（1000 Chairs），(Koln: Taschen, 2000)，p. 7。

9 麥克歐《美國塑膠：一部文化史》，p. 71。

可是塑膠物件在這方面基本上是不可測知的，其過去和未來幾乎沒有線索可循。雖然任何聚合物都經設計而具有特定特質，但唯一能定義塑膠的固有特質，而能被統稱為塑膠的是其可塑性，也就是無論我們要它成為什麼，它都能達成的千變萬化能力。如法國哲學家羅蘭．巴特（Roland Barthes）在一九五七年於著名的塑膠沉思錄中所述：「**塑膠快速變化的藝能是不容置疑的；它能變成水桶也能變成珠寶。**」[10]

如此順從的物質問世後，人類獲得前所未有的自由，能隨心所欲地依需求和夢想來形塑世界。電木的製造者選擇以代表無限的數學符號做為商標，充分闡述了塑膠無限的能力。[11]

設計師自塑膠初現的時代起，就對塑膠的無限可能著迷不已。他們熱愛這些合成物為設計帶來的自由，以及這些材料具有的現代性精神，一位德國評論家將此稱為「塑膠樂天主義」（Plastikoptimismus），一種門戶大開的感受力。[12] 對家具設計師保羅．法蘭克（Paul T. Frankl）而言，像電木這類材料操持的是「二十世紀的日常用語……合成創造的語言」，他鼓勵設計同儕發揮想像力，探索這些新材料毫不做作的人造性。[13] 如法蘭克及其他三〇及四〇年代運用電木的設計師所詮釋的，塑膠傳達的是流線型語言，是以弧度、短線、淚滴形態組合成的行話，在從電話、收音機到馬丁尼雪克杯等日常生活物件中，創造出速度與動態的感覺。一旦把鋼筆變成流線型，連這樣冷漠的物件都能發出「我們要衝向未來！」的訊息。日後出產的熱塑性塑料所具備的無限可塑性，則為這種語言提供了更廣大的設計詞彙。

10 Roland Barthes，《神話：巴特作品集，安妮特．拉維爾斯選譯》（Mythologies: Selected and Translated from the French by Annette Lavers），(New York: Hill and Wang, 1972)。

11 麥克歐《美國塑膠：一部文化史》，p. 1。

12 麥克歐《美國塑膠：一部文化史》，p. 320。

13 麥克歐《美國塑膠：一部文化史》，p. 108。

＊ 譯注：二十世紀極具影響力的夫妻檔設計師。

設計師會欣然接受塑膠，還有一個原因。自二十世紀中葉起，現代設計受到平等主義的引導，認為好的設計需要花大錢，如此即使是最粗俗的東西也能是個美麗的物件。如瑞及查爾斯・伊姆斯（Ray and Charles Eames）＊俗世而饒舌的名言所述：「將最好的事物以最少的代價帶給最多的人。」塑膠是達成這項任務最理想的媒材：可塑性高、相對廉價、適合大量生產。或者如以熱愛這項合成材料著名的現代設計師凱倫・洛許（Karim Rashid）最近所說的：「要創造出美麗的家用設計，塑膠是最好的材料。」[14] MoMA博物館在一九五六年將一組特百惠（Tupperware）塑膠容器加入二十世紀優秀設計展示品時，便是認可了塑膠對此任務的貢獻。「這些容器製作良好、比例佳，『整齊不凌亂』，仔細考量設計的形狀奇妙地擺脫了許多家庭用品特有的粗俗感。」[15] 正如塑膠促使消費性物品大眾化一樣，它們也使設計變得大眾化。

然而，就像任何新的關係必然會有風險一樣，要利用塑膠的模仿力來製造粗笨的仿造品，如仿木櫥櫃、人造皮活動躺椅等，實在是輕而易舉，這導致塑膠等同於劣等材料的惡名不斷擴張。[16] 一位評論家寫道，塑膠的適應力和圓滑說服力，使它們無法獲得被正視為正統材料之名應有的「尊嚴」。[17]

人們在戰後幾年使用塑膠的失敗經驗，使塑膠為劣等材料的印象更加惡化。這個新生工業承諾要提供「非凡之作」，但戰後和平期的市場中卻充滿了各種化學災難。製造商還在學習當中，但這無法確保客戶會滿意。有的塑膠餐盤在熱水中會融解，塑膠玩具在聖誕節早晨裂開

14 作者以電子郵件採訪洛許，二○○八年三月。

15 Alison J. Clarke，《特百惠容器：美國一九五○年代的塑膠帶來的承諾》（Tupperware: The Promise of Plastic in 1950s America），(Washington, DC: Smithsonian Institution Press, 1999)，p. 36。《美麗家居》雜誌在一九四七年一篇文章中，將之稱為「三十九分錢的藝術」，克拉克， p. 42。

16 在一九六○年代末期，家具工業使用假木材的風氣盛行到使聯邦交易委員會警告製造商停止使用混淆視聽，且可遭控訴的商標名，如「神奇木材」或「奇蹟木材」。位於阿肯色州史密斯堡的華德家具公司（Ward Furniture Co.）在一九六八年對《現代塑膠》雜誌說：「十年後唯一的非塑膠家具將是古董家具。」〈家具界的新寵〉（The New Excitement in Furniture）《現代塑膠》（Modern Plastics），一九六八年一月，pp. 89, 91。

17 Walter McQuade，〈埋伏以待的包裝物〉（Encasement Lies in Wait for All of Us），《建築論壇》（Architectural Forum）127期，(Nov. 1967)，p. 92，引述自麥克歐《美國塑膠：一部文化史》，p. 254。

來，塑膠雨衣在雨中會變得濕黏，甚至分解。[18] 聚合物科技在一九五〇年代開始改善，製造商學會如何製造更好的塑膠，更重要的是了解如何將適當的聚合物應用在正確的地方。但為時已晚，塑膠的惡名已難挽回。

伊姆斯很清楚投入塑膠行業所要面對的挑戰。他和妻子瑞創造了第一把形象塑膠椅，即著名的桶椅（bucket chair），一個向下凹的玻璃纖維座，安置在十字交叉的細金屬椅腳上。他在一九六三年對學生的演講中，談到運用如花崗岩等天然材料和玻璃纖維這類合成材料的差異。他說，花崗岩是個非常堅硬的材料，雖然要從中創造出好東西並不容易，「要做出壞產品卻也極端困難。」

他又說：「塑膠則是另一回事。用這種沒骨架的材料做出壞產品極端容易，毫不費力就能做出各種可想像得出的壞東西。塑膠本身絲毫不具任何抗拒力，藝術家必須夠堅定，才能在作品中保有紀律。」**伊姆斯看待塑膠的態度，就像阿茲特克人看待烈酒一樣，是一種對年輕人來說，太容易醉得上癮的自我表達方式**。在阿茲特克的律法中，一個人只在年紀夠大夠成熟後，才有資格沉醉於烈酒之中；年輕人若喝醉酒，可以被處以死刑。同樣地，伊姆斯認為**「塑膠和噴槍應該留給年過半百的藝術家來發揮」**。[19]

尋找設計界的聖杯

18 麥克歐《美國塑膠：一部文化史》，pp. 165-7。

19 分尼薛爾《塑膠：合成世紀的生成》，p. 259。即使是伊姆斯經常使用的夾板，也是聚合物科技的產品之一，這種將木材層層夾疊的技術，要等到用塑膠來黏合層壓板後，才得以實踐。

丹麥設計師維諾・潘頓（Verner Panton）在一九五〇年代中期開始發想塑膠椅時，才年近三十。這個建築學校的新畢業生，是個野心勃勃的教條破壞者，具有狂野想像力，並且拒絕妥協信念。戰爭期間，他不僅反抗納粹占領丹麥，更退學參加丹麥反抗軍，因為公寓中藏武器被發現，只得藏身數個月。[20]戰後，他搬到哥本哈根學習建築，很快就混入城裡具有影響力的設計界，並和其中許多傑出人士結交為友。

但是他對當時充斥在中產階級客廳裡那種素淨、低調的丹麥式現代裝潢一點也不感興趣，討厭他所謂的「米灰色的服從」，認為白色無聊到「應該被扣稅」。他自己則只穿藍色。[21]他覺得木材和天然纖維太平凡。他想像的是太空時代的形狀，極端的豔麗色彩，及傳統木工無法成就的扭轉彎曲造型。他和其他許多當代人士一樣，也對隨著戰爭大量出現的新材料感到著迷，包括鋼絲、模造夾板，以及最重要的塑膠。他對採訪者說設計師「現在能運用這些材料，創造出在此之前只能夢想的物件」。又說：「我個人很想設計出能用盡當代所有可能技術的椅子。」[22]

事實上，他已經想好一款用塑膠來製作的椅子了，一張激進、非常不像椅子的椅子設計。但他知道這在保守的哥本哈根無法找到會欣賞的觀眾，如當地一位重要的設計師所說：「我們除了換木材外，並不想動其他腦筋。」[23]

潘頓在一九五〇年代末期買了一輛福斯廂型車，改裝成行動工作室，開始不定期旅行歐洲各

---

20 關於潘頓早年生活與事業的討論，可見由Alexander von Vegesack及馬西亞斯・瑞梅勒（Mathias Remmele）等人編輯的《維諾・潘頓：作品集》（Verner Panton: The Collected Works）(Weil am Rhein: Vitra Design Museum, 2000)中的一系列文章。由瑞梅勒撰寫的文章〈一體成型：潘頓椅的故事〉（All of a Piece: The Story of the Panton Chair）中，描述了潘頓如何發想出他的形象椅。

21 二〇〇八年九月採訪瑞士家具大廠維察公司（Vitra）總裁羅夫・菲爾包姆（Rolf Fehlbaum）。

22 von Vegesack等，《維諾・潘頓：作品集》p. 23。

23 Poul Henningsen，引述自von Vegesack等，《維諾・潘頓：作品集》p. 71。

地，順便拜訪其他設計師、製造商，以及可能會願意購買他的設計的經銷商。他用第一批充氣式塑膠家具為一家飯店大廳裝潢；設計了飛碟型檯燈和透明圓弧形屏幕照明牆面；用金屬圓筒創造椅子；如此到了六〇年代初，各種充滿有趣想像，以及利用非傳統材料的設計，使他逐漸有了名氣。他同時也以調皮和愛磨人出名，喜歡挑釁較傳統保守的同儕。在一九五九年一場設計展中，他堅持將展示家具掛在天花板上，認為這樣能使參觀者有更好的觀賞角度。但是其他展示者並不喜歡這種吸引注意力的賣弄方式。他回顧說：「在那之後許多藝術家很久不跟我說話。」[24]

潘頓每回跨越歐洲旅行時，車上總是載著一張早年想像出的椅子的小型模型，希望能找到願意認購生產它的人，但是多年來一直找不到願意參與的夥伴。潘頓聯繫的一位家具商嗤之以鼻地說：「那頂多是個雕塑品，不是一張椅子。」[25]

這張椅子既沒扶手也沒腳，一點也不像傳統椅子；它只是個長長的S型曲線塑膠，形狀像是某人坐在椅子上的翦影。椅子下方是以凹弧形板支撐。發明這形狀的人並非潘頓，而是荷蘭建築師馬特・史坦（Mart Stam）在數十年前首創，經馬歇爾・布勞耶（Marcel Breuer）以鉻鐵管和木材製作成懸臂椅後，才變得普及。[26]但是潘頓的想像將這個形狀帶入了合成世代，一道完整的彎曲線條、光滑的表面，椅身二重扭轉出擁抱的弧度，而這只有塑膠才能辦到。[27]

但是形狀並非促使潘頓固執地為這個模型四處叩門的唯一原因。他也對能夠用單一片塑膠，

24 von Vegesack等《維諾・潘頓：作品集》，p. 28。

25 據聞説這話的是赫爾曼米樂家具的設計總監George Nelson。瑞梅勒著之〈一體成型〉，參見《維諾・潘頓：作品集》，p. 78。

26 費爾，二〇〇〇年。二〇〇八年五月採訪維察設計博物館館長Alexander von Vegesack。

27 事實上潘頓用夾板做出一張S椅模型，但它無法達成以塑膠製成的椅子所具有的活力感或流線感，也無法大量生產。瑞梅勒著之〈一體成型〉，參見《維諾・潘頓：作品集》，p. 76-77。

一舉成型大量生產椅子的挑戰非常著迷。這個想法是得自於他目睹一臺射出成型機器用塑膠製作水桶的過程。他看見塑膠粒從機器一端進入，快速融化成液體，然後射入模型中成型冷卻。潘頓對於製造過程的速度和水桶低廉的價格印象深刻。假使他能以同樣方式製作椅子，就能達成設計師世代以來追尋的目標：一款名符其實、一體成型的椅子。這種椅子是現代工業時代最完美的體現，一種從型態、材料到製作技術的和諧整合，也就是設計師所謂的「完全的設計統一性」（total design unity）。

完全的設計統一性是設計界追求的終極目標。除了美學之外，這也是生產物件最有效率的方式。家具歷史學家彼得．費爾解釋：「你若想要以可負擔的價錢將好的設計傳達給大眾，單一材料型態是最合理的做法。」潘頓不是唯一想要達成挑戰的人。本世紀中葉，歐洲和北美各地的設計師都在探索各種方式，想以玻璃纖維和聚丙烯等新聚合物來大量生產塑膠椅。[28]

然而令潘頓失望的是科技趕不上藝術家的想像力。一九五七年，同是設計師的耶羅．沙里南（Eero Saarinen）設計出著名的「鬱金香椅」。他想像一片由白色玻璃纖維製成輕柔彎曲的花瓣，從纖細的柱腳上展開。（他的目標是免除設計傳統家具時要面對的椅腳窘境。）沙里南在日後寫道，他希望椅座和柱腳「全由同一材料」壓模成型。「過去所有偉大的家具，包括埃及圖坦卡門法老到齊本德爾（Thomas Chippendale）*的椅子，全都具有整體結構性。」[29]但這個設計有個問題，即由玻璃纖維製成的細花梗不夠堅硬，無法承受人體重量。沙里南只好勉強接受用金屬製作椅子的基柱，再套上白色塑膠塗層。椅子雖然具有沙里南想要的外觀，他還是

28 這項努力始於一九四六年，一對加拿大設計師創造出玻璃纖維椅的原型起。兩年後，伊姆斯夫婦開始製造著名的玻璃纖維筒狀椅。但兩者都既非單一材料，也不無法輕易大量生產。玻璃纖維無法以射出成型法製造。而必須將塑料和纖維倒入模型中成型，製成玻璃纖維，這在許多年中一直是個非商品化且勞力密集的過程。

＊ 譯注：十八世紀英國家具設計師。

29 分尼薛爾《塑膠：合成世紀的生成》，p. 259。

相當失望。他對同事說他會持續期待「塑膠工業發展到能如他所設計的，以單一材料製作整張椅子」的那一天。[30]

雖然製造純塑膠椅困難重重，設計師和製造商（尤其在歐洲）卻善用了聚合物工程和塑膠製造法的發展，發明各種方式，將前衛概念應用在更容易製造的日常用品上。

最擅長此道的莫過於義大利的卡特爾公司（Kartell）[31]，該公司創造出世界上第一個塑膠水桶，可說是塑膠至今最重要的應用。（只要想到人類花了幾千萬年在尋找可靠的方式來承裝與運輸水，就不難了解傳統社會第一項接受的塑膠製品之一正是水桶。）化學工程師胡李歐・卡斯泰利（Giulio Castelli）和其建築師妻子安娜（Anna）於一九四九年成立了卡特爾公司。他們了解改善塑膠科技的需求，持續探索新的方式來調整聚合物的特質，與技師和壓模工緊密合作，改良壓模過程。

他們一開始製作的是汽車零件，但很快就轉向更具藝術性的物品。卡斯泰利夫婦很早就了解到塑膠材料不像其他天然材料，「要擁有身分……只能透過自我投射來取得。」[32]成功必須仰賴設計。所以就算是要設計最平凡的物件，他們也聘用最高檔的設計師來執行任務。在卡特爾公司手中，蒼蠅拍、果汁機、菸灰缸、檯燈和儲物櫃都具備了雅致的美感。由吉諾・哥倫比尼（Gino Colombini）設計的立式畚箕擁有非常優美的幾何型態，最後還成為許多設計博物館的收藏品。

30 麥克歐《美國塑膠：一部文化史》，p. 204。其他想要發展塑膠椅的設計師也遭遇到類似障礙。一九六二年，英國設計師Robin Day設計了一款以便宜的聚丙烯為主體的椅子。他和殼牌石油公司合作（該公司握有這種塑膠專利），掌握了壓模科技，製造出一體成型的椅座。但是金屬的椅腳仍須另外組裝。儘管如此「聚丙烯椅」仍成功得驚人，成為世界各地的教室和等候室中經典的機構用塑膠椅。至今約銷售了一千五百萬把椅子，英國政府更在二〇〇八年發行一張慶祝該椅子的郵票（一系列英國最佳設計郵票組的一部分）。幾年後，德國建築師Helmut及Alfred Batzner設計了一款由類似玻璃纖維材料製成，可一體成型的椅子，但是它無法大量生產，而且椅腳必須分開製作。採訪彼得・費爾，及費爾的《一千張椅子》。

31 根據Karl Mang，確實，義大利人大致上領導了塑膠家具的發展，拜賜於義大利的大公司和小工作室及先進的設計師之間緊密的合作。Mang，《現代家具史》（History of Modern Furniture），(New York: Harry Abrams,1978)，p. 160。

卡特爾出眾之處在於把塑膠當作塑膠來用。他們不像許多美國製造商那樣，試圖將塑膠當作天然材料的替代品。卡特爾不會在塑膠身上耙出仿木紋、點上皮革般的卵石紋，或撒上亮片讓它發出金光。他們把塑膠當作塑膠用。從其米蘭工廠出產的產品具有誇張明亮的原色彩、光滑的表面、俐落的幾何形狀、波浪般的曲度。這是一種非常大方的人造風格，乃至於每件物品上還有麥克歐所說的「來自煉油廠的氣味」。[33]並非人人都能接受這種外觀，但無可置疑的是這確實是自成一種風格，一種完全以材料光滑本質為基礎的風格。卡特爾的設計使人相信塑膠也能像傳統材料一樣，擁有某種高貴的本質。

然而，就連卡特爾也無法創造出一體成型的椅子。要製造出原尺寸椅子，模具本身必定非常龐大，要安裝並壓製模型的機器就得更大了。有些設計師差點成功了，但最後總是因為那四根受詛咒的椅腳而功敗垂成。馬可・薩努索（Marco Zanuso）和理查・沙伯（Richard Sapper）為卡特爾設計了一款以聚乙烯製成的兒童座椅。卡特爾能將椅背和椅座一體成型，但椅腳還是分開製作與組裝。喬・柯倫波（Joe Colombo）在一九六七年為卡特爾設計成人尺寸的椅子時，也遭遇到同樣的困難。[34]

潘頓的無腳椅在製造上面臨的挑戰少多了，是比較適合使用塑膠的設計，至少對當時的塑膠製造技術來說是如此。

這款椅子並沒有很確切的歷史紀錄，潘頓自己對於最後的生產說法前後矛盾。我們只知道他

32 卡特爾博物館目錄。

33 麥克歐，《美國塑膠：一部文化史》p. 226。

34 採訪費爾。

終於在六〇年代末期找到願意生產S椅的夥伴，一家授權為赫爾曼米勒公司製造家具的瑞士公司。公司負責人對潘頓的設計並不感興趣，但他的兒子羅夫．菲爾包姆（Rolf Fehlbaum）對此非常熱中。他對父親說：「這款椅子新穎、有趣、令人興奮。」鼓勵他接手生產。[35]

後來潘頓或新夥伴發現製造這款椅子的過程比所預期的更具挑戰性。他們花了許多年實驗了各種材料和製程[36]，並且和積極想參與這種開創性工作的塑膠製造商緊密合作。每個人都知道這是一種新型椅子。他們在一九六八年找到了完美的塑膠：由拜耳（Bayer）製造的光滑、堅硬的新聚氨酯發泡塑膠，稱為拜杜爾（Baydur）。當年年底，公司開始大量生產這款將在歷史留名的椅子。[37]

光滑、性感、技術上首創的「潘頓椅」，一上市就大獲成功——至少在設計界是如此。但對潘頓來說卻是個長期的失望，因為這款椅子在商業上始終未能有太大的成就。對一般中產階級顧客來說，要把它擺在具美國移民風格的客廳，還是格格不入。

儘管如此，它仍然迅速取得當代形象之椅的地位，具體呈現出六〇年代對實驗的開放態度及生氣蓬勃的行動力。負責策畫潘頓在博物館作品展的馬西亞斯．瑞梅勒（Mathias Remmele）則認為，這款椅子捕捉了更深刻的精神：「它具體呈現了整個年代的熱忱，在這個年代中，社會對進步以及對科技能戰勝一切的信心仍屹立不搖。」[38]塑膠在當時是很酷的題材。這款椅子出現在設計雜誌的封面，被用在廣告中，以它性感的外表來幫助不性感的產品，例如音響

35 採訪費爾。

36 潘頓、菲爾包姆和維察公司的工程師Manfred Dieboldt想要找到一種能夠利用機器壓模，但事後不需要大量手工整修的塑膠。在首次試銷這張椅子時，公司使用了以玻璃纖維強化過的聚乙烯，這需要大量昂貴又耗時的手工。他們製造的幾張原型立即達到設計媒體的讚賞，但潘頓對於椅子的重量、不均勻的拋光和高單價感到不滿。瑞梅勒，〈一體成型〉，摘自von Vegesack等，p. 85。

37 雖然潘頓已經突破了以聚合物製造椅子的上限，他對拜杜爾椅還是不滿意，因為椅子從壓模生產出來時看起來仍感覺非常粗糙。它仍須填材、拋光和上色，這使單價升高。潘頓希望能使一般人買得起這張椅子。兩年後，他和夥伴們找到一種可能更適合的新塑膠，由巴斯夫石油（BASF）製造稱為Luran S的聚苯乙烯，其塑粒原料已經染好色，而且從壓模生產出來後不需要再加工。他們開始用Luran S製造潘頓椅。但幾年後，他們發現這種材料不如最初預期的耐用。消費者開始抱怨椅子出現裂痕，甚至整張破裂。這些抱怨加上品味的改變，銷售量大幅下降，公司終於

和洗碗機的銷售。有份雜誌更在「如何在丈夫面前脫下衣服」為題的照片中，以跨頁篇幅將光滑的紅色潘頓椅當作主角。[39]

繼潘頓之後，設計師開始發想出更迷幻的概念：充氣式客廳家具組，形狀像巨大臼齒、超大型香蕉、嘴唇、海膽的椅子，甚至還有一大片草皮式的椅子。我那來自美國中西部的嚴肅母親，在一九七〇年前後的某一天，帶回家一張香菇形的軟櫃凳。此時，潘頓椅在流行中時進時出。如今，因為專售二十世紀中期家具的零售商「設計就在身邊」（Design Within Reach）的推動，使它又流行起來了。（該公司販售的是由聚丙烯製成的低價版潘頓椅。）

不論潘頓椅得到了怎樣的普普藝術形象，這款椅子之所以重要，純粹是因為它被創造出來了。如家具史學家費爾所強調的，在第一張潘頓椅從龐大機器子宮中生產落地，完全成型，且在被人類的手觸碰之前的那一刻，是「自文明萌芽以來，家具史上最重要的片刻。」（當你寫了一本名為《一千張椅子》的書時，就能隨心所欲地做出這種一概而論的評論。）潘頓及其夥伴解決了如何整合型態、材料和生產的困難課題。他們達成了完全設計統一性。或如費爾所說：

「**他們找到了設計界的聖杯。**」

塑膠的本質帶來的誘惑，遲早會使這聖杯發展成用過即丟的塑膠杯。在技術上，從高文化涵養的潘頓椅到鄰近五金百貨店就能買到的低文化素養塑膠椅的兩點之間，幾乎是條暢通無阻的大馬路。

在一九七九年停止生產這張椅子。潘頓再度展開尋找相信這張椅子的美與設計價值的製造商。最後，購買了生產第一張椅子公司的維察公司接手，自一九九〇年起開始製造與銷售潘頓椅。瑞梅勒，〈一體成型〉，摘自 von Vegesack等，p. 84-86。及採訪菲爾包姆、von Vegesack及維察公司前工程師Manfred Dieboldt，二〇〇九年十二月。

38 瑞梅勒，〈一體成型〉，摘自von Vegesack等，p. 4。

39 潘頓寫於倫敦設計博物館網站上的自傳。

無國界單體椅

簡單、輕型、通常為白色或綠色的單體椅（monobloc chair，由單一片塑膠一體成型模塑而成），可能是家具史上最成功的發明。每年大批的椅子在春天準時出現。這些基本款椅子的要價大約等於半打罐裝啤酒的售價。

市面上有數千萬張單體椅進駐世界各地的陽臺、游泳池畔和公園。它們或許不會出現在設計雜誌的跨頁版面上，但是正如研究單體物件的人注意到的，只要仔細觀察，就會在各種新故事和照片中找到它們的蹤影。[40] 歐巴馬當選總統時，肯亞人從單體椅起身鼓掌叫好。海珊的藏身地、阿布格來布的囚犯地獄＊及美國承包商尼可拉斯・伯格（Nicholas Berg）在巴格達遭砍頭的恐怖影片中，都有單體椅的身影（至少有一位陰謀論主義的部落格主將這當作美國參與殺害伯格之舉的證據）。[41]

白色塑膠椅浮現在卡崔納颶風和印尼海嘯後的破瓦殘礫中。它們出現在古巴政治集會、尼加拉瓜暴動和中國慶祝共產黨統治六十週年的照片中。它們進駐了以色列以及其周圍敵對國家約旦、敘利亞和黎巴嫩的咖啡廳。就連全球商業代表可口可樂也被禁的封閉北韓，也有單體椅的蹤影。[42]

這些椅子贏得世界的心，也贏得人們的屁股，因為它們便宜、輕盈、可清洗、能疊放、免維

40 Alice Rawsthorn，〈歌頌椅中之椅〉（Celebrating the Everychair of Chairs），《國際先驅論壇報》二〇〇七年二月四日；Maria Gosnell，〈請坐〉（Everybody Take a Seat）《史密森尼期刊》（Smithsonian），二〇〇四年七月一日。兩者都充滿洞見地撰寫了這款到處都有卻不顯眼的單體椅。

＊ 譯注：Abu Ghraib，美軍於伊拉克的虐囚地點。

41 專門討論單體椅的網站www.functionalfate.org爭論了單體椅出現在伯格謀殺影片的重要性。

42 Jens Thiel，〈Sit Down and be Counted〉，《藝術評論》（Art Review），二〇〇六年四月。

護；它們能接受日曬雨淋。如果你不想清洗去年舊款的椅子，也可以輕鬆更新替換。而且這些椅子也算舒適。

單體椅雖然源於潘頓椅，但它確切的血統並不明確。視你詢問的對象是誰，這些椅子最早在一九七〇年代末或一九八〇年代初，出現於法國、加拿大或澳洲。雖然第一張單體椅的起源仍然模糊難溯，要想像這些椅子如何大量增生並不困難。在某個遠離純設計國度的地方，可能在歐洲，某位具有功利思想的生意人發現大量生產塑膠椅的潛力。[43]他（塑膠業界的女性並不多）會採用潘頓開創的射出成型製程，但運用的是聚丙烯這類低價的塑膠材料，而非潘頓使用的高科技塑料。塑料的專利到期後，原塑料的價格將低於每公斤〇．六美元。[44]他不製作潘頓椅那種前衛的椅子，反而回頭製作傳統的四腳椅，在潘頓的突破性創舉之後，如卡特爾等諸多製造商已經很精通單體椅的製造。他也不是一次只製造幾千張椅子，而是數十萬張，甚至數百萬張，這使他能大幅回收初始投資成本。雖然單體椅很便宜，製造設備並不便宜。一臺射出成型機器成本可能達一百萬美元，新模具造價也可高達二十五萬美元以上。[45]法國阿里伯特公司（Allibert）在一九七八年當然也採用了類似策略，推出丹加里塑膠扶手椅（Dangari），一張由法國頂尖設計師皮耶．保林（Pierre Paulin）所設計的單體塑膠庭院椅。這款暢銷椅比今日的單體椅更優雅穩重，因此價格也較高。從表面看來，日後氾濫於全球市場的輕型且較欠考量的塑膠椅，可能是模仿這款單體庭園椅而來。

加拿大商人史蒂芬．格林伯格（Stephen Greenberg）於一九八〇年代初在一場貿易展中看過塑

43　二〇〇八年三月採訪www.functionalfate.org網站站主Jens Thiel。

44　二〇〇八年六月採訪加拿大貿易公司（Canadian Mercantile Trading Corp）代表史蒂芬．格林伯格（Stephen Greenberg）。

45　射出成型機造價：Gosnell，〈請坐〉《史密森尼期刊》二〇〇四年。模具造價：二〇〇八年四月採訪George Lemieux，KCA塑膠顧問公司。

膠椅後，便成為北美洲第一位加入單體椅市場的人士。他清楚地看見塑膠椅勝於他當時銷售的金屬庭園椅的優點：不生鏽，容易相疊，設計上也非常具功能性。他在一九八〇年代初期開始從法國進口單體椅。他說當時市場上的公司屈指可數，而且大多在歐洲。

但事情在一九八〇年代大幅改觀，尤其在便宜的中古椅子製造模型開始上市後，製造商不用再花數十萬美元才能在單體椅潮流中軋一腳，只要五萬美元就能開始生產了。突然間，每個擁有射出成型機的鄉巴佬都在製造椅子。世界各地，包括阿根廷、印尼、墨西哥、泰國、以色列、紐西蘭等地開始出現地區性製造商。格林伯格不再進口單體椅，而是開始自己生產。他告訴我：「在顛峰期，我們一年賣出五百萬張椅子。我們只是眾多廠商之一。我們知道義大利的廠商一天可以生產五萬張。」

這種生產數量使市場競爭非常激烈。製造商不斷砍殺價錢到幾乎沒有利潤可言。最早期的單體椅一張可賣到五十或六十美元，到九〇年代中期價錢只剩十分之一。格林伯格記得：「最後，許多人把自己搞到倒閉。」那是一種「自殺行為」。同樣的故事也在美國上演，如此激烈的競爭使得一九八〇年代的十幾家廠商，今日只剩三家公司還在製造單體椅。[46]

難以分解的塑膠信念

46 市場不再那麼凌亂，但塑膠家具仍然是個難做的生意。例如，亞當斯（Bill Adams）在他的基本款上一毛錢也沒賺到，他把椅子視為賠錢貨，其他零售商也一樣，他們全都願意把椅子當贈品送掉，好藉此吸引顧客上門。

當你到在地五金百貨店買塑膠椅時，你買到的可能來自於在美國賓州有工廠的法國塑膠家具老廠好必利（Grosfillex），或一家龐大的以色列塑膠集團在美國的子公司美國休閒公司（U.S. Leisure），或來自位於賓州匹茲堡北方，人口僅二六八人的波特斯維爾小鎮（Portersville）裡的獨資公司亞當斯家具（Adams Manufacturing）。

亞當斯家具的創辦人比爾・亞當斯（Bill Adams），在塑膠椅業界算是後到晚輩，在一九九〇年代末才進入市場。就當時塑膠椅慘烈的市場狀況，他的家人都認為他的決定冒的財務風險太大，大到老婆最後和他離婚，兒子也離開公司多年。儘管如此，亞當斯並不後悔。對他來說，他除了製造塑膠家具之外，沒法對世界有更好的貢獻。[47]

如你可能預期的，多數塑膠製造商對他們的產品都極其熱愛。但當我採訪亞當斯時發現，幾乎沒人比得上他那對聚合物無比單純的忠誠。他大喊出同行人士愛說的一句話：「塑膠比其他東西好太多了！你能用它來做好多東西，效能高又乾淨。」他的親塑膠傾向如此深刻而專一，使人想起二十世紀中期人們對塑膠真誠的熱愛。任何不好的評論都無法動搖他對「塑膠是個好東西」的信念。當我提到愈來愈多民眾擔憂塑膠袋製造的垃圾時，他質疑道：「你來的路上有看見任何塑膠袋嗎？」多年來他到馬里蘭州海灘度假時，從來不曾在沙灘上看過塑膠垃圾，因此不相信塑膠碎屑會為海洋帶來問題。他對聚合物的信念就和塑膠本身一樣，很難分解消失。

47 採訪亞當斯。

亞當斯身材高大，髮量漸稀，具有演員伯特．拉爾（Bert Lahr，飾演電影綠野仙蹤中的獅子）那種眼瞼低垂、和藹可親的叔伯感。現今六十多歲的亞當斯還記得他愛上塑膠的那一刻，那時他才二十歲，有人給他一個一壓就開口的小零錢包。那是乙烯基製成的小錢包。「我說：『這真是我所見過最驚人的東西了，真是非常美麗。』」

但他仍經歷了一番曲折，對塑膠才從早期的迷戀轉變到今日的專心一意。一九七〇年代末，亞當斯是一位兒童圖書館員，但他很想做點別的事。這位天生的創業家和發明家想出他覺得能解決暖氣帳單高漲的「玩意兒」：用圖釘將塑膠氣泡墊釘在吸盤上，這可用來密封窗戶，防止熱氣散失。亞當斯利用退休金和小額遺產，試著開拓這項玩意兒的市場。但是他到處碰壁，直到有一天經過加油站時，看見店裡用膠帶在窗戶上貼掛了很多告示和廣告。他心想：「這得花很大力氣才能把膠帶刮乾淨，如果他們有我的吸盤……」於是他走進加油站商店，才開始他的推銷臺詞，經理就要他停下來，說要買兩盒吸盤。隔天他又拜訪更多加油站，回家時口袋裝滿了錢。不久，他將這吸盤－圖釘組推銷到美國東岸地區各個五金百貨店。他回顧：「大家一想到要掛東西，就會用吸盤來掛各種東西。」他靈光一閃：「我發現世界上沒有人認真看待吸盤，所以我開始認真看待吸盤。」他購買了新設備，學習如何加快製作吸盤的速率與品質，並將業務拓展到新的吸盤商機上，例如發展出用來吊掛聖誕裝飾和燈泡的吊掛系統。沒多久，他已經申請到超過一百五十種與吸盤相關的專利，成為美國吸盤大王。

幾年後，亞當斯開始擔心吸盤生意太過季節性，他想要將產品多樣化，讓工廠整年都有工作可忙。他得知某人要結束營業，要賣掉製造塑膠折疊桌的模具。亞當斯決定買下模具，稍後又將生產線擴展到製作折疊椅和板凳，然後又接到沃爾瑪（Wal-Mart）、凱瑪（Kmart）和各家五金百貨店的大訂單。不久他就有了新身分，成為全球最大的塑膠折疊家具製造商。隨後他又發現另一個更大市場有待征服：單體塑膠椅。

亞當斯說起自己的故事，聽起來像是他只是偶然遇見一次又一次的好運氣。然而，就塑膠椅界無情的經濟狀態來看，他顯然是個非常精明的生意人。他在幾年間就成為全美製造單體椅的龍頭之一，為美國東部各地大型商店和連鎖五金百貨店供應貨品。我在二〇〇八年遇見他時，他進入單體塑膠椅界才四年，一年已經能生產近三百萬張椅子。

參觀亞當斯的工廠和龐大的倉庫後，就能清楚看出他對自家產品的驕傲感並非一場朝九晚五的表演。他是真心地將塑膠椅當作美麗又非常實用的物件。當然，他也用自己生產的塑膠椅和桌子來布置自家的廚房和飯廳。他選擇藍綠色的「傳教士風格」型號，一組仿傳教士風格家具，但其實只有椅子垂直的黑色椅背柱是仿這種風格。他誠懇地說：「我就是愛塑膠家具。它們具有一種優雅的味道。追溯到家具歷史的起點時，你會發現沒有任何一種家具能像塑膠家具這樣，融合了化學、物理、機械、設計和風格。」

亞當斯並非唯一的單體椅崇拜者。一位德國管理顧問及設計迷彥士・蒂爾（Jens Thiel），在二〇〇一年為單體塑膠椅開設了一個專門網站。網頁一個月點擊數可高達三萬次。（該網站也連結到許多由熱愛世界各地單體椅人士張貼照片的網站。）蒂爾注意到在高級藝術展覽場上，人們也坐在單體椅上，對於這種不協調現象感到驚異，從此對單體椅產生興趣。蒂爾並不從審美角度來捍衛單體椅，他欣賞的是單體椅簡單的功能性：「我喜歡它們，覺得它們很實用。我家餐桌就有六張單體椅。」[48]

廉價到缺乏靈魂

雖然美國和歐洲單體椅的生產都集中在大企業手中，世界其他地區的單體椅仍由在地公司製造。估計全球有一百家製造商生產至少五百種由基本型變化出來的單體椅。[49] 我所謂的「變化」在此的定義很鬆散。它們在表面的裝飾圖案和顏色上有所不同（亞洲和拉丁美洲國家喜歡色澤鮮亮的椅子）。世界各地的製造商很少大幅偏離單一的基本設計。由於塑膠其實具有極大的變化潛力，我好奇為何單體椅的變化極少。

以印第安那州為根據地，在塑膠業界超過二十五年的顧問喬治・勒米厄（George Lemieux）簡潔地解釋道：「追根究柢，是價錢問題。」單體椅的設計主要是以顧客需求為基礎，經一連串價格計算後所得的結果，也就是如何以最少量的材料創造出「最安全穩定的幾何結構」。椅背必須有數條橫桿，確保有人靠在椅背上時不會彎曲。椅腳要有精準的張開角度，才能避免腳向外崩塌，或向內折疊。彎角處都有弧度，這樣才能增加強度。椅座至少要有〇・

48 在這個反諷風氣和塑膠一樣氾濫的時代，連非常不時髦的單體椅也取得了某種cache，這或許是不可避免的現象，它就算不純粹被當作家具來看，至少也算是一種文化紀事。西班牙設計師Marti Guixey在塑膠椅上塗鴉寫上「別再歧視廉價家具」或「尊敬廉價家具」之類的口號，當作限量作品販售（肯定賣得比半打啤酒貴）。其他概念藝術家或將單體椅裁碎，或疊成巨大的椅子堆、或吊掛在大樓外、或將之鑽滿小洞，甚至用木材再造單體椅。

49 採訪蒂爾。

四七六三公分厚，因為這是支撐一百零二公斤重的人所需的最小厚度，這是塑膠業訂定的載重標準。[50]簡言之，單體椅純粹是為了以最低價錢提供最安全穩定的座椅而設計，別無他意。

單體椅的利潤單薄到除了表面的圖案之外，已無法進行任何設計上的改良。例如，亞當斯為凱瑪客製的一款型號，在椅背上有個玫瑰圖案的浮印。那模樣實在非常難看，看起來甚至比基本款的單體椅還廉價，這或許是因為玫瑰真的和椅子的整體設計無關。

多年前，勒米厄還在為塑膠椅廠商美國休閒公司工作時，聘用了一位設計師來更新公司椅子的外觀。他所做的革新似乎微不足道，但市場的接受度說明了另一回事。例如，他們推出一款「西南部風格椅」。勒米厄回想道：「那款椅子有些獨特設計，小星星和半月以及各種諸如此類的設計，使椅子具有西南部風格，我們又在塑料中加入微粒，讓它會像沙岩一樣閃閃發亮，是很漂亮的一款椅子。」

儘管如此，這款椅子在競爭激烈的塑膠家具市場中因為缺少價格優勢，很快就被逐出市場。當時它的售價是九．九九美元，據勒米厄的說法，這比顧客願意花在塑膠椅上的錢多了二塊錢。公司很快就撤銷這個款式。

當然，當潘頓或沙里南，或其他塑膠設計先驅在創造能大量生產的塑膠椅時，他們想到的並

50 採訪勒米厄、亞當斯。

不是便宜的塑膠貨，而是想為平民百姓創造出王座。[51] 然而一旦為了更高目標而使得設計理念不復存在，塑膠便無可避免地淪落為便宜貨。剝除了設計理念之後（不僅只是審美觀，還有目的感都被剝除後），塑膠椅剩下的只有大量生產力的價值，最後得到的結果是被視為普通用品，有用、買得起，但它就和錐形交通路障一樣缺乏靈魂。

沒錯，我們想要塑膠椅怎樣，它就能怎樣；但是要在現代市場的需求下生存，它最需要的就是廉價。製造商提供廉價的塑膠椅，因此我們期待廉價的塑膠椅，於是製造商生產廉價的塑膠椅。這是個循環，有些人認為這是個惡性循環，使得塑膠設計「革命」看起來像是一場商業暴亂。今日廉價拋棄式產品的氾濫，使希望塑膠能滿足人類所有需求和渴望的早期烏托邦式夢想，成為一個笑柄。我們並未因此感到滿足，反而經常對這種空泛的充斥狀態感到生氣惱怒。

如今，我們認為單體椅寒酸低俗到無藥可救，是大賣場的象徵。我有位喜歡設計的朋友在計畫開派對時做了一場惡夢，夢見丈夫在家裡塞滿了單體椅，嚇醒時一身冷汗。華盛頓郵報撰稿人漢克．史都沃爾（Hank Steuver）在寫出：「用樹脂堆疊成的陽臺椅，等於是油渣世界的高級容器」時，總結了許多人對塑膠的輕蔑感。[52]

當我詢問許多設計專家為何單體椅會遭到眾人謾罵時，他們的答案抽象得近乎形而上。潘頓椅的製造商，維察設計公司的新總裁羅夫．菲爾包姆說：「感覺就像是你能感受到產品中的

51 源自安東尼里未出版的文章〈給平民百姓的椅子〉（A Chair for the Common Man）。

52 Gosnell，〈請坐〉《史密森尼期刊》二〇〇四年。

低俗想法。」暗示著「在道德上的最低限度：如何以最便宜的方式製造產品，好在用過幾年後就可以丟掉它？」他又說：「**在我住的巴賽爾（Basel，位於瑞士），立法規定戶外咖啡廳不能使用塑膠椅，因為會冒犯到民眾。**」[53]

MoMA博物館主任安東尼里說，單體椅的問題不在於醜陋，或出於無名者之手，或價格極度便宜，而是「和道德感有關。它用的是次等材料，目的不在於長保久存，是個浪費的物件。」她早年曾與卡特爾公司創辦人胡李歐．卡斯泰利一起工作。沒有人比卡斯泰利更推崇塑膠椅。她笑著回想起他多年來「收集了許多真的很醜陋的塑膠椅。對他而言，這些椅子之所以有趣，是因為它們呈現出材料引發人們最美好與最醜陋一面的潛力。」

讓人又愛又憎的雙面夥伴

儘管有許多劣等塑膠家具，許多設計師仍抱持著與二十世紀中期前輩相同的信念，認為用塑膠做出好東西的潛能是無限的。近幾年，設計界一直談論著由康斯坦丁．葛契奇（Konstantin Grcic）設計的塑膠椅麥托（MYTO），他在二〇〇七年於塑膠工業最大貿易展，德國杜塞道夫（Dusseldorf）三年一度的K展，而不是在設計展或家具展中推出這款椅子。這樣的選擇是對塑膠椅根源的認同。原來巴斯夫石化公司（BASF）聘請葛契奇為該公司最新的超強聚合物「Ultradur ® High Speed」（高流動性極耐工程塑料）做設計。[54] 葛契奇的靈感追溯到潘頓，他

53　菲爾包姆的家鄉並非唯一這樣做的城市。瑞士許多城市，包括Bratislava、Helsinki、Berne，及美國加州的Los Gatos都通過法規，禁止商家在戶外放置塑膠椅。Los Gatos的條例是為了保護一九四〇年代歷史城區「寧靜」的特質。

54　這與用來製造汽水瓶的聚對鄰苯二甲酸乙二酯（PET）相似。

與巴斯夫的工程師合作，創造出自潘頓椅這款設計指標椅首度亮相以來的第一張懸臂式塑膠椅。葛契奇以時髦、柔軟、有彈性的Z型塑膠椅來詮釋懸臂式椅，椅座和椅背打滿小洞，想藉此使人聯想到獸皮。這款椅子柔軟靈活到使潘頓椅顯得笨拙。拜巴斯夫的新聚合物和科技進步之賜，這款椅子具有「過去辦不到的優雅氣質」，MoMA主任安東尼里說道。

麥托的照片被張貼在世界各地的設計部落格上。《紐約時報》讚美這是二〇〇七年最佳創意，MoMA將它增列到永久收藏品中，芝加哥藝術中心的葛契奇專展也以重點展出。《紐約時報》藝術評論家愛麗斯．羅斯索恩（Alice Rawsthorn）稱讚麥托的「酷角形狀」（coolly angular shape），採用了「最少的材料」。在這個案例中，單一次塑膠射出，已在此時成為生態責任（eco-responsibility）的象徵。[55] 換句話說，麥托雖然是一張單體椅，卻隱含著一份道德感與目的感，使它的地位遠高於一張六．四九美元的白色塑膠椅。葛契奇只是諸多對塑膠潛力著迷的當代設計師之一。卡特爾公司持續擔任這些作品的主要行銷通路。在某個晴朗的春天午後，我來到卡特爾公司位於舊金山的零售店，這是該公司於世界各城市設立的一百家零售店之一。

展示間像是藝廊和宜家家具（IKEA）的混合體，純白壁面、嵌壁式照明，目錄上的每一型號都展示在外。物件用色彩分類，有一區全是閃亮的紅色，包括時髦的椅子、板凳和桌面有花邊穿孔的桌子。接著是整列的橙色區，然後是一群黃色家具。對面一組綠色的椅子、桌子、檯燈和瓶狀臺座一起展示在打光的平臺上。緊鄰的平臺上是同樣的物件，但全都是冷色調的

55 愛麗斯．羅斯索恩（Alice Rawsthorn），〈葛契奇之新設計——麥托椅〉（Konstantin Grcic' s New Chair Design, the MYTO）《國際先驅論壇報》（International Herald Tribune），二〇〇七年十一月九日。

藍。陽光透過大片落地窗灑入室內，使所有的塑膠平面更加閃爍華麗。感覺像是身處在鑽石裡面，或者應該說是在立方氧化鋯（Cubic Zirconia*）裡。對於習慣了家中充滿柔墊和木材等大地色系裝飾的我來說，這些閃亮坦率的原色系使我感到有些不安定。但是我也提醒自己，我那充滿軟墊世界裡的塑膠並沒有比較少。就和多數現代家具一樣，我的軟墊沙發和椅子裡有聚氨酯製成的坐墊，外面的套子含有聚酯纖維，並且噴上了類似鐵氟龍的防汙劑；我有許多「木製」桌子和書架，其實是將仿木紋膠合板和環氧樹脂黏貼在含有部分塑膠的壓密木料板心上製成。

展示間有許多物件是由著名的菲力普·史塔克（Philippe Starck）所設計。卡特爾公司在一九八〇年代為了提升形象，開始吸收多位卓越的設計師，史塔克便是其中之一。他對塑膠的感受呼應了早年設計師的理念，他熱愛塑膠的大眾性潛力，由於塑膠不像天然材料，它是「人類智慧的〔產品〕」，因此最適用於人類文明」。他也覺得使用塑膠比木材更環保。

史塔克最著名的設計是一張美麗的椅子，名為路易魂（Louis Ghost）。這張塑膠椅以堅硬透明的聚碳酸酯為材，具有橢圓形椅背和優雅的下彎式扶手及弧形椅腳，這些都是取材自某些古典且不特定的法國歷史年代。史塔克解釋說他特意模糊這種風格的傳承：「我選擇這個圖像來代表路易『某世』（I don't know what）的鬼魂。」[56] 有趣又雅致，結實又飄逸，路易魂出現在世界各地的廣告與流行雜誌中。設計師將它擺設在非常摩登的空間，或安置於滿是古董家具的房間內都行得通。

---

* 譯注：立方氧化鋯，Cubic Zirconia，簡稱CZ，為人工仿製鑽石，俗稱蘇聯鑽。

56 二〇〇八年五月採訪菲力普·史塔克。

這款椅子自二〇〇二年推出後，便成為卡特爾公司最受歡迎的物件之一，已售出數十萬張。儘管它一張要價四百美元，這對傳統木製扶手椅來說並不貴，但在無門第傳統的單體椅之中，它的地位算是高高在上。路易魂避開了使潘頓椅無法在商業市場上成功的前衛派陷阱，也躲過單體椅廉價的汙名。我猜想路易魂會如此成功，是因為它擊中了酷與舒適之間的中心點。二十世紀工業設計名人雷蒙・羅伊（Raymond Loewy）將它稱為MAYA原則，最先進又最可接受（the most advanced yet most acceptable）。路易魂充分運用了塑膠可達成的藝術感，且不過度改變我們對椅子的期待。這款椅子之所以能成功，是因為史塔克接受塑膠的本質，探索了它閃亮的可能性，找到誠摯的合成美感。

我很好奇一張單體椅和路易魂相比起來有何差異。所以那天下午我帶了一張在家得寶（Home Depot）購買的塑膠椅，這款椅子不知為何名為「雙陸棋」（Backgammon）。店內的經理看見我用拖車拉著雙陸棋椅走進店裡時，並未感到不悅，使我鬆了一口氣。我解釋想要比較兩張椅子時，他低聲圓滑地說「沒問題」，彷彿這很稀鬆平常。

我坐在一張椅子又換到另一張，輪流坐了兩次。我不能說路易魂坐起來比我在家得寶買的椅子舒服。它比雙陸棋寬闊，背部的支撐力較好，但它也很滑，無法舒適地坐在上面。當我坐在雙陸棋上時，椅身則下沉了些。事實上，我並不會想在這兩張椅子上坐太久。（不過能肯定的是，路易魂比雙陸棋經久耐用。我拜訪過卡特爾零售店不久後，兒子坐在雙陸棋上向後靠得太用力，使椅背的橫桿裂了開來。）

英國建築師彼得・史密斯森（Peter Smithson）寫道：「可以這麼說，當我們設計出一張椅子時，我們也創造出社會和都市的微縮圖。」[57] 我仔細看著路易魂和我的雙陸棋，試著想像兩款椅子會使人聯想到的社會型態。一張使人想到擁有無比可能性的世界，另一張則使人聯想到具有廉價實用性的王國。

兩張椅子擺在一起看，我看見人類這位塑膠夥伴真實的面貌：一個能實實在在引發我們最深度讚美與最強烈憎惡感的雙面夥伴。

有一天，我在那家店外見到一對男女手牽手走來，在櫥窗前駐足觀望。

男人用非常懷疑的語氣說：「妳看，是**塑膠**家具。」

他的伴侶回答道：「是啊，不過設計得**真漂亮**。」

57 費爾《一千張椅子》，p. 9。

飛越塑膠村

從飛盤談玩具工業和塑膠的製程

物件主角：飛盤

塑膠主角：聚乙烯，世界上最常用的聚合物

物件配角：芭比娃娃、呼拉圈、夾鏈保鮮袋

塑膠配角：聚苯乙烯「斯泰隆」（Styron）、熱塑性塑膠

本章關鍵字：陶氏化學公司、惠姆歐企業（Wham-O）、標準石油、約翰．洛克菲勒（標準石油公司負責人）、中國珠江三角洲、中國勞工守護團體

我的大兒子出生時，一位沒有小孩的朋友好意送了他一個漂亮的櫻桃木撥浪鼓。鼓的觸感滑順，放進嘴裡也沒關係，搖動時會發出悅耳的叮咚聲，可是兒子完全不感興趣。那時他想要色彩鮮豔的塑膠鑰匙，再大點則是會吱吱響的塑膠洗澡書，接著是有藍色大輪胎的鮮橘色玩具車，在地板上推動汽車時會發出卡喀聲。塑膠是今日的玩具媒材，而我家和多數有幼兒的家庭一樣，屋子塞滿了足以堆滿州立市集遊樂場的玩具，總會不停被遙控汽車絆倒、從沙發縫隙中拉出塑膠士兵，或是在半夜打赤腳踩到樂高的尖角時，破口大罵。兩個兒子收集了一軍火庫的塑膠槍和絕地武士光刀；女兒則有一整個房間的塑膠娃娃。（我們努力想要破除性別定見，顯然徒勞無功。）生日派對時，我會在禮物袋中塞滿從東方貿易公司（Oriental Trading Company）專賣廉價塑膠產品型錄上購買的玩意兒，包括哨子、跳跳球、水槍、螢光棒等。禮物袋發出去後，這些玩意兒總在幾分鐘內損壞或消失。許多年後我才開始思考：這些東西到底**打哪兒來的**？

我在一個陰鬱的冬日展開這場追尋之旅，前往位於郊外，以具彈性、黏糊、具浮力的塑膠為立業基礎的惠姆歐企業（Wham-O）總公司。惠姆歐推出了這個世代最具代表性的玩具，包括呼拉圈、滑水道及銷售量居冠的飛盤。自一九五七年推出飛盤以來，已售出超過一億個飛盤。[1] 每個美國家庭至少有一個飛盤；雖然我的家人幾乎不玩飛盤，家裡不知怎的也累積了五個。

這種簡單但隨處可見的玩具，提供了一個觀察塑膠工業的獨特視角，使我們得以一窺那些藉

1　惠姆歐拒絕透露銷售數字，這是某一熟悉該公司的消息來源提供的估計值。

由滿足我們的消費欲，而使我們與聚合物更緊密連結的工廠與製造過程。塑膠工業是全美僅次於汽車和鋼鐵的第三大製造業。美國有上百萬人任職於塑膠業界。這個不斷蔓延的工業深入美國社會經濟的各個層面，包括數十家生產塑膠聚合原料的石化公司、數千家設備製造廠及模具廠，以及幾千家將原塑料製作成零件和玩具等產品的加工廠。[2]

惠姆歐源起於南加州，今日的企業總部則位在北加州的柏克萊與奧克蘭間，一座長條狀小鎮愛莫利維爾（Emeryville）上，一棟樸素的單層磚造建築內。走進接待室，迎面而來的是三幅明星在玩飛盤的大型黑白照，包括咧嘴而笑的佛烈德·麥克莫瑞（Fred McMurray，在電視影集《我的三個兒子》中飾演經典的電視老爹）；《飆風天王》（The Dukes of Hazzard）的主角群；以及顯然是擔任州長前的阿諾·史瓦辛格，他身穿緊身褲、貼身汗衫，指頭上轉著一個飛盤。這些引人注目的照片清楚說明，飛盤在問世半個世紀後，對惠姆歐而言仍然非常重要。

「『飛斯比』確實是我們公司的謀生之道。」大衛·維斯布魯姆（David Waisblum）[3]說。他曾經負責飛斯比（Frisbee）這個飛盤品牌，統籌生產到行銷等所有層面，這是他夢想中的工作。他原本從事股票經紀，自稱「飛斯比狂」，高中畢業後熱中於飛盤高爾夫（disc golf）。他解釋「飛盤」是這種玩具的統稱，「飛斯比」則是商標名，只能用來稱呼惠姆歐製造的飛盤。我認識他時，他大約四十出頭，但看來比實際年齡年輕得多，可能是他一身青少年裝扮：寬大的牛仔褲、運動鞋和連帽衫。他的身材粗壯結實，一頭蓬亂棕髮，說起話來如連珠砲似的，令人聯想到演員傑克·布萊克（Jack Black）。

2　塑膠工業基本統計數字來自：塑膠工業協會（SPI）網站http://www.plasticsindustry.org/。根據SPI，美國有近一萬八千五百所與塑膠相關的廠區，絕大多數總部都設在德州和加州。

3　二〇〇九年，公司轉換新東家後，大衛已離開惠姆歐。

惠姆歐製造約三十種飛盤，會議室裡便展示了多種。該公司研發適合各項活動的飛盤，能在黑暗中發光，或具有能讓狗輕鬆接盤的盤緣，或足以穿越強風的重量。還有特別為專業飛盤運動設計：包括終極飛盤（ultimate，一種類似足球的團體賽）、飛盤高爾夫（類似高爾夫球，但選手的目標不是球洞而是籃子）、花式飛盤（freestyle，旋轉飛盤，類似飛盤有氧）及飛盤狗（disc dog就如字面的意思）。每一種運動使用的飛盤，尺寸、重量和剖面、形狀都略有不同。

當然，還有基本的休閒式飛盤，用作普通接擲的遊戲，這類飛盤占了所有「飛斯比」半數的銷售量。維斯布魯姆不肯透露公司一年的飛盤銷售量，只宣稱飛盤銷售量比棒球、美式足球和足球加總的年銷量更高。對此，我既驚訝又懷疑，但是對維斯布魯姆而言，卻再合理不過。他說：「球類運動太無聊了。」接著引述另一位熱中人士的話：「當一顆球作夢時，會夢到自己就是飛盤。」

在「飛斯比」的家譜中，所有飛盤都衍生自維斯布魯姆尊稱為「我們的發明者」華爾特・莫瑞森（Walter Morrison）所發明的原始飛盤。一九三七年，莫瑞森還是個南加州的高中生，他到女友露西爾家共進感恩節晚餐，這家人教他玩他們的家庭遊戲，「擲」一個金屬製爆米花大鍋蓋。他覺得這比丟球有趣多了。隔年夏天，他和露西爾在沙灘上來回擲接蛋糕烤盤時，有個在做日光浴的人上前詢問能否跟他買一個來玩。一個商人就此誕生。兩人開始在南加州各地沙灘上兜售蛋糕烤盤，莫瑞森也開始發想改良飛盤的方式，使它變得更流線、更好賣。[4]

4 莫瑞森於二〇〇六年與飛盤收藏家Phil Kennedye合著《平擲飛得直：飛盤的真實起源》（Flat Flip Flies Straight!:True Origins of the Frisbee，Wethersfield，CT: Wormhole Publishers，2006），書中描述了這段故事。書名引用莫瑞森之妻露西爾所寫的遊戲指引，每個飛盤底部都印著：「平擲飛得直，斜擲會轉彎——實驗看看！玩擲接，發明新玩法」。

這個事業的醞釀期很長。莫瑞森在二次大戰期間擔任戰鬥機飛行員，戰後回到南加州時，仍無法忘情他所謂「『擲』飛盤的主意」。他在空軍被分派的工作讓他學會如何製造飛行物的知識，此外，蛋糕烤盤實驗也使他深信這個玩具需要更柔軟、且不會像錫盤那樣容易凹陷的材料。在戰爭期間見識過新合成材料的功能後，他認為塑膠是通往成功的門票。他耗費多年嘗試各種設計及最新推出的熱塑性塑料，並在各地市集販售每一種新成品。他和露西爾在會場中來回擲接飛盤，使觀眾對這會漂浮、下潛、飛跳、滑翔的新玩意深深入迷，因為這些都是球類無法達到的技巧。兩人還會戲弄觀眾，聲稱飛盤是由一條無形的鐵線拉動，只要購買鐵線就會附贈一個飛盤！

一九五五年，莫瑞森又展開另一項設計。這回他加厚並加深了飛盤邊緣以增加離心力，還加上新的細節設計，使飛盤更像是飛碟，以迎合大眾對不明飛行物與日俱增的興趣。他也在飛盤頂端加了個小圓頂，上面坐著個小綠人，並以星球來命名飛盤，此時他與露西爾已經結婚，兩人將此飛盤命名為「冥王星淺盤」（Pluto Platter）。這是他們至今製造出來最棒的飛盤。[5] 飛盤用塑膠袋包裝，上面寫滿各種太空主題，包括似是而非的指示：「如果塑膠袋的尺寸合適，也可以做為太空安全帽。」有一天，莫瑞森在洛杉磯市區停車場示範冥王星淺盤時，有個人從群眾裡走了出來，告訴他當地一家公司的經營團隊正考慮行銷飛盤。那人說道：「或許值得去和惠姆歐『那些傢伙』談一談。」[6]

5 提姆・華胥（Tim Walsh），《惠姆歐全書：歡樂工廠六十週年慶》（Wham-O Superbook: Celebrating 60 years Inside the Fun Factory），（San Francisco, Chronicle Books, 2008），p. 77。

6 莫瑞森，p. 106。

嬰兒潮帶來玩具潮

「那些傢伙」是指里奇・聶爾（Rich Knerr）及亞瑟・梅林（Arthur "Spud" Melin）。這兩人是高中同學，於一九四八年共同合作，透過郵購銷售彈弓和各種狩獵用品。惠姆歐早期的型錄猶如現代父母的夢魘，內容充斥著保證就算不打斷一手一腳，也能射瞎一隻眼的物品。像是配備了「回火鋼狩獵飛鏢」的「馬來吹箭筒」；或「可牢牢釘住」的平衡飛刀*；「真的能發射豆子、豌豆、西谷米」的玩具手槍等。[7] 如聶爾日後回顧所言：「這些東西並非隨處買得到。」[8] 儘管銷售狀況良好，兩人在一九五〇年代便看出玩具生意的前景更好。

就許多方面來看，**二次大戰後的嬰兒潮及聚合物潮是成就現代玩具工業的兩項主要發展**。雖然塑膠玩具在賽璐珞早期年代已經存在，例如丘比娃娃（kewpie doll），但**這兩股大潮匯聚後，才真正促進塑膠與遊戲的結合**。[9] 此時，為了戰爭而大幅增加產量的各主要製造商，正享有供應充沛的新熱塑性塑膠。這些材料真的能實現當初英國化學家想像的烏托邦世界，在這裡「孩子不會打破任何東西，沒有尖銳的邊緣或銳角會割傷或擦傷皮膚，沒有裂隙會藏汙納垢。」[10]

拜戰後驚人生育率之賜，數百萬雙小手正急著玩玩具。在嬰兒潮高峰期，玩具的年銷量從一九四〇年的八千四百萬暴增到一九六〇年的十億兩千五百萬。[11] 期間塑膠製的玩具數量持續增加，到了一九四七年，已有百分之四十的玩具是由塑膠製成。[12] 如今，製造玩具理所當

---

* 譯注：飛刀需要特殊的平衡設計，射出後才能穩穩地釘住目標，不會掉落。

7 華胥，《惠姆歐全書：歡樂工廠六十週年慶》，pp. 30-34。

8 同上，p. 17。

9 賽璐珞撥浪鼓和丘比娃娃大受歡迎，一九三〇年代，賽璐珞醋酸鹽也用來製作玩具樂器。

10 Yarsley及Couzens，p. 154。

11 Donovan Hohn，〈是大白鴨還是合成的童年〉（Moby Duck or The Synthetic Wilderness of Childhood），《哈潑雜誌》（Harper's Magazine），二〇〇七年一月，p. 57。根據Michael Luzon，美國今日的玩具年銷售量是三十億美元，〈不是隨便玩玩〉（No Toying Around）《塑膠新聞》（Plastics News）二〇〇八年十二月二十二日。

然會用塑膠，正如一位製造商說：「就像空氣一樣（理所當然）。」[13]

這些便宜、質輕又具彈性的材料大幅拓展了遊戲的可能性，並且提高了利潤。具膚質質感的乙烯樹脂使玩具娃娃的「觸感像真的，視覺上也像真的」。[14]有些玩具則一點也不真實，例如於一九五七年面世，凹凸有致到令人難以置信的芭比娃娃。塑膠模型汽車、火車和飛機，擁有木材或金屬製物件做不到的細節，仍只需要幾塊錢就能買到。還有過去不曾見過的玩具，例如泥彩蛋（Silly Putty，亦稱橡皮泥），最初是在二次大戰初期，一位科學家試圖為陸軍創造的合成橡膠。軍方無法為其找到適當用途，而有位玩具店創業家找到了。[15]或者如一九六五年上市的超級彈跳球（SuperBall）。記得我和朋友們對於那顆壓縮的黑色橡膠小球感到非常驚訝（其能量大到早期一顆圓型球跳出時，甚至能打穿壓模機）。下課時間，我們總會把球丟過了另一個人、丟過攀爬架、柵欄、屋頂，直到老師們火冒三丈，把球沒收了為止。

塑膠製造大廠積極地推動塑膠到玩具王國中。陶氏化學為了促銷自家品牌的聚苯乙烯「斯泰隆」（Styron），邀請各玩具製造商為使用該材料的玩具申請企業認可標章。通過認可的產品可以印上斯泰隆標章，上面寫著「五倍強硬！」（有人問過「比什麼強硬」嗎？）即便在最初一千九百件申請物件中，近半數遭到否決，但到了一九四九年底，陶氏仍然發出超過一千萬個商標。各公司也直接迎合消費者的喜好，一九四八年在《週六晚報》（The Saturday Evening Post）的廣告中，閃閃發光的聖尼克*如此說道：「相信**真正的**聖誕老人，孟山都（Monsanto）塑膠玩具為聖誕節帶來歡樂。」[16]

12 Hiram McCann，〈兩倍、三倍擴增中，這就是塑膠〉（Doubling, Tripling, Expanding: That's Plastics）《孟山都雜誌》（Monsanto Magazine），一九四七年十月，p. 5。

13 採訪綠色玩具（Green Toys）共同創辦人Robert von Goeben，二〇〇七年九月。

14 〈玩具趨勢〉（Trends in Toys），《現代塑膠》（Modern Plastics）一九五二年六月，p. 71。

15 分尼薛爾《塑膠：合成世紀的生成》，pp. 260-262。

* 譯注：St. Nick為傳說中的聖誕老人。

16 Bill Hanlon，《塑膠玩具：四〇及五〇年代廉價商店的夢想 》（Plastic Toys: Dimestore Dreams of the '40s and '50s）(Atgen, PA: Schiffer Publishing, Inc., 1993)。書中敘述了塑膠玩具的興起，pp. 10-14。

塑膠本身的價格低廉，必然導致銷售量上升。譬如，五〇年代早期，八家化學公司迅速設立了生產聚乙烯的工廠，便是認為聚乙烯的前景一片看好。[17] 塑膠的價格隨之滑落到一公斤〇．四四美元。成本低廉刺激了各種新的應用方式，於是吸收了許多塑膠供應商，進而刺激更多產量。突然間，市面上出現許多廉價新玩具，例如廉價商店裡的牛仔與印第安人組，或按壓即卡在一起的串珠（有段時期，一個月消耗近兩萬公斤的聚乙烯）。[18] 這樣的起伏循環，長期以來驅動著塑膠工業，儘管起伏劇烈，塑膠工業仍持續成長，在某些年度，某些塑膠甚至有兩位數的成長率。[19]

這種供需來回的關係，最戲劇性的案例要屬菲力普石化公司（Phillips Petroleum）。他們試圖製造新的半硬式聚乙烯時，由於製程難以控制，問題不斷，而生產出一批批無用的材料。倉庫裡堆滿不符標準、滯銷的塑膠，差點為該公司帶來大災難，直到一九五八年惠姆歐前來解救為止。惠姆歐開始購買存貨來製造他們發展的新玩具：呼拉圈。歌手蒂娜．蕭爾（Dinah Shore）在電視節目上首度展示這種旋轉環後，呼拉圈的銷售量飆升，惠姆歐甚至來不及接訂單，第一年就販售上千萬個呼拉圈，迅速消耗了菲力普公司原本屯積的六百八十萬公斤材料。[20] 接著，如同許多流行風潮般，呼拉圈熱潮突然消退，一夜之間訂單歸零，險些拖垮了惠姆歐。聶爾日後回想，說道：「我們差點因此而破產。」[21]

反之，事實也證明了飛盤歷久不衰。這與惠姆歐取得莫瑞森飛盤的權利後，採取的措施有關。首先，梅林和聶爾為莫瑞森的寶貝重新命名，使它不同於其他「飛碟」、「飛天派」和

17 此時，聚乙烯的原始發明者杜邦及英國皇家化學工業，在一場反壟斷訴訟中，喪失對其發明的掌控權。這為其他化學公司開啟製造聚乙烯的大門。麥克歐《美國塑膠：一部文化史》，pp. 189-90。

18 麥克歐《美國塑膠：一部文化史》，p. 190。

19 塑膠工業近幾年的成長已有減緩趨勢。譬如，《塑膠新聞》中報導在一九七三年到二〇〇七年間，綜合銷售成長率為百分之四．二。但是該期間最後六年的成長率只有該數值的一半。長達三十四年期間，最後幾年成長減緩反映出市場在「一九七〇及八〇年代從木材和金屬〔即紙類〕轉換後的〔冷卻程度〕，這也顯示出生產作業如何從北美洲轉移到全球其他勞工與製造成本較低的地區。」Frank Esposito，〈北美塑料市場蕭條〉《塑膠新聞》，二〇〇七年九月十日。

20 麥克歐《美國塑膠：一部文化史》p. 190，華胥《惠姆歐全書：歡樂工廠六十週年慶》pp. 62-69。在流行高峰期，惠姆歐一週要生產兩萬個呼拉圈。

「超碟」等商標名。「飛斯比Frisbee」源自於英格蘭一九三〇年代起的一種遊戲名稱，當地人喜歡丟擲由飛斯彼派餅公司（Frisbie Pie Company）製作的蛋糕烤盤與派盤，將此遊戲稱為Frisbieing。[22]

此外，惠姆歐領悟到要能永續經營，不能只把飛盤看作是個擲接的新鮮遊戲。如聶爾和梅林從呼拉圈的教訓中學到，即使是最暢銷的玩具也可能如曇花一現。（在玩具市場中，玩具的銷售壽命既短暫又殘酷，以至於能上架超過三季，就會被視為「經典」。）反之，體育運動具有持久力，能創生出整個生態圈。將飛盤推向體育運動方向，要歸功於飛盤界名人，「可靠的」艾德．海德克（"Steady" Ed Headrick）。海德克於一九六四年加入惠姆歐後重新設計「飛斯比」，使它更具運動價值。他刪除了愚蠢的太空標語，加寬飛盤，改良空氣動力，並在頂端加上飛盤迷所謂的「海德克線」的同心圓脊。這些改變大幅改善了飛盤的飛行力，使其首度有機會成為真正的飛盤運動。[23]

海德克發明了飛盤高爾夫，直到他在二〇〇二年去世時，仍非常熱中這項運動，甚至要求將其骨灰製成飛盤。維斯布魯姆讚許地說：「他希望朋友們能將他拋擲到伸手遠不能及的屋頂上，享受日光浴。」

改良飛盤用來製造基本款的材料，自莫瑞森將冥王星淺盤賣給該公司後，大致上維持不變。這個材料使惠姆歐的飛盤有別於廉價仿製品（隨處可見廉價仿製品，因為飛盤的設計專利早已到

21 華胥，《惠姆歐全書：歡樂工廠六十週年慶》，p. 69。

22 華胥，《惠姆歐全書：歡樂工廠六十週年慶》，pp. 78-79。莫瑞森抱怨這個名字毫無意義。儘管他牢騷不斷，卻也了解他與惠姆歐的交易使他富有了多年，他持續為該公司促銷飛盤。他在二〇一〇年於九十歲高齡去世前，惠姆歐已經易主多次，他也不再與該公司有任何接觸。

23 華胥，《惠姆歐全書：歡樂工廠六十週年慶》，p. 191。

期。）當時和現在一樣，飛盤需要便宜、耐用、柔軟的材料，並且要有維斯布魯姆所謂的「彈性」（givingness），使擲接飛盤更愉快。許多塑膠符合了某些規格要求，但只有一種塑膠達到惠姆歐所有的要求，就是聚乙烯，**世界上最常用的聚合物**，在塑造現代塑膠上，也勝過其他塑膠。

石化工業驅動了塑膠工業

據說，有天約翰・洛克菲勒（John D. Rockefeller）望向他的煉油廠，突然注意到煙囪上有火光。他問道：「那兒在焚燒什麼？」有人解釋公司正在焚燒乙烯氣，即煉油過程的副產品。洛克菲勒立即回答：「我不相信浪費這回事！找個辦法利用它！」於是，乙烯基應運而生。

這肯定是虛構的故事，但是我喜歡把它當作神話，因為它簡潔地描述了現代石化工業的根源，在每種自地底吸出的碳氫化合物都能轉變成利潤的主義下，石化工業長成了巨獸。事實上，洛克菲勒的標準石油公司（Starndard Oil）確實是第一家研發出如何從原油中分離出碳氫化合物的公司。這項發明促使現代石化公司得以製造出未經加工的聚合物，即所謂的**原塑料**（resins）。[24]

現今多數主要的原塑料製造商，包括陶氏化學、杜邦、埃克森美孚（ExxonMobile）、巴斯夫

24 David Rosner、Gerald Markowitz，《欺騙與否認：工業汙染致命的政治》（Deceit and Denial: The Deadly Politics of Industrial Pollution），(Berkeley, University of California Press, 2002)，p. 235。

25 Anthony Andrady及Mike A. Neal，〈塑膠的應用與社會貢獻〉（Applications and Societal Benefits of Plastics）《皇家學會哲學會刊B輯》，二〇〇九年六月，364期，p. 1980； Anthony Andrady等，〈塑膠工業的環境議題：全球問題〉（Environmental Issues Related to the Plastics Industry: Global Concerns），見於Andrady等《塑膠與環境》（Plastics and the Environment）（Hoboken: John Wiley & Sons, 2003），p. 38。在美國境內，美國化學委員會（American Chemistry Council）宣稱塑膠製品占美國天然氣消耗量的百分之四到五，占石油消耗量的百分之三。

石油、道達爾石化（Total Petrochemical）等，都起源於二十世紀早期數十年間，當時石油與化學工業開始發展策略聯盟，或組成垂直整合式公司。此時，生產者開始發現在原油和天然氣的加工過程或在製造化學製品時產生的大量廢棄物，或許有些用途。乙烯不再被當作無用的副產品焚燒，反而能回收製成聚合物原料，創造利潤。我們對石化燃料持續增長的依賴，促進了現代塑膠工業的成長，儘管塑膠只會消耗相對少量的石油和天然氣。全球的石油與天然氣供應量，約只有百分之四用於製造原塑料，另有百分之四用於製造塑膠製品。[25] 當然，以廢棄物為基礎的工業有一項優勢勝於其他競爭工業，即原料成本低廉。[26] 煉油的殘渣當然比木材、羊毛或鐵等傳統材料更便宜。

隨著整合後的石化公司興起，使得發現與創造新的聚合物成為更有方向及合理化的過程。貝克蘭（Baekeland）和海特（Hyatt）是為了特定的應用，例如檯球及電流絕緣體，而主動尋找取代天然材料的合成物。自一九二〇及三〇年代起，工業化學家只想發展出新的聚合物，才想到要設法使其發明物商品化。[27] **塑膠正逐漸成為經濟的主要驅動力**。

一九三三年，兩位英國皇家化學工業的化學家發現了聚乙烯，當時他們在實驗室中即興探索乙烯在高壓下的反應。在一連串實驗中（包括炸掉他們的反應爐，且幾乎炸毀整座實驗室），他們發現在極端高壓下，加上苯甲醛和一點氧氣的催化作用，乙烯分子會鏈接成驚人的長串。有位研究人員回想起在反應爐底部發現的蠟質雪白小碎片，「和當時已知的聚合物截然不同……沒有人想像得出它能作何用途。」[28] 然而，人們很快就發現它的各種用途。聚乙烯在

26 Barry Commoner，〈認識蓋瑟爾〉（introduction to Geiser），《攸關材料》（Materials Matter）。另，二〇一〇年一月採訪洛威爾永續生產中心（the Lowell Center for Sustainable Production）主任肯恩・蓋瑟爾（Ken Geiser）。

27 麥克歐《美國塑膠：一部文化史》，pp. 82-83。

28 分尼薛爾《塑膠：合成世紀的生成》，pp. 200-202；ICI化學家引述自麥克歐《美國塑膠：一部文化史》，p. 189。

高頻率和高電壓下是極佳的緩衝物。二次大戰期間，英國利用這項誘電性特質，發展出空中雷達系統，使他們能偵測並且擊落德國戰鬥機。[29]

聚乙烯的優點還包括質輕、耐用、「比鋼硬又比蠟更軟」[30]、化學活性低、能無限地重塑——從垃圾袋被壓製成人工髖關節，從特百惠保鮮盒到玩具等各種物品的聚合物。一九五〇年代，化學家改良了製造聚乙烯的方式，不再使用極端高壓，而是利用含有金屬的化合物「茂金屬」（metallocenes）來催化連結聚合鏈的化學反應。這個發現使化學家能夠重新排列化學長鏈，以聚乙烯為主題創造出各種變化。高密度聚乙烯（HDPE）是一種更堅韌的半硬式材料，廣泛用來製造牛奶罐和洗潔劑瓶等容器。低密度聚乙烯（LDPE）、線型低密度聚乙烯（LLDPE）是更具彈性和延展性的物質，是製作保鮮膜和塑膠袋等膜質產品的理想材料。這些材料混合後，即為製作基本休閒式飛盤的理想塑料。

聚乙烯的五大家族

聚乙烯的用途眾多，是美國第一種年銷量超過四億五千萬公斤的塑膠[31]，成為第一種商品塑料，意味著銷售量大且價格低廉。如今，聚乙烯是主宰全球市場的五大塑料家族之一，其他「聚合家族」包括：聚氯乙烯、聚丙烯、聚苯乙烯，以及PET（聚對鄰苯二甲酸乙二酯）。

29 分尼薛爾《塑膠：合成世紀的生成》，p. 202。

30 Colin Richards，〈聚乙烯現象〉，（Polyethylene, A Phenomenon）《塑膠雜誌》（Plastiquarian）第40期，二〇〇八年十月。

31 塑膠工業協會（Society for the Plastics Industry），〈聚乙烯原塑料的定義〉（Definition of Resins-Polyethylene）。

32 Richard Thompson等〈我們的塑膠年代〉（Our Plastic Age），《皇家學會哲學會刊B輯》，二〇〇九年，364期，p.1973。《塑膠簡明百科》（The Concise Encyclopedia of Plastics）寫道塑膠約有一萬七千種（Rosato等，p. 57），但其他專家的估計值更高，大約三萬種。

聚氯乙烯亦稱PVC或乙烯基，具有驚人的變形能力，和不同的化學物質混合後，可製成柔軟具彈性的浴簾、堅硬的房屋牆板和水管，或透明如薄膜的包裝材料。**聚丙烯**是一種防水的彈性聚合物，可製作單體椅和奶油盒或優格桶等食物容器。**聚苯乙烯**可製成透明硬塑膠，通常用來生產梳子、衣架和塑膠杯，也能發泡製成保麗龍。**聚對鄰苯二甲酸乙二酯，即知名的PET**，也是聚乙烯成員之一，這種透明具彈性的塑膠可製造汽水瓶和礦泉水瓶，也能紡成纖維來織就衣服和地毯。

當然，我們每天還會接觸到其他塑膠。[32] 聚合物總計約二十款基本類型，是數十萬種不同等級及種類的塑膠基本成分，只要扭轉某一基礎聚合物的基本質性，就能變得更具彈性或增加透明度，或改善加工能力，或賦予所需的特性。

不過，在全美年生產和銷售量超過四百五十億公斤的塑膠中，五大基本大宗塑料家族仍占據了主要市場，達百分之七十五。[33] 有趣的是，**所有五大家族都起始於聚合物革新的黃金年代，也就是二次大戰結束的前後數十年間**。而今已有數十年不見重大的新塑膠問世。因為要發展出新塑膠並且推廣到市場上，成本高昂也太費時。今日的聚合物化學家將大部分時間花在修整現有的基本材料上。[34]

在人們倚賴的諸多塑膠中，**聚乙烯始終是大家的最愛**。數十年來，**它占了所有塑膠產量的三分之一，因為它是包裝材料使用的塑膠**。[35] 根據史基德摩爾學院（Skidmore College）的化學家

33 美國化學委員會，《二〇〇八年原塑料回顧》（The Resin Review: 2008），pp. 16-17。美國聚合物產量在二〇〇七年達到顛峰，五百二十二億公斤。根據美國化學委員會，隨著經濟衰退，各個目標市場的需求縮減，原塑料產量十年來首次滑落到少於四百五十億公斤。

34 二〇〇八年三月採訪Gleen Beall塑膠有限公司之膠工業顧問Glenn Beall；二〇〇八年三月採訪Townsend Solutions，資深顧問David Durand。Beall以通用電子花十五年五千萬美元製造Ultem polythernide，一種能承受高壓的塑膠來說明製造全新聚合物面臨的挑戰。等到這種塑膠可以上市時，專利權也幾乎到期了。用以製造防彈背心的塑膠克維拉於一九八二年上市前，杜邦公司已斥資五億美元。Emsley，《分子與展示》（Molecules at an Exhibition），p.143。

35 美國化學委員會，《二〇〇八年原塑料回顧》，pp. 25-31。

雷蒙・吉給爾（Raymond Giguere）所言，美國製造商生產的聚乙烯總量，約莫為居住於美國的男女和小孩相加的總重量。[36]

參訪聚乙烯帝國：陶氏化學

目前陶氏化學是聚乙烯的最大量生產者。所以不久前的某個春天我來到德州，開車沿著二八八號公路穿越一片平坦得連一棵樹也沒有的土地，朝著陶氏化學最大的聚乙烯廠所在地自由港（Freeport）前進。想要一睹製造飛盤的塑膠原產地，就得拜訪此地。而且，我生活中絕大多數的塑膠都源自於此，因為全美製造的原塑料，幾乎都來自擁有豐富原油的墨西哥灣海岸線上的石化工廠。

一九四〇年，陶氏化學來到這裡，當時並非為了石油，而是為了尋找維繫企業歷史核心所需的新場地，那歷史核心是濃鹽水，陶氏從中萃取溴和鎂來製造化學物品。（賀伯特・陶〔Herbert Dow〕在一八九〇年於密西根州米德蘭郡設立公司，但一九四〇年時，該地的濃鹽水幾乎被抽盡了。墨西哥灣提供了取之不竭的資源。）但在陶氏開始擴展其聚合物產品後，灣區豐富的石油儲量變得更重要了。[37]當陶氏宣布要在這小漁村買下八十畝地時，自由港的先輩們張開雙臂歡迎。從此，小鎮和陶氏化學便密不可分。

36　二〇〇八年六月採訪雷蒙・吉給爾。他於二〇〇六年計算出此一數據，他估計美國人平均體重（質量）為六十八公斤，全美人口為三億人，總計為五百零四億公斤。在二〇〇六年，美國生產約一百七十七億公斤聚乙烯。二〇〇九年的產量略微下降至一百一十八億公斤，但人口數持續增加。

37　陶氏會介入塑膠工業純屬意外。由於從濃鹽水中採集礦物的過程中，累積了過量的副產品，如氯乙烷等。陶氏的化學家開始探索運用這些物質的方式，建議的一項產品就是乙烷纖維素（ethyl cellulose），一種以木屑製成的半合成聚合物。一九三五年，陶氏以Ethocel之名開始銷售此產品。同樣地，也是為了處理過量的乙烯，三〇年代末期陶氏製造聚乙烯。乙烯與另一項在生產過程中產生的廢棄物苯，經化學反應後會形成苯乙烷，苯乙烷隨後可製成苯乙烯，即陶氏命名為保麗龍的塑膠聚苯乙烯的基本材料。Jack Doyle，《得罪我們的人：陶氏化學與中毒的世紀》（Trespass Against Us: Dow Chemical & the Toxic Century），(Monroe, ME: Common Courage Press, 2004)，pp. 146-7。

接近自由港時，我逐漸明白兩者間的擁抱究竟有多緊密。我習慣了都市規畫嚴謹，連准許漢堡王設點都會引發政治口水的舊金山，因此眼前的景象令我震驚不已。前一分鐘，我才開車行經低矮的公寓社區，綠樹遮蔭的住宅區、餐廳和商店，隨即便橫越一片綿延至天際的廣大工業區。

灰棕色的高塔、巨大的水塔、尖塔、筒倉和迷宮般的管線組成了異域般，反烏托邦式的天際線。我下榻的旅館位於這片天際線的對街，網路廣告宣稱這是當地最受歡迎的婚宴場地。

後來，我從地圖上得知這座擁有一萬四千三百人的小鎮，被各個石化公司包圍其間。陶氏化學占據了西北和東側廣達五千畝的長條狀土地；巨大的液化天然氣廠坐落在東邊，緊鄰海灘；聯邦石油戰略儲備的鹽丘井坐落在小鎮南緣。在此之間，還有巴斯夫石油、康菲石油（Conoco Phillips）及法國羅地亞工程塑膠（Rhodia）等公司的廠房。周圍唯一沒有工廠的區域是西邊，市立高爾夫球場坐落於此。（一九九四年，此處因陶氏的大型廢棄物掩埋場化學物品滲漏，汙染了地下水。因此該社區必須永久撤離。）[38]

陶氏的影響延伸至布拉左里亞郡（Brazoria County）南端，該郡因緩慢渾濁的布拉索斯河（Brazos River）流經後注入墨西哥灣而得名。自由港北邊的傑克森湖（Lake Jackson）是陶氏為在新廠工作的管理階層和工程師設立的小鎮。賀伯特・陶的孫子，即建築大師法蘭克・羅德・萊特（Frank Lloyd Wright）的弟子艾爾登（Alden），於四〇年代初規畫了這個小鎮。他設

38 Dana Capiello、Dan Feldstein，〈致命地帶：特別報導〉（In Harm’s Way: A Special Report）《休士頓紀事報》（Houston Chronicle），二〇〇五年一月二十日。二〇〇九年二月採訪自由港地區資深環境運動人士Sharron Stewart。

計了許多早期住宅，並規畫了古怪的小鎮設計藍圖。他深信未知的前方是件好事，因此設計出一條條蜿蜒不絕的道路，命名為「圓環路」、「這條路」、「那條路」，甚至還有「走錯路」等。

陶氏依然是當地最大的雇主，據估計陶氏每增加一個職缺，都會間接創造了七個工作機會。陶氏每年繳交州政府和地方政府稅一億兩千五百萬美元，並捐款一百六十萬美元給社區各種大大小小的方案，從醫院的產房到警察的新無線電等。[39] 五十多年來，這裡是郡上藍領階級的小孩高中畢業後，及白領階級的子女拿到大學學歷後工作的地方。每個人都有熟識的人在陶氏工作。陶氏化學的活潑公關崔西．柯普蘭（Tracie Copeland）說：「如果公司不在了，整個社區會瓦解。」她同意帶我參觀B廠，這是陶氏在自由港運作的三座生產廠房之一。

B廠是由五十個不同工廠組合成的柵格狀網絡，是個致力於製造特定原塑料或化學基材的迷你村。我們開車經過製造聚丙烯、聚苯乙烯、聚碳酸酯、各種環氧樹脂，及製造聚苯乙烯和聚氨酯的化學單體的各種設施。眾多設施占據了整條街，街道是以化學元素週期表上的元素命名，譬如氯或錫。沿街或設施上方白胖的輸送管是連結這些設施的命脈。我們與騎著三輪車的工人擦肩而過，我才猛然驚覺他是我這一路上第一個遇見的人。工廠有超過五千名工作人員，柯普蘭解釋道：但他們是從電腦化控制室來操作這個龐大的迷宮，工作人員都在那裡工作。

39 二〇〇九年二月採訪陶氏化學公司Tracie Copeland。

在這個彷彿陰陽魔界的生態系中或許人煙稀少，但野生動物可不少。B廠是一大批候鳥剪嘴鷗的聚落。一群長角牛在園區的綠帶上吃草，大群海鰱和石首魚在鹹水池塘中游來游去，柯普蘭把車停在長方形的深水池旁，說道：「光用看的，大概難以想像這是個很棒的釣魚地點。前州長安・李察（Ann Richards）有一次來這裡釣魚，滿載而歸。」

我們停在鎳街和乙二醇街的街角，觀看聚乙烯生產線的起點，亦即飛盤的製程初始點。眼前是陶氏兩個「裂解廠」之一，長達一條街的巨大火爐負責將組成原油或天然氣中的碳氫分子裂解出來。原油或天然氣都能做為製造塑膠的基礎原料。陶氏使用天然氣，多數美國原塑料製造商也是如此，因為石油價格在一九七〇年代開始上漲。今天美國製造的塑膠約百分之七十來自天然氣，但歐洲和亞洲正好相反，因為當地的天然氣比石油更貴。[40]

裂解過程運用一連串高溫和高壓將碳氫化合物分解、重組成新的排列方式，形成能製造塑膠的初始原料，即**單體分子**（monomers），例如苯、丁二烯、丙烯、乙烯等。六個碳原子排列成一個圓圈時，可形成苯，即用來製造聚苯乙烯所需的苯乙烯的基礎材料。四個碳原子組成丁二烯，可用來製造合成塑膠及ABS樹脂（丙烯丁二烯苯乙烯），一種用在樂高、手機和其他電子設備上的閃亮硬塑膠。在另一種高溫下，三個碳原子連結起來可組成丙烯，即用來製造聚丙烯的成分。在裂解器能達到的最高溫，超過攝氏七百五十度時，兩個碳原子連結可組成乙烯氣，即製造聚乙烯的基礎分子。[41]

---

40 二〇〇九年二月採訪美國化工市場聯合公司（Chemical Market Associates, Inc.）全球事業主管Howard Rappaport。多數裂解廠只能處理石油或天然氣的其中一種。

41 乙烯是產量最大的化學製品，半數乙烯都用來製造聚乙烯。

從裂解廠到下一站距離不遠，是一棟低矮的米黃色磚房，專門用來生產製造飛盤所需的低密度聚乙烯廠房的控制中心。帶領我參觀廠房的嚮導約翰．強生，是一名年約五十、胸廓如桶、身穿藍色連身工作服的技工。他從高中畢業後就在陶氏工作，現在負責監督廠房的維修工作。除了每十八個月一次的固定維修時程外，生產線全年無休。他解釋：「我們持續運轉到有問題為止。」二〇〇八年的艾克颶風迫使廠房暫時關閉，兩星期後生產線才恢復運作。

我們跟著他走進一道長廊，經過測試聚乙烯品質的實驗室來到「控制室」，一塊看似數位地鐵地圖的長型電子監控板，占據了整個空間。但這張地圖追蹤的不是火車，而是化學成分由氣體變為液態塑膠的各個流程。一位工作人員佇立，專注地盯著監控板。強生解釋道：「基本上，監控板的操作員操控著整間廠房的運作。」但他隨即更正，「操控廠房運作的是模組」——即電腦系統，「但他負責檢視與制衡模組。若哪裡出問題，警鈴會響，他會進來做調整。」這時候，警鈴響了，控制人員隨即冷靜地按下幾個鈕。

在我們走到外面參觀這個監控板所代表的廠房設備前，必須先換裝。我加套了一件藍色連身衣，戴上一頂超大安全帽，在我的眼鏡上再戴上塑膠保護鏡，耳朵裡塞了耳塞，然後套上一雙厚重的皮手套。這一切，都是為了參觀強生強調的「比自家更安全的」廠房。許多用來製造塑膠的化學成分，例如丙烯、酚、乙烯、氯和苯的毒性都很高。

數十年前，塑膠工人經常得暴露在有害物質中，即使是嚴格的評論家也同意塑膠工業大幅改善了生產程序，減少了工人的風險。機械操作工程師公會的在地分會會長查理斯・辛格泰利（Charles Singletary）告訴我：「陶氏有了長足的進步。現在我們不像過去一樣大量暴露在危險物質中。」[42]但意外還是會發生。二〇〇六年，自由港廠房的一位工人，在一場意外中暴露在外洩的氯氣中。不知為何，他的面罩被拉掉，吸入了致命氣體。根據辛格泰利的說法，那名工人報告這起意外事件並值班十一小時，返家後倒地身亡。

來到戶外，強生指著一排負責輸送乙烯、氮氣、水、甲烷和其他原物料進出廠房的白色管線。我們沿著這些天花板上的管線進入一棟宏偉的雙層建築，裡面充滿了嘶嘶聲響和唧筒機器，這些粗壯的機器設備是用來將碳氫原子進行化學重組。強生帶我們走過一連串的儲槽、壓縮機和換熱器，詳細解釋乙烯氣如何重複加熱、冷卻、經每平方公分、數千公斤的高壓壓縮後再減壓。在多次循環後，混入丁烷、異丁烷和丙烯等更多化學成分，強生在震耳欲聾的生產線中，大喊：這就是「製造聚合物」的東西。

他打開二樓後方一道門，當我本能地走進門時，他拉住了我的手臂。「你不能進去，那是反應爐。」這個房間等於是整個運作的核心，是催化劑混合所有化學物質，製造大爆炸式的化學反應——聚合作用的所在。獨立的小分子在這裡彼此連結，形成壯觀的巨大分子。我透過門口窺視內部，並不知道自己期待看到些什麼，是沸騰的大鍋爐還是冒煙的燒瓶。結果那只是個龐大的空間，布滿了碩大的管線從地板環繞延伸到天花板，像個巨大的腸道。我試著想像分子在長達一・二公里的迴路管線搭著雲霄飛車，彼此間的距離愈拉愈近，組成新的連

42　二〇〇九年二月採訪國際機械操作工程師公會五六四號分會事業經理查理斯・辛格泰利。

結鏈，持續增加重量和質量，直到它們從氣態轉化聚集而成液態原塑料為止。

我當然看不到這些神奇的轉變。但是當我們回到地面層，走過反應爐所在的外牆時，我突然察覺到周遭空氣有種微妙的變化。大量熱水注入反應爐使空氣變得潮濕。背景的噪音從沉悶的隆隆聲變成吵鬧的嗡嗡聲，就像是有百萬臺除草機同時運作。突然，我聞到塑膠的味道。我的鼻腔充斥著從塑膠牛奶罐喝下最後一滴牛奶，或嗅著全新的飛盤時，會聞到的那種平淡無特色的氣味。

這時，在周圍管線中流動的是液態聚乙烯。我們隨之來到另一組機器前，液態原塑料在此冷卻，壓模成長條狀再切成米粒大的閃亮顆粒，最後旋轉烘乾，即為塑膠粒（nurdle），是塑膠王國的錢幣，是全球多數塑膠交易與輸送的型態。[43]

我們停下來觀看一個填滿新鮮白色聚乙烯粒的小漏斗。我把手伸進去，這些顆粒還是暖的。強生告訴我，這座工廠每小時能製造一萬二千到一萬三千多公斤的塑膠粒。這表示我們站在那裡一分鐘內，就有約一百八十公斤到二百二十六公斤的塑膠粒滾滾流出，我算了一下，差不多是強生、柯普蘭和我三人加起來的體重。只需要六十秒，就能用塑膠取代我們的重量。

塑膠粒從這裡經由管線輸送到坐落在鐵道旁的筒倉中。我們爬上一層樓梯進入一間跨越鐵軌的橋房中。從步橋上往下看，八輛貨運車廂在下方排成一排，每一輛都精準地停在一個筒倉

43 有些塑膠，例如聚氯乙烯，運輸時是粉狀而非顆粒狀。

前。塑膠粒像從盒子中倒出來的鹽一般，倒入貨運車廂上方的圓形開口。每輛車廂可以載運八萬七千公斤的塑膠粒，所以停在下方的八輛運輸車能載運六十八萬公斤聚乙烯。有時候，一天只有一輛車的貨運出，有時則是兩倍：十六輛車的貨量運輸出去，是一百三十六萬公斤聚乙烯原料，分別在清晨五點和傍晚五點開出，運輸到美國及世界各地。許多原料會被送到即將前往中國的貨櫃船上，塑膠粒在中國製成成品後，我們再進口回美國。陶氏和其他美國原塑料製造商一樣，長期為世界的塑膠工業提供原料。

原塑料的貿易平衡變奏曲

不過，這種一面倒的貿易平衡正在改變。過去，美國和西歐公司支配了全球的工業，西方國家供應了多數現今二千七百多億公斤的塑膠年產量。但是巨大的改變正在發生，塑膠工業的重心從已開發國家轉移到開發中國家，因為後者成本較低，需求和消耗量都在快速成長。[44]中國、印度、東南亞和中東地區也開始增加原塑料產量。

對於沙烏地阿拉伯、科威特和杜拜等擁有豐富油產的國家而言，塑膠自然是下一步。他們各自設立了全新的生產廠區，為了加速成效，還和總是設法更接近原料來源的美國石化廠結盟，以製造各種大宗塑膠。例如，沙烏地阿拉伯公司SABIC在二〇〇七年買下通用電子公司知名的塑膠部門。拜這類企業活動之賜，從一九九〇年起至今，中東地區在全球原塑料的生

44 Steve Toloken，〈工業朝亞洲國家轉移〉《塑膠新聞》，二〇〇九年三月十六日。採訪Rappaport。及Rappaport於二〇〇九年三月的報告〈經濟、能量、原料、聚合物與市場〉。

產量增加了五倍，占全球產量百分之十五。[45]就和走在前方的中國一樣，阿拉伯人也開始進入製造塑膠成品的加值事業。[46]我們習以為常的「中國製」標籤，可能很快會有其他印有「沙烏地阿拉伯製」標籤的製品為伴。

但那些產品不一定會回到美國或其他已開發經濟體中。長期以來美國、歐洲和日本消耗了全球大部分的塑膠，隨著人與塑膠之間的戀情變得全球化，專家相信世界其他地區很快就會趕上這股風潮。

近年來，非洲、中國或印度等地的平均塑膠消費量已大幅上升。不過各國之間仍差距甚大，目前全球的塑膠平均消耗量仍不及美國人的三分之一。但最近有項預測顯示，這樣的差距也暗示「開發中國家對聚合物的生產與需求仍會長期持續成長。」[47]假設開發中國家也和我們一樣熱愛塑膠，那麼在需求持續增加和人口成長下，到了二〇五〇年，塑膠的生產需求將膨脹四倍，達到將近九千億公斤。[48]

天曉得那些我看著倒入運輸車廂的塑膠粒，最後是否會變成飛盤。製造過程如此抽象，實在很難與真實生活中的塑膠產品有所聯結。我很好奇強生對於聚乙烯製成的物件是否具有某種所有權感，就像一個石匠會在自己曾砌磚的建築前佇足欣賞一樣。強生回道：「當然。我們賣了很多產品給嬌生公司（S.C. Johnson）用來製造密保諾保鮮袋（Ziploc bags）。」

45 採訪Rappaport。

46 同上。沙烏地阿拉伯正在紅海海岸蓋兩座廠區，吸引投資者前來設立塑膠製造廠。以Rappaport的說法，基本上，阿拉伯政府等同是在對製造商說：「我們能提供塑膠粒，你可以在這裡製造成本，我們要運輸的是成本而非塑膠粒。這是中國的做法，這是中國模式，只不過原料成本在中東更為低廉。」

47 Li Shen、Juliane Haufe、Martin K Patel，〈新興生物塑膠的產品概述及市場預測〉（Product Overview and Market Projection of Emerging Bioplastics），由歐洲卓越多醣類網絡暨歐洲生物塑膠議會（European Polysacchride Network of Excellence and the European Bioplastics Council）委任之調查報告，二〇〇九年十一月p. 7。

48 同上。

49 二〇〇九年十二月與丹尼．葛斯曼的電子郵件往來。

「那麼你每次看到密保諾保鮮袋時，都會感到驕傲？」

「喔，那是當然的。」

從塑膠粒變成保鮮袋或飛盤是一條漫長的道路。一路上，聚乙烯原塑料經過多人之手：負責混入必要添加物的混合者、製造成品的生產者、負責貼上標籤的品牌所有人及負責銷售的零售商。製造一個飛盤，工廠要花費大約〇．二美元購買塑膠原料，然後花大約一美元在製造與包裝飛盤上。惠姆歐以三到四美元的價格將飛盤賣給玩具公司。等到這重約一百四十公克的飛盤出現在我家附近的玩具店時，標籤上的價格將躍增到八美元左右。那塊聚乙烯的價值暴增。儘管如此，就玩具而言，飛盤算是便宜貨。

玩具商壓低價格的壓力很大，理想價格是低於二十美元。狂野星球玩具公司（Wild Planet Toys）董事長，也是前任玩具工業協會（Toy Industry Association）主席的丹尼．葛斯曼（Danny Grossman）解釋道：「二十塊錢是個神奇的價格點，因為那是『提款機的單位』。想到要花兩張十美元鈔票，大家會慎重考慮。」[49] 當然，價格點會隨時間改變。葛斯曼又說，隨著二〇〇八年的經濟衰退，有些商家開始將十五元視為取代二十元的新價格點。不論那神奇的數字為何，玩具工業將價格維持在那數字內的主要方式，是將營運事業遷移海外。**歡迎來到中國——全球五分之四的玩具生產地。**

塑膠科技的手工王國：中國

惠姆歐很晚才加入其他玩具公司拔營離開美國的行列。聶爾和梅林擁有公司的日子，他們確保公司穩穩地留在南加州的大本營中。惠姆歐在聖蓋博爾（San Gabriel）設有工廠，若不在該工廠製造玩具，就是發包給洛杉磯地區的塑模商。的確，直到一九七〇年代，整個洛杉磯地區到處是塑膠加工廠，忙著為玩具大廠做工。一位長期報導塑膠工業新聞的記者回顧說，南加州的每個塑模商「都在做芭比娃娃的腿、頭和身體各部位」。可是玩具製造商開始將生產線遷移到墨西哥，帶動此舉的正是美泰爾（Mattel）及肯爾（Kenner）。[50]（玩具工業是使用塑膠的各大工業中率先出走美國本土的工業。有價值的消費市場持續出走，使塑膠工業深感苦惱，除了天然氣價格不斷上升之外，企業出走的原因之一是過去數十年來工作機會不斷轉移到國外。）

惠姆歐一直留在美國本土，直到梅林和聶爾在一九八二年賣掉公司為止。新東家隨即將生產線移到國界以南，接下來二十年，飛盤是由墨西哥的邊境加工廠（maquiladoras）所製造。[51]二〇〇六年，一家駐在香港的玩具公司買下惠姆歐，或者說買下該公司僅存的部分，因為此時還貼有該公司商標的玩具已是少數，包括飛盤、豆袋鍵球（hacky sack）及呼拉圈。香港新東家順理成章地將飛盤轉移到中國生產。

起初我要求拜訪惠姆歐位於中國的工廠時，當時的行銷與專利部副總經理以保密為由，拒絕了我的請求，通常這只在談及核能科技或肯德基的「原味食譜」時才用到的說詞。他解釋

50　二〇〇八年六月採訪《射出成型雜誌》（Injection Molding Magazine）特約編輯Clare Goldsberry。

51　美泰爾在一九九四到一九九七年間短暫擁有惠姆歐，又賣給了一群美國投資者，後者則轉賣給駐香港的投資者。其後，美國神奇製造公司Marvel Manufacturing於二〇〇九年買下該公司。

說，製造飛盤「並非太空科技，這是非常簡單的射出成型塑膠。任何笨蛋都能做個模子就生產出飛盤。除非是來自政府單位或沃爾瑪連鎖百貨或其他非造訪不可的人，否則我不想讓任何人進入。」經過我不斷地請求後，他終於同意讓我參觀工廠，不過但書是：我不能指出或洩漏工廠所在位置，否則會吃上官司。我只能說工廠位於廣東省的珠江三角洲，一個被描述為世界製造中心的地區。[52]

過去三十年來，這個緊鄰香港北邊的地區一直是「使中國成為全球經濟權威的心臟地帶」。[53] 在一個大約密蘇里州大小的地區中，高達五萬家工廠，生產電子產品、家用品、鞋、紡織、時鐘、衣服、手提包和其他各式物品，包括全球百分之八十的玩具。在很大的程度上，促成如此繁忙生產力的正是塑膠，因為這些工業最常使用塑膠。這裡若非全球製造塑膠產品最密集的地區，也是中國最密集的塑膠生產地，其中約有一千八百家工廠和六座巨大的原塑料批發市場，掮客在此兜售來自世界各地的原塑膠粒。單在廣東省內，在塑膠工業中工作的人口是全美塑膠工業工作者的兩倍。[54]

直到二〇〇八年經濟大崩盤之前，廣東的新興城鎮吸引了數千萬來自鄉間的外來工人，以一個月近二十億美元的驚人速度吸引外資進駐。[55] 新聞記者詹姆士．菲勞斯（James Fallows）估計貨櫃船全年無休，夜以繼日地以每秒一艘的速率進出當地各個忙碌的港口。[56] 假使這個地區是個國家，將會是世界第十一大經濟體。[57]

---

52 詹姆士．菲勞斯，《來自明日廣場的明信片：來自中國的報導》（Postcards from Tomorrow Square: Reports from China），(New York: Vintage Books, 2009)，p. 66。

53 Robert Marks，〈Robert Marks珠江三角洲報導〉（Robert Marks on the Pearl River Delta），《環境歷史期刊》（Environmental History）(2004) 9(2)，p. 296。

54 Steve Toloken，《塑膠新聞》駐廣東記者，二〇一〇年七月電子郵件往來。

55 Marks，2004，pp.296-297。

56 菲勞斯，《明信片》，p. 67。

57 Michael J. Enright等，《大珠江三角洲》（The Greater Pearl River Delta）(Hong Kong: Invest Hong Kong, 2007)，p. 1。根據二〇〇五年數據估計之數值。

這裡也是全球人口最密集的地區之一，高達四千五百萬到六千萬人。（由於外來工人太多，確切的人口數不得而知。）直到我從香港搭上火車，抵達該區第一座大城市深圳後，才體會到這個數字的意義。我看見四面八方都是摩天大樓，彷彿是將曼哈頓中城區複製多次後，貼到灰沉沉的天空下。（籠罩著廣東省的煙霧非常濃厚，瀰漫不散，導致當地的百年絲綢工業無容身之地。到了一九九〇年代，蠶絲已無法在當地生存。）[58] 摩天大樓之間唯一的空隙出現在長方形大型工廠上方，不知為何，這些工廠總是蓋到五層樓高。

三十年前，深圳是個人口僅七萬的慵懶漁村。如今，此地人口多達八百萬。翻譯王馬修*（Mattew Wang）告訴我：「這裡每天都在變。」他在當地工廠做過幾年的工。對他而言，那是一段相當寂寞的日子。「在這個城市中，你必須不斷移動。沒有什麼是穩定不變的，包括住宿、工作、朋友，一切都是如此。這正是為什麼這裡經濟良好，但不是個居住的好地方。我老婆說我若繼續住下去，肯定會發瘋。」

年近四十的王，是這種狂熱變化步調的具體代表。他是個農家子弟，父親在文革時期遭到短期監禁。他在農村長大，喝的是從井裡打來的水，靠著煤油燈做功課。他在學校裡成績很好，英文流利，如今雖然只是個小角色，卻也是全球經濟的玩家之一。他從網路上追蹤國際事件（在中國審查許可的限制內），靠著為我這種在廣東做生意的外國人擔任翻譯和仲介謀生。某天，在開車前往採訪的路上，他那分秒不離手的手機響起，一位澳洲客人要他幫忙安排將一批鞋子運到雪梨。

58　Marks，2004，p. 297。

＊　本書所有中文人名均根據英文音譯。

街上不斷出現兩極的畫面：人們在壅塞的六車道公路旁踩著腳踏車、戴著草帽的農夫在市郊的小塊農地上拿著鋤頭幹活兒、建造中的大樓外有竹子搭的鷹架、高樓的陽臺和窗口晾著衣服。

雖然廣東從西元前兩百年就斷斷續續是國際貿易站[59]，但這股外資黃金熱潮始於一九七九年，當時的總理鄧小平宣布開放門戶政策。經過一連串經濟改革，政府在東莞、深圳、廣州和佛山等地設立「經濟特區」。每個特區都有特別稅務優惠方案吸引外資，尤其是那些以香港（當時還是英國殖民地）做為根據地的公司。

當時香港的塑膠加工工業相當穩固，正積極準備朝出口前進。[60] 香港也和美國一樣，一九四〇年代的塑膠製造商原本只製造梳子這類簡單的物件，然後才製造玩具，到了一九八〇年代開始生產更具利潤的消費品，例如電腦、汽車和醫療設備。但玩具仍是主要的外銷產品。在鄧小平門戶開放政策的刺激下，塑膠加工業和玩具製造商開始前進中國大陸，因為當地的租金便宜，勞工充足。[61] 至今，多數位於廣東的玩具製造商都有香港或臺灣的母公司。

飛盤工廠的老闆黃丹尼（Dennis Wong）在此地建廠的過程，是個很典型的故事。他在香港土生土長，在香港工專研讀聚合物工程，然後在聯合碳化物公司（Union Carbide）的香港前哨站工作，展開他在塑膠工業的經歷。他說當時香港國產的塑膠工業還不成熟，「所有資訊都來

---

59 Sun Qunyang、Larry Qiu, Li Jie，〈珠江三角洲：世界工作坊〉（The Pearl River Delta: A World Workshop），Kevin H. Zhang編輯之《世界的工廠－中國》（China as the World Factory），(London: Routledge, 2006)。

60 香港政府工業部，《香港製造業》一九九六年十二月。二〇〇九年三月採訪永和實業有限公司（Forward Winsome Industries）L.T. Lam,、錦發製造廠Tony Lau，及黃丹尼。幾家製造商曾嘗試在中國大陸設立廠房。永和實業的創辦人Lam宣稱他是最早在廣東生產塑膠的人。一九四〇年代，他在廣東設廠，但是當共產黨於一九四九年掌權後，他將工廠撤到香港。我們在香港會面時，他拿出宣稱是第一個在亞洲製造的塑膠玩具給我看，那是個哨子，哨子上方有個小鳥關在籠子裡。

61 根據作家Leslie Chang，中國大陸的第一家工廠是香港的太平手袋工廠，成立於一九七八年，第一年就賺了一百萬港幣。Leslie Chang寫道：「來自香港的材料在工廠加工製造成成品，然後運回香港銷售到世界各地。這個運作模式成為後來數千家工廠的運作規範。」《工廠女孩：從鄉村到城市，變化中的中國》，（Factory Girls: From Village to City in a Changing China），(New York: Spiegel & Gau, 2009)，p. 29。

自美國。包括塑膠壓模科技、設備，以及如何壓模、如何操作，和如何製造好的塑膠成品等知識，都是從美國引進。」

一九八三年，丹尼和妻子成立了自己的公司，生產簡單實用的物件，如手電筒和冰箱磁鐵等。公司建立了品質優良的名聲。有一天，一家玩具公司問丹尼是否願意生產該公司的奇異原子筆。不久後，丹尼就進入玩具製造業。

一九八七年，丹尼在廣東省一處遍地是稻田的偏遠郊區，設立了一家工廠。從火車站搭計程車要兩個小時車程，而且司機每次都會迷路。如今，車水馬龍的大馬路經過工廠大門，四周是熙攘的商店、飯店、公寓和其他工廠。丹尼幾乎每天都會到工廠上班，他和家人依然住在九十分鐘車程外的香港，全家都在塑膠工廠工作。公司裡約有一千名員工，這在廣東算是小型工廠。儘管如此，這家公司仍頗負盛名。

公司的生產線大多用來製造其他的品牌產品，例如，飛盤和不知名的小東西，諸如鑰匙圈、光筆和計步器等。但是一如現今的許多中國加工廠一樣，丹尼的女兒艾達更具有野心。她希望公司最後能生產自家品牌的玩具，那樣才有未來。因此，她名片上的頭銜是「產品開發經理」。三十出頭的艾達身材修長，為人友善，髮長與下巴齊一，五官細緻，說著一口流利的英文。這天，她特地在這熱得發燙的三月天，從香港開車前來為我導覽工廠。

艾達答應帶我參觀整個生產過程。我們的第一站是位在主要生產區旁的一個小房間，原塑料在此與其他依惠姆歐對飛盤要求的客製材料混合。一袋袋乾淨的白色塑料靠著牆面堆疊，我發現袋子上有埃克森美孚的標籤。（工廠幾乎只使用來自美國、臺灣、墨西哥和中東等海外地區的原塑料，丹尼後來解釋說，因為中國的原塑料不可靠，每一批原料的品質不一，會影響到製程。雖然中國是塑膠產品的製造重地，仍然需要進口大部分的原塑料，不過新塑料工廠的建造將會開始改變這個公式。）這些由高密度和低密度聚乙烯混合而成的塑膠粒，在一個桶子中以惠姆歐指定的比例，與色素粒和軟化劑混合。於是，這些原料就準備好要製造成飛盤了。

在工廠的主要生產樓層上，六臺射出成型機發出鏗鏘的呼嘯聲響，每一臺都如豪華大轎車那麼長，專門壓模製造飛盤。（另一棟建築中還有更多機器正全力生產。）我走到一臺機器前觀看製造過程，這使我聯想到巨大的培樂多彩泥工廠（Play-Doh Fun Factory）。機器上方有個漏斗狀的送料斗，裝滿了塑料和白色色素的混合物。送料斗不時釋放出一批原料到平躺的長形桶中，將原料立即加熱到攝氏兩百零四度。塑料融化時，一根長長的螺旋桿將塑料從長桶中推進到具有飛盤形狀的模具空間中，模具以每平方公分超過三十公噸的壓力鉗壓在一起。而模具是冷卻的，當塑料進入模具內，就會開始硬化成型。這一切只需耗費五十五秒。這時，模具的前端開始向後拉開，一名坐在機器旁的女工打開一個小玻璃門，拿出一個重一百四十公克的白色閃亮飛盤。她仔細檢查成品是否有瑕疵，剪掉牽拉出來的塑膠絲和注料點，那是一個小小的垂片，是液態塑料注入模具的位置。這時，另一個新製成的飛盤已經成型，可以從模具中拿出來了。飛盤冷卻後，即放到架上，和其他千百個裸色空白的飛盤等待上色裝飾。

這名女工從中拿出一個上方有個小紅點的飛盤，紅點是前一批產品的殘渣造成的。她刮掉機器中的問題點，避免汙染更多產品，然後將有汙點的飛盤丟到一堆瑕疵品中，等待稍後融化，再重新製成新的飛盤。

這並不是什麼高科技，但比表面看來更複雜。艾達說，公司在反覆試驗摸索後，才確保飛盤具有正確的材料成分、成品的重量準確，且不會在冷卻過程中變形。公司耗費巨資升級機器、添購新設備、製造新模具來生產飛盤。我問道，為什麼值得如此大費周章？艾達毫不猶豫地答道：「數量。」該公司一年生產超過一百萬個飛盤。

事實上，他們是在四個月間生產出一百萬個飛盤。由於夏天是飛盤的旺季，工廠只在一月至四月間生產飛盤。之後，機器則會裝上不同的模具，因應美國聖誕熱潮生產其他玩具。玩具製造業的季節性，意味著廣東有許多玩具工廠每年都有幾個月會遣散工人，閒置工廠。丹尼夠聰明也夠幸運，能讓公司全年處於全工運作狀態。

艾達領我上樓到專門裝飾飛盤的區域。兩位女工坐在專為生產飛盤而購買的燙印機前。一人將裸色的空白飛盤放到機器上——呼噓一聲——上面已經印上了黑色圖案，看來像是被「運動型」和「一百四十公克」字樣環繞的章魚。她將飛盤遞給一旁的夥伴，後者將飛盤精準地擺放在她的機器上，燙上銀色的螺旋形圓圈和「FRISBEE DISC」（飛斯比飛盤）的商標。一旁的幾十個架子上擺滿了剛印好、熱騰騰的鮮藍色、黃色、橘色和白色飛盤。

艾達提到她約有一百名員工在生產飛盤。目前為止，我最多只看見十二人左右。原來最需要人力，或者更正確的說法是最需要女性人力的工作（因為我看見的工人幾乎都是年輕女性），是包裝飛盤。我們走上樓進入一個大房間，兩排長長的生產線專門用來將飛盤包裝到可以零售的程度。幾名年輕女性坐在輸送帶兩旁，每個人都彎腰做著在飛盤生產線上一天要重複數百次的工作，有人專門將六個飛盤裝入展示盒中，有人將商標貼在飛盤下方，或在標籤上印上生產序號，或封裝卡夾盒，或將飛盤包裝到印有「中國製」的大紙箱中。唯一的自動設備是不斷移動的輸送帶。室內是開放空間，通風良好，但是即使所有窗戶都打開了，還是非常酷熱，而且夏天還沒到。這裡並沒有空調設備。

其中一條生產線的領班黃明瓏（Huang Min Long），是一名身材結實，穿著T恤、牛仔褲，頭戴藍色罩帽的女性。她和多數工廠的工人及廣東其他工廠的工人一樣，是個外省民工。三年前她留下家裡的兩個小孩，從數百里外的廣西「外出」來此。「外出」是外省民工的慣用語。一年裡，她只能在春節假期才能見孩子一次。其餘時候則住在公司宿舍，最多和其他九名女性同住一房。我所看見的宿舍是個擠滿上下鋪的擁擠空間，天花板上一盞日光燈旁掛著一臺電扇；一張床上堆疊著小衣物櫃，供女工貯藏私人用品，另一張床用來堆放行李箱。梳洗用的塑膠臉盆疊在房間前方，公共浴室位在廊道的另一端，就在大家用餐的餐廳旁。

外省民工的生活並不好過。艾達不願意提供細節，也不願讓黃談談她和其他員工的薪水或工時。但是玩具工廠的工人往往工時長，薪資卻少得可憐。美泰爾在官窯鎮的工廠（也位於廣東省），工人一週工作六十小時，平均月薪一百七十五美元。[62] 她還得從工資中支付住宿和餐費。最近勞工法的改革或許能略加改善外省民工的命運。即使如此，中國勞工守護團體（China Labor Watch）於二〇〇七年的報告顯示，許多玩具工廠的工作環境「非常苛刻」，「工時長，工作場所不安全，且缺乏組織工會的自由。」有些工廠在旺季會強迫工人一天工作十到十四小時，也沒有休假日。根據這份報告，這些工廠還強制施行非法的罰款，進一步剝削雇員微薄的薪資。該守護團體並未嚴厲指責廠方，而是將責難指向國際玩具公司和大型連鎖零售商，因為他們堅持玩具的售價必須在二十美元以下。便宜的玩具也有代價，該守護團體說：「為了維持最微薄的利潤，許多工廠除了接受玩具公司的低價之外，別無選擇。」「可憐的是，工人的薪資和一般待遇是生產線上唯一具有彈性的元素……」[63]

惠姆歐或生產飛盤的工廠環境條件或許並非如此。我的參訪行程太短暫，不足以對當地環境做出公正的評斷。工廠看來乾淨安全，雖然從美國的標準來看，宿舍和開放式餐廳的狀況很令人沮喪，翻譯員向我擔保他看過更糟的。通常外省民工的流動率很高，但艾達說她公司的工人往往留在原廠不動。她說：「我不知道為什麼，但我們工廠的工人都待很久。有些人已經在這裡工作二十年了。」

全球經濟每天都在改變

62 Jonathan Dee，〈玩具製造商的良心〉（A Toy Maker's Conscience），《紐約時代雜誌》（New York Times Magazine），二〇〇七年十二月二十五日。

63 中國勞工守護團體（China Labor Watch），〈中國玩具供應調查：勞工依然受著苦〉（Investigation on Toy Suppliers in China: Workers are Still Suffering），二〇〇七年八月。

該工廠所有產品最後都將外銷。[64] 這種外銷導向為中國在塑膠村中打造出經銷特權，但是少了國內市場的強大支持，也使得中國的玩具製造商非常容易受到全球事件的影響。例如，二○○七年的玩具回收潮。那年，由於發現到含鉛漆料和其他安全問題，迫使美國玩具公司回收了兩千五百萬件中國製的玩具。[65] 這些回收事件加上二○○八年全球經濟衰退，讓中國的工業一蹶不振。據估計，二○○七年中到二○○九年初，超過五千家玩具公司（不僅止於廣東）歇業。[66] 同時間，不知多少公司開始依照最初將玩具工業帶到廣東的路徑，將生產線遷移到中國其他工資更便宜的地區，或如越南等更便宜的國家。省政府顯然樂見這些工廠遷出，並積極以高價值、高科技工業取代為中國引燃經濟引擎的輕工業。但這些後進工業也強烈倚賴塑膠。

儘管丹尼很成功，但也不是無往不利。在我參訪工廠六個月後，新東家買下了惠姆歐，並且決定取消與丹尼的合約，毫不在乎他的公司曾投入巨資製造飛盤。新東家神奇製造公司（Marvel Manufacturing）在中國、墨西哥和美國都有生產廠房，並宣稱要將飛盤移回美國生產。但到二○一○年中，多數飛盤仍由其位於中國的工廠生產。

這筆買賣成交後我聯絡艾達，她說失去飛盤的生產合約雖然令人失望，不過做生意就是這樣。她說公司已從為惠姆歐生產飛盤轉向新的市場利基：生產音樂卡片。這使公司有機會進入電子業界，是從玩具業界更上一層樓。她說：「玩具市場並不穩定。」音樂卡片「市場較大」。

64 中國國內玩具市場依然小得微不足道；二○○六年內銷零售玩具的銷售總額僅六億三百萬美元，相較之下，美國人花了兩百億美元在買玩具上。但隨著中國中產階級人口增加，這個數據將有所改變。如今，有能力購買玩具的父母往往購買外國品牌玩具，例如丹麥的樂高，或日本萬代公司（Bandai）的機動戰士。即使玩具是在中國製造，中國的父母也認為外國品牌的玩具比較安全，較不含有毒物質，例如含鉛的漆料等。Elaine Kurtenbach，〈中國兒童玩外國品牌玩具〉（Chinese Kids get Foreign Brand Toys），《美聯社》（Associated Press），二○○七年十二月十四日。

65 參見Michael Lauzon，〈中國玩具回收可能受惠美國〉（Chinese Toy Recalls May be Boon to U.S.），《塑膠新聞》，二○○七年十二月十七日為例。

66 Steve Toloken，〈安全疑慮使中國玩具製造商付出代價〉（Safety Concerns Cost Chinese Toy-Makers），《塑膠新聞》，二○○九年一月二十七日。

結果證明，唱著單調「生日快樂」歌的音樂卡片，對艾達和她的員工來說，比一片在空中飛的聚乙烯盤更容易理解。

我們在參觀工廠時，艾達曾小心地問我：「飛盤在美國很有名嗎？」

我告訴她：「是啊，非常有名。每個人都曾經擁有過飛盤。」

對艾達和工廠裡的人來說，實在難以理解這種流行程度。「在香港並不流行。所以我們一直在想為什麼有那麼多人訂購飛盤？」

我問道：「這裡的人不玩飛盤嗎？」

「不玩，偶爾到海灘時才會玩一下。」

和我短暫交談的女工黃小姐，也對自己花了幾個月包裝、準備運送國外的玩具感到非常困惑。我請翻譯王馬修問她，她認為人們如何使用飛盤。

「她知道那是在海灘上玩的。」

「她玩過飛盤嗎？」我問道。

「沒有。」翻譯說：「她沒去過海灘。」

「如今人類也有點塑化了。」

從點滴袋談塑膠對醫療的影響

物件主角：點滴袋

塑膠主角：鄰苯二甲酸鹽（例如DEHP）、聚氯乙烯PVC（醫療設備最常用的塑料）

物件配角：拋棄式針筒、新生兒保溫箱、葉克膜人工心肺機

塑膠配角：戴奧辛、雙酚Ａ（BPA）

本章關鍵字：醫療奇蹟、惡魔的原塑料、環境荷爾蒙、二手毒藥、塑化劑、隱睪症、尿道下裂、內分泌失調、環保增塑劑（Hexamoll DINCH）、鄰苯二甲酸鹽症候群、保鮮膜

女嬰艾美*誕生於二〇一〇年四月，早產四個月，體重大約相當於兩個麥當勞大漢堡。她在華盛頓特區的美國國家兒童醫院一出生，就從產房直接被送到新生兒加護病房（NICU）。

兩天後，我在加護病房看見她時，不禁倒抽了一口氣。她已經完美成型，看起來卻又如此不完全，手指小得像是春天新抽的枝椏，皮膚透明得恍如新生的葉片。她躺在封閉透明的塑膠保溫箱中，身上連接了一堆管子。脆弱的眼睛上蓋著海綿墊，保護眼睛不受預防黃疸用的特殊紫外線傷害。除了身下一層柔軟的毯子之外，她完全被包圍在塑膠之中。

粗心疏忽的行為迫使她提早來到世間。她的母親沒有任何產前照護，有吸毒問題，當她的母親開始提早分娩時，正因為吸食迷幻藥而欲醉欲仙。她的母親懷的是雙胞胎，但艾美的手足是個死胎，艾美存活的機率不高。照顧她的護士說：「我們根本沒預期她能撐這麼久。」NICU的主治醫師比莉．修特（Billie Short）評估她存活的機率為百分之四十。艾美已經撐過最初幾天，而且她能存活下來的事實，從許多方面看來，可算是聚合物科技的一項勝利。新生兒醫學和許多現代醫學一樣，在大大小小各方面都因為塑膠的問世而深深受惠。

聚合物使今日各種醫療奇蹟得以實現。荷蘭醫師威廉．寇夫（Willem Kolff）在「上帝能栽培什麼，人就能製造什麼」的信念下，在納粹占據的荷蘭四處尋找玻璃紙和其他材料，用來改良他的洗腎機[1]。**如今，塑膠的心律調整器使有缺陷的心臟能繼續跳動，合成的靜脈與動脈**

---

* 譯注：非真名。

1 分尼薛爾，pp. 329-30。寇夫日後指導了第一個人工心臟發明者Robert Jarvick。外科醫師William DeVries說他在一九八二年移植第一顆人工心臟時，它「像是壓保鮮盒蓋」，一下子就卡進正確位置。

2 〈一次性用品市場蓬勃發展〉（Boom in Single-Use Markets），《現代塑膠》（Modern Plastics），一九六九年三月，pp. 60-62。

3 全球工業分析師（Global Industry Analysts）於二〇一〇年的報告認為，到了二〇一五年，醫療用塑膠將消耗約四十五億三千六百萬公斤全球所產的聚合物。全球塑膠產量目前大約為二千六百億公斤。但許多大型醫療用品製造商都以美國為基地，表示在美國國內工業中醫療用品是個較大型的消費市場。在二〇〇九年八月採訪工業顧問暨一

使血液能繼續流動。我們用塑膠製品來取代磨損的髖關節和膝蓋；用塑膠支架來協助新皮膚和組織的生長，塑膠植入物能改變人體外型，使整形外科手術不再只是種理論而已。

塑膠也運用在精密影像設備的管線套管和組件上。塑膠更充斥在日常醫療用品中，包括便盆和繃帶，及一九五〇年代問世的一次性拋棄式手套和針筒，這些用品在愛滋病開始流行之後，就成為不可或缺的物件。有了塑膠，醫院才能將必須辛苦消毒的設備器材改換成吸塑包裝的一次性器材，這不僅改善了院內的安全，大幅降低成本，也使更多患者能在家中接受照護[2]。

就市場規模而言，醫療界是很小的消費市場，消耗不到全美國聚合物產量的百分之十[3]，和包裝（占百分之三十三）、消費性產品（百分之二十）或建築材料（百分之十七）比較起來，算是小額消費。但是醫療用品是個抗經濟衰退的強力市場[4]，而且為塑膠工業帶來了龐大的公關價值。不可否認的，醫療用品一直是塑膠工業好消息的來源，也是聚合物優點的亮相處。[5]最近美國化學委員會在一項公關運動中，特別刊出一張新生兒躺在塑膠保溫箱中的照片。

比莉·修特醫師也同意**塑膠在新生兒醫學中是不可或缺的一部分**。她和我一同巡視了美國國家兒童醫院加護病房的五十四張床，許多和艾美一樣的早產兒在生命最初的幾週乃至幾個月，必須在這裡度過。修特醫師是喬治華盛頓大學新生兒醫學系主任，我們站在艾美的床邊時，她說明了塑膠如何協助醫護如此脆弱的嬰兒。她將雙手伸入艾美保溫箱側面的一組窗

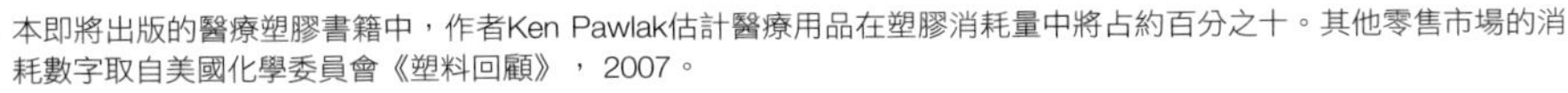
本即將出版的醫療塑膠書籍中，作者Ken Pawlak估計醫療用品在塑膠消耗量中將占約百分之十。其他零售市場的消耗數字取自美國化學委員會《塑料回顧》，2007。

4 其成長率也比許多消費市場更快速。參見Mike Verespej，〈醫療市場進展優於其他市場〉（Medical Faring Better than Many Markets）《塑膠新聞》，二〇〇九年一月十三日；〈醫療用品供應商樂觀認為市場將持續保持強勢〉（Medical Suppliers Optimistic Their Market will Remain Strong,），《塑膠新聞》，二〇一〇年七月一日。

5 在原位於麻州里歐明斯特（Leominster）但現今已關閉的美國國家塑膠博物館中，最大的展示館是用來展示塑膠在醫療上的應用，包括「人體備用零件廠」，展示著各種塑膠製義肢。新生兒保溫箱也特別展示在美國化學委員會支持塑膠運動期刊《不可或缺的十二件物品》（essential2）中。

口，指出四條非常細的透明管子，這些管子連結到吊在一旁點滴架上的多個塑膠袋，負責將養分和藥物輸送到艾美體內。一條管子插入她頭部的靜脈供給液體；另一條插入手臂上的靜脈，輸送抗生素，管子比我手中寫筆記用的筆還細。兩條導管插在艾美臍帶頭，一條負責將養分輸入靜脈，另一條連接到動脈中，幫助護士監測艾美起伏不定的血壓和血液中的含氧量。一條呼吸管伸入她的喉嚨中，管子的另一端連結到一臺包在塑膠中的機器，用來幫助她呼吸。所有的導管都非常柔軟有彈性，如此才能將管子導入她纖細的身體而不會扯破任何組織。此外，整個密封的塑膠保溫箱內部都維持在小心校準過的濕度與溫度中（像艾美這樣的早產兒，並沒有維持自身體溫所需的多層皮膚）。過去四十年來，這種設備是使早產兒存活率上升的諸多要素之一。

我看著艾美像麻雀一樣，胸口快速起伏著。偶爾，一陣不自主的顫動會傳遍她嬌小的身軀，彷彿宇宙中某種殘酷的力量，將她從母親溫暖黑暗的子宮中拉扯到這個合成環境中，她正因此而戰慄。

我指著這些管線，問修特醫師：她要處在這種狀態中多久？

修特說：「喔，要好幾週。」在那之後，當她的情況穩定時，就會開始從餵食管接收養分。

新生兒醫學是一門相對新興的醫學專科。第一座新生兒加護病房成立於一九六五年。這個領域在聚合物的年代開始蓬勃發展的事實，或許不是一項巧合，因為要醫治血管細如髮，皮膚薄如紙的嬰兒，是很大的挑戰。儘管如此，直到一九八〇年代，新生兒加護病房中使用的多數靜脈注射液，仍是玻璃瓶裝。修特醫師記得當年總是要擔心瓶子掉落破碎，非常不方便。修特說，最初改換成塑膠容器時，感覺上是一項很大的進展。「我們都認為塑膠不具活性，很安全，一點也不擔心。但是日後發表的研究結果顯示我們顯然必須愈來愈小心。」

這時，修特醫師指出了塑膠在醫療界中的主要矛盾點：塑膠在療癒過程中也會導致傷害。如今，研究顯示那些用來將藥物和營養輸送到這些脆弱孩子體內的塑膠袋與導管，也輸送了能在多年後影響其健康的化學物質。用來製造點滴袋和導管的聚氯乙烯塑膠，含有一種能阻礙睪丸素和其他荷爾蒙生產的化學軟化劑。這種名為鄰苯二甲酸鹽（phthalate）的化學物質，作用不同於一般人所熟悉的環境有害物質，如汞或石棉，後者在經暴露後，與癌症、天生缺陷或死亡等症狀具有直接可指認的關係。鄰苯二甲酸鹽則是以更複雜而迂迴的路徑影響健康。這是因為它們會使身體的內分泌系統大亂，而內分泌系統是各種荷爾蒙間一種錯綜複雜的自我調節機制，支配著人體的發育、生殖、成熟、抵抗力乃至行為舉止。[6] 鄰苯二甲酸鹽並非常見塑膠中唯一具有破壞力的物質。這些物質會模仿、阻礙或抑制睪丸素及雌激素等荷爾蒙的分泌，因而導致多年後才會出現，或只在後代子女中才會呈現的長期影響。它們會使我們更容易患有氣喘、糖尿病、肥胖症、心臟病、不孕症、過動等等，各種與這些化學物質相關的健康問題。其中有些物質甚至在過去不曾憂慮過的低濃度下，就能導致傷害。

6　關於塑膠干擾內分泌的文獻資料，請參見：環境與人類健康公司，John Wargo等著之《可能對兒童和生殖健康造成傷害的塑膠，二〇〇八年；人類生殖及健康風險評估中心（Center for Evaluation of Risks to Human Reproduction, Health, (CERHR)），〈NTP-CERHR之鄰苯二甲酸二(2-乙基己基)酯（Di(2-Ethylhexyl) Phthalate (DEHP)）對人類生殖與發育的潛在影響〉（NTP-CERHR Monograph on the Potential Human Reproductive and Developmental Effects of Di(2-Ethylhexyl) Phthalate (DEHP)），二〇〇六年十一月；國家研究委員會（National Research Council），《鄰苯二甲酸鹽及累積風險評估：眼前任務》（Phthalates and Cumulative Risk Assessment: The Task Ahead），(Washington, D.C.: National Academies Press, 2008)。

一如塑膠改變了現代生活的基本結構，塑膠也改變了人體的基本化學組成，背叛了我們對它們的信任。現在每個人，包括新生兒的體內都帶有一點鄰苯二甲酸鹽和其他有害物質，譬如防燃劑、防汙劑、溶劑、金屬、防水劑和殺菌劑。雖然這些化學物質完全不屬於人體，但它們對人體健康帶來的真正風險至今仍不明確。雖然我的生命和艾美寶寶截然不同，我還是看見了我倆之間的相似處。在塑膠年代中，我們都是保溫箱寶寶，不可避免地與聚合物緊緊相連，面對全新的風險。

惡魔的原塑料：聚氯乙烯

很少文件談論到塑膠對醫療的衝擊（包括益處和風險，及要使兩者平衡所涉及的複雜性），當然也很少提及和塑膠點滴袋及其蛇形導管產生的影響。

這項健康照護上的必需品，是由外科醫師暨哈佛醫學院教授的卡爾・華爾特（Carl Walter）於二次大戰後發明問世。華爾特和許多外科醫師一樣，擁有機械力學的頭腦和發明的天分。[7]一九四〇年代末期，他將這份天分用來解決血液的收藏與儲存問題。當時，血庫的概念還非常新穎。華爾特本人才在十年前建立了第一座血庫。血庫位在哈佛一處隱密的地下室，避免引發大學董事會的注意，因為他們認為收集並且運用人血是「不道德且邪惡的」行為。[8]那個年代的血庫面臨了許多重大問題。捐血者的血液透過橡膠管抽到用橡膠瓶塞塞住的玻璃瓶

7　John R. Brooks，〈華爾特醫師：外科醫師、發明家及實業家〉（Carl W. Walter, MD: Surgeon, Inventor, and Industrialist），《美國外科手術期刊》（American Journal of Surgery），148期，一九八四年十一月，pp. 555-558。

8　引述自醫學研究博物館（Museum of Medical Research ）之Hank Grasso及Dewitt Stetten Jr.的研究結論，及電子郵件往來，二〇〇九年八月。

中，這個過程往往會損壞紅血球，使細菌和氣泡得以進入系統中。[9]為了找尋更好的系統，華爾特想到使用新興的熱塑性塑膠——聚氯乙烯（polyvinyl chloride），也就是眾所周知的PVC，或稱為乙烯基（vinyl）。

聚氯乙烯是一種獨特的聚合物。[10]它與其他塑膠不同之處在於其主要成分之一為氯氣，一種取自鹽（氯化鈉）的綠色氣體。要製造聚氯乙烯，氯氣首先得和碳氫化合物混合，形成單體的氯乙烯，接著經聚合過程生產出細緻的白色粉末。

這種不尋常的化學變化是聚氯乙烯最大的長處，但也是最大的問題所在，是塑膠工業對它讚美有加，環境保護人士卻稱之為「惡魔的原塑料」（Satan's resin）的原因。氯基使聚氯乙烯在化學上很穩定，能抗火、防水，製造起來很便宜（因為生產這種分子所需的石油或天然氣較少）。但這不僅使聚氯乙烯的製造過程充滿危險，而且在廢棄時成為一場惡夢，因為聚氯乙烯經燃燒後會釋放出戴奧辛（dioxin）和呋喃（furan），是目前世上既有最容易致癌的有毒化合物。

聚氯乙烯還有一不尋常之處，它是種能擁有多角關係的分子，能隨意和許多化學物質連結在一起，使這種原塑料具有異常多樣的特質。聚氯乙烯在無添加物的狀態下，實在脆弱得毫無價值。然而，一如專為它做宣傳的乙烯塑料協會（the Vinyl Institute）所誇耀的：

聚氯乙烯一旦與其他化學物質結合，能「轉變成各種近乎無止境的應用變化」。[11]它能用來

9 Robert Ausman及David Bellamy Jr.，〈發展彈性塑膠裝血容器的問題及解決方案〉（Problems and Resolutions in the Development of the Flexible Plastic Blood Container）《美國外科手術期刊》148期，一九八四年十一月，pp. 559-561。

10 PVC於一八七二年問世，但直到一九二〇年才開始進行商業生產。PVC分子超過一半是由氯組成（約總重量的百分之五十七）。Andrady，〈應用與社會利益〉，一九七八年。

11 乙烯塑料協會網站 http://www.vinylinfo.org。

製成可撐起房屋外牆的堅硬塑板、輸送水流的強硬水管、電線的絕緣外層、洋娃娃身上可捏可壓的手臂、柔軟的浴簾、具有膚質感的按摩棒。如此厲害的多功能性，使聚氯乙烯成為世界上銷售量最高的塑膠之一[12]，也是醫療設備製造商常用的選擇。[13]但是這種原塑料對於添加物的依賴性，也是它遭受攻擊的主要原因。

吸引卡爾．華爾特注意的是一種特別的乙烯塑料，稱為「塑化聚氯乙烯」（plasticized PVC），透過添加鄰苯二甲酸鹽家族中一種清澈的油脂，即鄰苯二甲酸二（2-乙基己基）酯或稱為DEHP[14]，就能使這種塑膠變得柔軟具順應性。

鄰苯二甲酸鹽在消費性和工業用產品中變得非常普遍，製造商每年要製造將近兩億兩千八百公斤的DEHP[15]。它們被當作塑化劑、潤滑劑和溶劑使用。[16]任何由軟性乙烯塑料製成的物件都含有鄰苯二甲酸鹽，在其他類型的塑膠中也有鄰苯二甲酸鹽的蹤跡[17]，包括食物包裝材料和食品加工器材、建築材料、衣服、室內裝潢、壁紙、玩具及化妝品、洗髮精和香水等個人用品；還有黏膠、殺蟲劑、蠟、墨水、亮光漆、漆器、外層塗料和油漆。

鄰苯二甲酸鹽甚至也用在長期釋放型藥物和營養補充劑的外層。[18]鄰苯二甲酸鹽計約有二十五種，但受到廣泛使用的大約只有六種。[19]當然DEHP是其中使用最廣泛的塑材，尤其是醫療用途。[20]而這一切都是拜卡爾．華爾特之賜。

---

12 乙烯塑料是北美洲生產量最大的塑膠之一。根據乙烯塑料協會，美國在二〇〇六年生產超過六十八億公斤乙烯。

13 醫療器材中使用的塑膠約四分之一為聚氯乙烯製品。Joel Tickner等，〈聚氯乙烯製之醫療器材中的鄰苯二甲酸二(2-乙基己基)酯：暴露、毒性和其他方案〉（The Use of Di-2-Ethylhexyl Phthalate in PVC Medical Devices: Exposure, Toxicity, and Alternatives）洛威爾校區永續生產中心，一九九九年，p. 9。

14 一九三〇年代前，原本用來塑化硬塑膠的常用化學物質是蓖麻油，然後是樟腦。

15 根據美國環境保護署二〇〇九年十二月十二日公布之「鄰苯二甲酸鹽行動計畫」（Phthalates Action Plan），鄰苯二甲酸鹽的年產量為兩億一千三百萬公斤。更新資訊請參見https://www.epa.gov/sites/production/files/2015-09/documents/phthalates_actionplan_revised_2012-03-14.pdf。 DEHP的產量占鄰苯二甲酸鹽產量的一半以上。根據美國毒物與疾病登記署（Agency for Toxic Substances and Disease Registry，ATSDR）之〈鄰苯二甲酸二(2-乙基己基)酯的生產、進口、用途與廢棄〉，二〇〇二年製造商生產了約一億一千八百萬公斤的DEHP。根據「失竊的未來」（Our stolen future）網站，全球每年約生產四億五千三百萬公斤的鄰苯二甲酸鹽。

16 Ted Schettler，〈人類透過消費性產品暴露於鄰苯二甲酸鹽中〉（Human Exposure to Phthalates Via Consumer Products），《國際男性醫學期刊》（International Journal of Andrology），Feb., 2006, 29(10), pp. 134。

17 Schettler，二〇〇六年，Wargo，二〇〇八年。

就華爾特的目的而言，塑化聚氯乙烯看起來是理想材料：耐用、有彈性，而且不像玻璃那樣，似乎不會影響紅血球。它使血液中的二氧化碳能夠消散，氧氣能夠擴散，這對紅血球也是好事。就他所知，這種材料完全不具活性。為了說服同事接受這種材料的好處，他帶著一袋血去參加會議，讓血袋掉到地上，然後踩在上面。血袋完整無缺，這和容易破碎的玻璃比起來已經大占優勢。[21] 但血袋真正的優勢是抽出的血液能連接到其他袋子，形成一個安全無菌的系統，以便將血液分離成各種組成成分，包括紅血球、血漿和血小板。

這種新科技改革了血液的採集和運用方式。有史以來，我們首度可以安全地分離並儲存血液的各組成成分。現在醫師不用給患者完整的血液，而可以只輸入所需的成分。一袋血可延長使用方式，分給三個人使用。[22]

陸軍在韓戰時期首度採用了這種新血袋，證實這是在戰場上治療傷兵更安全可靠的方式。[23] 軍醫可以擠壓血袋使血液流出。反之，玻璃瓶得靠地心引力作用，因此必須高舉在患者上方，形成敵方攻擊的目標。到了六〇年代中期，聚氯乙烯血袋已是民間血庫和醫院的標準配備。華爾特的發明開始在靜脈注射療法界產生漣漪效應。在數十年間，醫療器材供應商逐漸將盛裝食鹽水、藥物、營養劑等靜脈注射液體的玻璃，汰換成聚氯乙烯袋。

18 Schettler，二〇〇六年；Hernandez-Diaz, S.等，〈藥物是美國人口暴露於鄰苯二甲酸鹽的潛在來源〉（Medications as a Potential Source of Exposure to Phthalates in the U.S. Population）《環境與健康展望》（Environmental Health Perspectives）二〇〇九年二月，117(2), 185-9。

19 各種鄰苯二甲酸鹽的用途取決於分子重量，即分子的大小。重量重的鄰苯二甲酸鹽，如DEHP、鄰苯二甲酸二異壬酯（di-isononyl phthalate (DiNP)）及鄰苯二甲酸二異癸酯（diisodecyl phthalates (DIDP)）的產量最高，用在建築材料、衣料和家具上。重量輕的鄰苯二甲酸鹽，如鄰苯二甲酸二丁酯（di-n-butyl phthalates (DBP)）、鄰苯二甲酸二乙酯（diethyl phthalate (DEP)）、鄰苯二甲酸二甲酯（dimethyl phthalates (DMP)）往往用在溶劑、黏膠、蠟、墨水、化妝品、殺蟲劑和藥丸上。Schettler，二〇〇六年，p. 134。

20 DEHP總產量的四分之一左右是用在醫療器材上。ATSDR，〈毒性物質檔案〉（Toxicological Profile）。

21 Douglas M. Surgeonor，〈回顧輸血法歷史〉（Reflections on Blood Transfusion），《美國外科手術期刊》，一九八四年十一月，148 (5) p. 563。

22 二〇〇九年十一月採訪美國紅十字會Gary Moroff。

23 採訪Pawlak。華爾特於一九五九年將他成立來行銷血袋系統的Fenwal公司賣給了醫療器材供應大廠Baxter Healthcare。

為何醫師愈來愈愛用塑膠

聚氯乙烯最大的促銷點之一是人們假定它具有化學穩定性。如《現代塑膠》在一九五一年一篇以〈為何醫師愈來愈愛用塑膠〉為名的文章中指出：「任何與人體組織接觸的物質……必須具有化學惰性且無毒害。」並且需要與人體組織相容，又不會被吸收。[24]聚氯乙烯符合了這些條件。然而在一九六〇年代及七〇年代初期，一連串事件逐漸瓦解這項無毒的假設。

一開始，人們發現用來製造聚氯乙烯的主要化學物質——氯乙烯氣，比最初假設的更危險。美國固特利奇公司（B.F. Goodrich）位在肯塔基州路易斯維爾市聚氯乙烯工廠中的醫師，在一九六四年發現工人開始出現肢端骨質溶解症（acroosteolysis），一種會導致皮膚病、循環問題和手指骨頭變形等的組織性病症。[25]接著在七〇年代初，歐洲研究人員發現氯乙烯會致癌的證據。如大衛．羅斯納（David Rosner）及吉羅德．馬克維茲（Gerald Markowitz）在《欺騙與否認：工業汙染的致命政治學》（Deceit and Denial: The Deadly Politics of Industrial Pollution）一書所揭露的，最初乙烯塑料工業界隱瞞了低劑量氯乙烯能導致老鼠罹患肝癌的研究結果。[26]直到在一九七四年，當固特利奇廠的四名員工死於罕見的肝癌，肝血管肉瘤時，真相才被揭露。《滾石》雜誌一位作家將路易斯維爾的工廠比喻為「塑膠棺材」。[27]

24 〈為何醫師愈來愈愛用塑膠〉《現代塑膠》，一九五七年十月，p. 87。

25 馬克維茲，《欺騙與否認》，pp. 173-75。

26 同上，p. 171。

27 同上，p. 192。

28 同上，p. 223。

29 這項探索其實要回溯到一九四〇年代，當時有些零散的報告顯示從不同塑膠膜中滲出的某些物質能在老鼠體內誘發腫瘤。譬如，一九五〇年代中期，一群哥倫比亞大學研究人士偶然發現新問世的塑膠膜，包括陶氏宣傳具有「一百零一種用途」的保鮮膜，有令人憂慮的影響。研究人員用塑膠膜包裹住老鼠的腎臟，用來研究高血壓藥物（這種用法肯定不在陶氏的設計範圍之內）。幾年之後，他們驚訝地發現七隻老鼠在腎臟被包裹的位置出現了惡性腫瘤。在日後的研究中，他們發現暴露於保鮮膜（由聚氯乙烯的表親氯化亞乙烯製成）、聚氯乙烯、氯乙烯、達克龍（Dacron聚對鄰苯二甲酸乙二酯）、玻璃紙和鐵氟龍等各種塑膠的老鼠，腫瘤發生率非常高。研究人員並不清楚造成腫瘤的因素為何，也不知道這對人類健康是否有重大危害。到了七〇年代，美國食品藥物管理局因為擔心氯乙烯會從聚氯乙烯製品中滲出，而拒絕了孟山都公司用聚氯乙烯製的瓶子填裝烈酒飲品的申請。Sarah Vogel，《塑膠政治學：雙酚A的社會、經濟及科學史》（The Politics of Plastic: The Social, Economic and Scientific History of

路易斯維爾事件的真相雖然非常駭人，所描寫的卻是一項人們熟悉的環境危害，這項危害起源於危險的工作環境條件，且大幅限制在工廠內部。假使氯乙烯會使聚氯乙烯工人罹患癌症，工廠環境條件就必須改變，工人才不會暴露於危險中。經過非常具爭議性的法令規章爭戰後，新成立的職業安全衛生署訂立了嚴格的門檻，大幅限制了工人暴露在化學製品中的程度。（法條規定將可接受的暴露程度，從百萬分之五百降到百萬分之一。）工業界咆哮不滿，宣稱要符合新規定，將要花費高達九百億美元，但是到最後，使工廠更安全的措施只花費了兩萬七千八百萬美元，是原估計值的零頭而已。[28]從此，乙烯塑料工人中就不再出現血管肉瘤的案例。

氯乙烯醜聞正在發展的當下，另一種研究則指出一個更隱伏，也更難確定的風險，即聚氯乙烯的添加物會從普遍使用的產品中滲出。[29]一九六九年，約翰霍普金斯大學（Johns Hopkins University）的毒物學家[30]勞伯・魯賓（Robert Rubin）及魯道夫・傑格爾（Rudolph Jaeger）在一項關於老鼠肝臟的實驗中，意外發現這個問題。他們用裝在聚氯乙烯血袋中的血液灌注老鼠肝臟，結果發現某種不明合成物明顯干擾了實驗。羅賓要當時還是研究生的傑格爾找出那神祕合成物是什麼。傑格爾發現那是DEHP，添加到用來製造血袋與導管的聚氯乙烯中的塑化劑。他很快就發現DEHP成分占血袋重量的百分之四十；在導管中的重量可高達百分之八十。[31]這種添加物並未透過原子鍵與組成聚氯乙烯的分子長鏈連結在一起，這意味著它能輕易遷移位置，在血液或脂質的環境中更是如此。[32]

Bisphenol A），哥倫比亞大學博士論文，二〇〇八年。

30 他們這項發現的故事基本上是根據二〇〇九年九月採訪魯道夫・傑格爾，同年十月採訪勞伯・羅賓的內容而述。也可參見傑格爾、羅賓之〈塑膠器材之塑化劑於生物系統內的萃出、新陳代謝與累積〉（Plasticizers from Plastic Devices Extraction, Metabolism, and Accumulation by Biological Systems）《科學》（Science），一九七〇年十月二十三日，170期，pp. 460-2；〈儲存於塑膠血袋中的血液汙染〉（Contamination of Blood Stored in Plastic Packs），《柳葉刀》（Lancet），一九七〇年七月十八日，第2期，p. 151；〈鄰苯二甲酸二(2-乙基己基)酯（DEHP）及其他塑化劑的藥理及毒物影響〉（Some Pharmacologic and Toxicologic Effects of Di-2-ethylhexyl phthalate (DHP) and Other Plasticizers），《環境與健康展望》一九七三年一月三日，pp. 53-59。

31 Tickner等，一九九九年。

32 根據毒物學家Bruce LaBelle，就塑化聚氯乙烯的結構來看滲出物是肯定會發生的。二〇〇九年九月採訪加州毒物控制部LaBelle。將聚氯乙烯分子連結在一起的正常原子吸引力經過一段時間後，終會將DEHP擠壓出去。這個過程對現代藝術界造成很大的危機，因為藝術管理者正在尋找方法，對付那些正在滲出塑化劑或散發討人厭毒氣味道的藝術品。Sam Kean，〈塑膠藝術能永恆嗎？〉（Does Plastic Art Last Forever?）《石板雜誌》（Slate Magazine），二〇〇九年七月一日。

當時羅賓和傑格爾都不知道DEHP是否有毒，但是對於追蹤研究的結果既驚訝又警覺，因為他們在儲存的血液和曾經接受輸血患者的組織中，發現了微量的DEHP。當傑格爾將記錄這些研究結果的第一篇論文送到《科學》期刊發表時，編輯拒絕刊登，告訴他除非能證實這項化學物質有毒，否則它是否進入人體內並不重要。傑格爾大膽地回電給編輯，並且說服他刊登這篇論文。傑格爾回想說：「我告訴他，『看看鄰苯二甲酸鹽和聚氯乙烯在社會上的使用程度吧。這篇論文值得刊登，因為必須讓科學家知道從塑膠滲出濾出物是普遍存在的現象。』」

不久，美國心肺研究所（National Heart and Lung Institute）一位化學家提出報告，他也在為數一百人的血液樣本中，發現DEHP及其他鄰苯二甲酸鹽的殘跡。而且這些人並未經由工作或接受輸血而暴露在化學物質中，他們只是一般的塑膠製品消費者；這些人可能是透過從汽車到玩具、壁紙、電線等成千上萬種日常用品，接觸到鄰苯二甲酸鹽。《華盛頓郵報》在一九七二年報導這項發現時，公開宣布：「如今人類也有點塑化了。」[33]

但是「有點塑化」究竟意謂了什麼？

在當時，大家的共識是：意義不大。塑膠製造商早就知道添加物也會從聚合物中滲出，但是堅持人類暴露的量並未大到足以造成傷害。在仔細研究過DEHP和其他鄰苯二甲酸鹽之後（主要研究對象為成人），獨立毒物學家也得到類似的結論。[34] 他們發現在高劑量下，這些物

33 Victor Cohn，〈血液中發現塑膠殘跡〉（Plastics Residues Found in Bloodstream）《華盛頓郵報》一九七二年一月十八日，p. A3。

34 如一九七八年一篇文獻回顧寫道：「無證據顯示醫療用的聚氯乙烯塑化塑膠具有毒性。塑化聚氯乙烯的主要成分經過多年研究，每年都證實它不具毒性……就成本、便利度與安全性而言，塑化聚氯乙烯容器在醫療活動中似乎仍具有重要地位。」W.L. Guess，〈醫療用塑膠之安全評估〉（Safety Evaluation Of Medical Plastics），《臨床毒物學》（Clinical Toxicology），一九七八年：12(1), 77-95。亦參見Naomi Luban等之〈我想對你說兩個字，只有兩個字，就是「塑膠」〉（I Want to Say One Word to You – Just One Word – 'Plastics'），《輸血》（Transfusion），二〇〇六年四月，46 (4), pp. 503-506。

質會對齧齒類造成天生缺陷，會在老鼠和小鼠體內誘發肝癌，但這只會透過一種極少影響人類的機制產生作用。當我聯絡羅賓和傑格爾時，很訝異地發現他們各自下了同樣不值得擔心的結論。如今已經退休的羅賓說他花了許多年研究DEHP，只找到一項有關的危害事件：在越戰期間出現一個罕見的現象，處在休克狀態的傷兵，在接受從聚氯乙烯血袋輸送的血後死亡。在這種特殊情況下，這種物質能在肺部促發致命的免疫反應。羅賓說，除此之外，他得到的結論是DEHP和其他鄰苯二甲酸鹽「該怎麼說呢？就和雞湯一樣無害。」

當時還有些持相反意見的聲音，但多數反映出來的，是科學家對於工業用化學物質愈來愈普遍，及對人類與這些物質親密的接觸方式感到不安的籠統感受。一切要等到毒物科學發生重大變化，以及一位科羅拉多州女性在晚年改變事業跑道後，這些反對聲浪才會受到注意。

二手毒藥

一九八七年出版的一本基礎毒物學教科書，清楚描述了數百年不變的毒物理論。在《現代毒物學教科書》（A Textbook of Modern Toxicology）的第二頁，作者歐尼斯特・哈吉森（Ernest Hodgson）及派翠夏・李維（Patricia Levi）聲明毒物是一種「量的概念。幾乎任何物質達到某種劑量時，都會造成危害，而在極低的劑量時，又變得無害。」[35] 哈吉森和李維以阿司匹靈為例：兩顆阿司匹靈具有療效，二十顆能使腸胃不適，六十顆能夠致命。劑量是毒性來源。自

35 哈吉森及李維，《現代毒物學教科書》(New York: Elsevier, 1987)，p. 2。

從中世紀煉金術士帕拉西塞司（Paracelsus）提出此概念以來，至今它仍是現代毒物學的基本信念之一。[36]

然而就在哈吉森和李維出版其教科書第一版的同一年，一位動物學家席歐・寇本（Theo Colborn）也開始發展出不同的毒物效應理論，即將挑戰傳統看法。[37]寇本甚至不是以毒物學為業。她在科羅拉多州居住多年，扶養四個孩子，以經營農場和藥劑師為業。當時她開始擔心當地溪流和湖泊中的汙染物為鄰近社區帶來健康問題，想要更加了解水質議題，因此在五十一歲那年重回學校，取得淡水生態學的碩士學位後，又取得動物學的博士學位。她在一九八〇年代末期，得到位於華盛頓特區保育基金會的工作，上司請她調查五大湖區汙染問題的影響。這基本上是個要啃食資料，令人心煩意亂的工作。然而，一如一位記者對她所做的觀察側寫，寇本具有一種天分，能在成堆資料中，發掘出隱現閃光的模式。[38]

她花了幾個月鑽研上千份研究報告，了解關於殺蟲劑及合成化學製品對五大湖區野生動物的影響。她原本預期會發現超高機率的癌症，因為這是毒物存在的典型證據。反之，這些報告中充滿了詭異奇怪的紀錄，有小雞消瘦而亡、新生鸕鶿少了眼睛、鳥喙交錯，雄性海鷗的睪丸內出現雌性細胞、雌性海鷗共同築巢等現象。寇本在日後合著的書《失竊的未來》（Our Stolen Future）中寫道，感覺像是「一堆不相干資訊的大雜燴。」但是她感覺到「某個重要事件正潛伏在混亂的表象之下。」[39]

---

36 Pete Myers及Wendy Hessler，〈劑量能創造出毒物嗎？〉（Does the Dose Make the Poison?）《環境健康新聞》（Environmental Health News），二〇〇七年四月三十日。

37 關於寇本的研究及她如何了解內分泌干擾素的過程，可見於由席歐・寇本、Dianne Dumanoski及John Peter Meyers所著之《失竊的未來：生命的隱形浩劫》（Our Stolen Future: Are We Threatening Our Fertility, Intelligence, and Survival? A Scientific Detective Story），(New York: Dutton, 1996)，p. 12。亦參見Vogel，《塑膠政治》；Daly，二〇〇六年。

38 Gay Daly，〈惡質化學〉（Bad Chemistry）《地球上》（On Earth）冬季刊，二〇〇六年。

39 寇本等，《失竊的未來》，p. 12。

她為了理解這些資料，建立了一份電子表單，將資料依物種及對健康的影響加以分類排序。從喪失生殖力、免疫系統問題到異常行為等各種症狀中，她看出一個模式。多數症狀可回溯到內分泌系統失能的問題。內分泌系統是個複雜的腺體網絡，負責製造荷爾蒙（如雌激素、睪丸素、甲狀腺素、人類生長激素），控制生物的生長、發育、新陳代謝與生殖力。根據寇本在資料中看見的另一項模式，這是一種新的而且可能影響深刻的環境危機：暴露於毒物中的成年動物大多不受影響，主要的健康問題出現在其後代子孫中。不同於典型毒物，這些物質似乎是以她所謂的**「二手毒藥」**的方式作用。[40]

這種跨代影響並非新知。如寇本清楚所知，一種強效的合成雌激素DES（Diethylstilbestrol，雌性激素黃體素）就有類似效應。這種藥物在一九四〇到五〇年代，是用來預防流產的普遍處方。但是在子宮內暴露於這種藥物下的小孩，多年後開始經歷一連串健康問題。暴露於DES的女孩罹患乳癌的機率高於正常值，也會經歷極為罕見的陰道癌，受孕力降低，還有其他生殖系統的問題；而暴露於DES的男孩容易產生隱睪症及尿道下裂（陰莖的開口位於莖上而非龜頭上）。[41] DES的經驗使科學家警覺到合成荷爾蒙的潛在危害。

但是寇本調查的並非設計用來模仿荷爾蒙的藥物。而且她所檢視的殺蟲劑和工業化學物質比DES的流通範圍廣大太多。她的資料暗示了一個可能性，即野生動物和人類正暴露在廣泛使用的化學物質中，這是一種全新的風險，也挑戰了帕拉西塞司範型，即法規測試的核心原則。原來毒性不單是關乎於劑量，可能也關乎於暴露的時機。

40 寇本等，《失竊的未來》，p. 26。

41 近期的動物研究顯示暴露於DES的小鼠影響可及第三代，但暴露於DES的人類孫代面臨的影響仍不明確。Wargo，二〇〇八年，p. 8。

她的假說可能帶來的影響在寇本的腦海中揮之不去，報告完成後，她覺得自己無法就這樣繼續另一項研究。於是她於一九九一年七月，在威斯康辛州萊新市的溫斯普里德會議中心（Wingspread Conference Center）召開了一場會議，邀集了來自各領域二十位頂尖研究人員，這些人曾幫助她發展出評估結論，也具有討論她的理論的專業知識。[42] 這群人來自各種領域，包括生物學、內分泌學、免疫學、毒物學、精神醫學、生態學及人類學，一群很少彼此對話的專家。寇本回想起來說：「我快嚇死了，我是個新博士，只認識幾個野生動物生物學家。」[43] 但是她強力敦促了整個團隊，要他們從早工作到晚，好讓他們了解彼此，並在各個研究工作間找出連結。週末結束時，這個團隊意見一致地認為，他們就像寓言中的瞎子摸象，每個人都在描述同一擾人現象中的一部分。他們將此現象命名為「內分泌失調」（endocrine disruption）[44]，其特徵包括遭傳統毒物研究忽視的三項作用：**其影響可能跨代、取決於遭暴露的時機、且可能只在後代成長過程中才會顯現。**[45]

內分泌干擾素：雙酚A

第一場溫斯普里德會議指出，大約三十種化學物質為內分泌干擾素。[46] 如今，看計算的人是誰，這個數字可從七十到一千種不等。數字很難確認，這是因為內分泌干擾素對正常荷爾蒙活動及許多機制的干擾，造成的效應相當複雜。[47] 例如，它們能透過模仿天然荷爾蒙，悄悄地附著於細胞上負責啟動特定基因的特殊受體上。或者它們能在途中阻撓天然荷爾蒙抵達目

42 Daly〈惡質化學〉，二〇〇六年；Vogel，《塑膠政治學》，pp. 238-40。

43 Daly〈惡質化學〉，二〇〇六年。

44 該領域的主要研究人員Ted Schettler說，事後看來，選擇這個用詞是「有點不幸」。因為它將焦點專注於合成化學物質對荷爾蒙路徑的影響，「但是還有其他訊號傳導路徑也對正常的生理發育或功能很重要。」最近的研究已開始檢視這些化學物質對腦部神經化學信使分子及其他部位的影響。二〇〇九年十月採訪科學與環境健康網絡（Science and Environmental Health Network）科學部主任Schettler。

45 Vogel，《塑膠政治學》，p. 244。

46 寇本等，《失竊的未來》，p. 253。

47 日本法規指認出七十種內分泌干擾素。Daly，二〇〇六年。John Wargo提供了一千種的數據〈無所不在的塑膠：為

的地，妨礙荷爾蒙將其化學信息輸送到細胞上的受體。[48] 不論內分泌干擾素有多少種，其中有許多存在於常見的塑膠中。

除了鄰苯二甲酸鹽，目前最惡名昭彰的嫌犯是雙酚A（bisphenol，簡稱BPA）。雙酚A是聚碳酸酯的主要成分，而聚碳酸酯是一種透明硬塑膠，可用來製造許多消費性物品，包括奶瓶、光碟片、眼鏡鏡片和水瓶。雙酚A也是用在食物和飲料罐內襯的環氧樹脂的基本成分。[49] 不幸的是，將這些長分子連結在一起的鍵結力非常容易減弱。[50] 熱水和洗潔精能使聚合物長鏈間的鍵結變鬆，導致少量的雙酚A鬆脫滑出。因此每當清洗聚碳酸酯塑膠瓶時，就會釋出一些雙酚A。早在一九三〇年代，科學家就知道雙酚A的作用相當於弱雌激素，能以至少兩種方式干擾體內正常荷爾蒙運作，即透過與細胞上的雌激素受體連結，或阻礙天然的強性雌激素與細胞溝通。[51] 兩者都會干擾身體使用與製造天然雌激素的方式。

到今日，已有數百件研究顯示雙酚A確實在動物和人體內進行這些干擾破壞。研究人員的報告指出，雙酚A對動物健康的影響和人類愈來愈常見的疾病相似，包括乳癌、心臟病、第二型糖尿病以及神經行為異常，例如過動症。

雙酚A的研究一直備受爭議，部分原因是這些傳說的效應只出現在低劑量，而不出現在高劑量中，這與帕拉西塞司著名的格言完全相反。然而，根據研究該分子的先鋒人士，密蘇里州大學生殖內分泌學家佛雷德克．馮薩爾（Frederick vom Saal）所說，若將雙酚A視為一種荷爾

何美國需要更嚴格的新控制〉（Pervasive Plastics: Why the US Needs New and Tighter Controls）《耶魯環境三百六十度》（Yale Environment 360），二〇〇九年十一月十六日。

48 寇本等，《失竊的未來》，p. 72。

49 這種化學物質也存在於聚氯乙烯中。

50 二〇〇七年十月採訪密蘇里大學哥倫比亞校區的佛雷德克．馮薩爾及Bruce LaBelle。亦參見Vogel，《塑膠政治學》；馮薩爾等，〈關於低劑量雙酚A效應的新文獻顯示有需要進行新風險評估〉（An Extensive New Literature Concerning Low-Dose Effects of Bisphenol A Shows the Need for a New Risk Assessment）《環境與健康展望》二〇〇五年八月，113(8)，pp. 926-933。Wargo等，〈塑膠可能有害〉。

51 Wargo等，〈塑膠可能有害〉，p. 22。

蒙，而非隨暴露量而增加毒性的典型毒物，這一切就很合理。[52] 荷爾蒙是依照一組非常精密的回饋系統，由位在腦部一對負責指揮與控制的腺體，即腦下垂體和下視丘來調節生產。荷爾蒙的濃度太高或太低，下視丘會將訊息傳達到腦下垂體，腦下垂體則指示負責生產該荷爾蒙的腺體增加或減少產量。[53] 馮薩爾說，因為這種反饋機制的存在，「性荷爾蒙在高劑量和低劑量中會產生相反效應。這就是我們教大學生的內容。在高劑量下它們會停止在低劑量時會產生的反應。」

就雙酚A和某些塑膠而言，令人擔憂的是分子結構。假使連結聚碳酸酯分子的鍵結力很強，也就不會有雙酚A滲出的風險。同樣地，組成聚苯乙烯的單體苯乙烯，是一種神經毒素，可能也會致癌，它也能自聚合物的長鏈中滲出。[54]

但是令專家擔心的是許多合成物中含有的化學添加物，如混入基本聚合物中以便打造出所需特性的鄰苯二甲酸鹽。這類物質更容易從聚合物中漏出，因為它們通常只與聚合物長鏈鬆散相連。譬如，聚氯乙烯中的鄰苯二甲酸鹽在脂質或油脂環境中特別容易滲出，會完全脫離聚合長鏈以便溶解於這些油脂分子中。塑膠製造商靠著各種填充劑、鬆散劑、抗氧化劑、染料、阻燃劑、潤滑劑、安定劑、塑化劑和其他添加物，來調整其塑膠產品，數量多到聚合物添加物的「A到Z參考資料」長達六百五十六頁，多到塑膠添加物本身就能在全球創造出三百七十億美元的市場。[55]

52　採訪馮薩爾。

53　寇本等，《失竊的未來》，p. 72。

54　長期在職場中暴露於苯乙烯或能產生隱約的神經性影響，近來由美國癌症協會、美國職業安全與健康研究中心（NIOSH）、美國環境健康科學研究中心及美國癌症研究中心提出的報告，將苯乙烯列入二十種需要加以調查的可能致癌物之一。路透社，〈研究報告指出二十種可能致癌肇因〉，二〇一〇年七月十五日。

55　BCC市場研究調查公司（BCC Research），《塑膠添加物：全球市場》（Plastic Additives: The Global Market），二〇〇九年六月。更新資料請見https://www.bccresearch.com/market-research/plastics/global-markets-for-plastics-additives-report-pls022f.html。

56　二〇〇九年五月採訪德國法蘭克福歌德大學（Goethe University in Frankfurt am Main）水生生態毒物學系馬丁．瓦格納。亦可參見華格納等，〈礦泉水中的內分泌干擾素：塑膠瓶中含有及滲出的雌激素化學成分〉（Endocrine Disruptors in Bottled Mineral Water: Total Estrogenic Burden and Migration from Plastic Bottles）《國際環境科學汙染

研究人員和監管機關開始注意到某些添加物，包括點滴袋中的鄰苯二甲酸鹽、廚房用品和玩具中的抗菌劑或大量使用於家具上的溴化阻燃劑等。但世上還有數百甚至數千種化學添加物的效用，是我們一無所知的。德國研究人員的最近一項經驗就是一項證明，他們很訝異地發現以聚對鄰苯二甲酸乙二酯（PET，polyethylene terephthalate）製成的塑膠水瓶，會小量滲出一種或多種能模仿雌激素的不明化合物。研究報告作者馬丁・瓦格納（Martin Wagner）告訴我：「我們知道塑膠會釋放出內分泌干擾素，但是沒想到PET也會。」[56] 他並未試圖找出是哪一種物質造成影響，但其中一個可能性是銻（Sb，antimony），一種在製造PET時使用的化學觸媒，這種物質已證實具有雌激素活性。[57]

不幸的是，消費者無從得知自己購買的塑膠製品中含有哪些添加物。[58] 製造商通常不必標示出塑膠產品的成分。而且，從聚合物生料到成品之間經常有一長串供應鏈，製造商可能也不知道自己使用的塑料中有些什麼。（包裝材料上的塑料編碼，最多只能用來協助回收，提供的資訊有限。）大體來說，我們和保溫箱中的寶寶一樣，對於環繞在四周的塑膠一無所知。最近某天我在遨飛辦公用品店（Office Max）為我的辦公室購買新塑膠地墊時，頓時更加明白了這一點。

在店裡時，它就有股淡淡的化合物臭味，但是在我辦了幾件事，把地墊留在車上幾小時後，那股氣味變得強烈難忍。我把盒子拿出來，四處翻看，空抱著能找到地墊成分說明的希望。包裝盒上只寫著內容物是藍色椅墊，還有一句有用的註記「不含椅子」。地墊

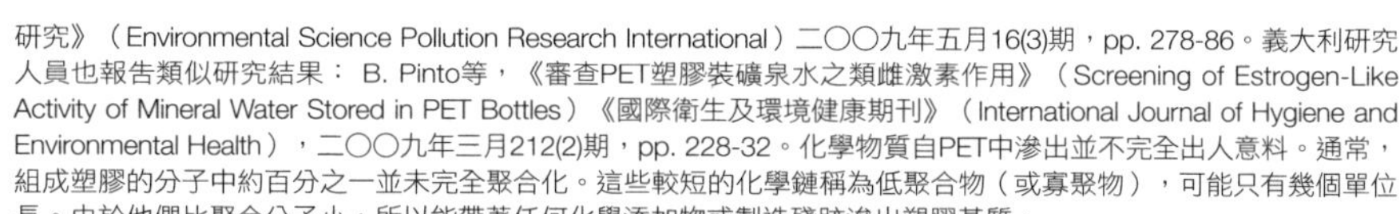
研究》（Environmental Science Pollution Research International）二〇〇九年五月16(3)期，pp. 278-86。義大利研究人員也報告類似研究結果： B. Pinto等，《審查PET塑膠裝礦泉水之類雌激素作用》（Screening of Estrogen-Like Activity of Mineral Water Stored in PET Bottles）《國際衛生及環境健康期刊》（International Journal of Hygiene and Environmental Health），二〇〇九年三月212(2)期，pp. 228-32。化學物質自PET中滲出並不完全出人意料。通常，組成塑膠的分子中約百分之一並未完全聚合化。這些較短的化學鏈稱為低聚合物（或寡聚物），可能只有幾個單位長。由於他們比聚合分子小，所以能帶著任何化學添加物或製造殘跡滲出塑膠基質。

57 二〇〇九年十一月Ted Schettler致作者之電子郵件。德州大學神經科學家George Bittner認為聚碳酸酯、聚氯乙烯及PET具荷爾蒙活性的研究報告是「冰山的一角」。Bittner宣稱他在細胞研究中測試了數百種常用塑膠和添加物，還沒找到任何沒有呈現出模仿荷爾蒙能力的物質。不過，至二〇一〇年中，他的研究成果仍未能刊載於任何同儕審閱的期刊中。

58 就連具有嚴格標籤標示規定的化妝品也是如此。一項研究分析了七十二種化妝品及個人保養品。鄰苯二甲酸鹽並未標列在任何標籤上，但經測試出現在其中五十二種產品中。Schettler，二〇〇六年，p. 137。

極可能是聚氯乙烯做的，但我懷疑那種氣味是來自聚氯乙烯中的鄰苯二甲酸鹽，因為聚氯乙烯雖然會排出氣體，卻是無臭無味的。嗅一嗅點滴袋，你什麼也聞不到。我該擔心這種氣味的存在嗎？或者它只是個討人厭的氣味？我實在無從得知。稍後我打電話給遨飛公司，對方確認墊子是由聚氯乙烯製成，但無法再提供更多資訊。乙烯塑料協會發言人Allen Blakey認為那氣味是來自添加到地墊中的油墨和硫化物。他說：「有些人很愛那股氣味。」還說這股味道會在幾天後消散。

我試著不要對這些事情大驚小怪，因為我知道自己的生活中充滿了更多有形風險。我在吸菸的家庭中長大，自己也已抽了多年的菸。我有時候會邊開車邊講手機。我的屋子很容易發霉。我會忘記抹防曬乳液。在去過遨飛之後，我正要開車上高速公路，在柴油微粒和廢氣還有超速的車流中泅泳。我考慮把地墊丟掉，但是這樣就浪費了三十九美元。到最後，我決定打開窗子，等著風把氣味帶走。

無所不在的抗雄性素：DEHP

許多人懷疑內分泌干擾素會干擾雌激素。不過，存在於點滴袋和導管中的化學物質DEHP，是一種抗雄性素，也就是它會干擾循環於男性與女性體內的睪丸素和其他發展男性特徵的荷爾蒙。醫療器材或許是使人暴露於DEHP的重要來源，但多數人是透過非

59 Schettler，《人體暴露》（Human Exposure），二〇〇六年；沃高等，〈有害的塑膠〉；CERHR，〈專題論文〉（Monograph）。夾腳拖鞋的問題出現在瑞典自然保護協會（Swedish Society for Nature Conservation）二〇〇九年出版的報告〈近觀化學物質：來自世界各地的塑膠鞋〉（Chemicals Up Close: Plastic Shoes from All Over the World），報告發現二十七種鞋中有十七種測試出含有鄰苯二甲酸鹽。關於食物暴露於化學物質的研究報告，可參見Jane Muncke，〈透過食物鏈暴露於內分泌干擾素中：包裝材料是重要來源嗎？〉（Exposure to Endocrine Disrupting Compounds Via the Food Chain: Is Packaging a Relevant Source?）《總體環境科學期刊》（Science of the Total Environment）407期，二〇〇九年八月：4549-59。許多與食物相關的研究都在歐洲進行，其結果是否適用對於美國市場並不明確。

60 於二〇〇七年十月及二〇〇九年十月採訪羅徹斯特大學莎娜．史旺。亦參見馬克．夏皮洛，《暴露：日常用品之毒物化學及美國權威的風險》（Exposed: The Toxic Chemistry of Everyday Products and What's at Stake for American Power）(White river Junction, VT: Chelsea Green Publishing, 2007)，p. 44。DEHP造成傷害的確切機制仍然不明確，但是研究顯示這種物質會抑制負責合成睪丸素的胎兒細胞；會阻礙製造精子的養護細胞和生殖細胞之間的溝通管道；降低另一種對建構生殖管道非常重要的生長要素的產量。見K. L. Howdeshell等，〈鄰苯二甲酸酯獨立及聯合

醫療物品接觸到DEHP，這些物品包括聚氯乙烯製的浴簾、壁紙、百葉窗、塑膠地磚、室內裝潢品、庭院水管、游泳池底襯、雨具、汽車內裝、敞篷車頂及纜線和電線的外襯。夾腳拖鞋和塑膠皮鞋、軟陶及雕塑泥等模型黏土、瑜伽墊、化妝品和指甲油、清潔用品、潤滑劑及蠟之中也含有DEHP[59]，當然還有一般家庭灰塵。

但是我們主要的暴露來源是透過起司和油脂等油質食物，因為它們最有可能吸收這些化學物質，不過這究竟是透過塑膠包裝、食物包裝上的油墨，還是透過商業製造加工過程而發生，尚不明確。例如，牛奶中的DEHP就曾被追溯到製乳場使用的導管上。

這種無所不在的現象，意味著化學物質能透過呼吸道吸入、食物攝取或皮膚吸收等各種方式進入人體。化學物質一旦進入血流中，會被分解成更小的分子，稱為代謝物。[60]這些代謝物是有毒的麻煩製造者，因為它們夠小，能被細胞吸收，包括最重要的腦下垂體細胞。腦下垂體等於是內分泌系統的里歐納德．伯恩斯坦（Leonard Bernstein）＊，負責指揮其他腺體和細胞分泌荷爾蒙。DEHP在系統中擠到一個位置，隨即扮演起任性的小提琴，拉出完全不屬於內分泌交響曲中的失調合音。在各種干擾行為中，它的代謝物還會阻止腦下垂體分泌一種指示睪丸生產睪丸素的荷爾蒙。這若發生在敏感的發育階段，全身睪丸素含量將大幅降低，進而促發一連串影響——至少在生長發育中的動物是如此。

舉例來說，環境保護署的研究人員[61]為尚在子宮中、正處於性別分化階段的雄性老鼠注

誘發實驗室雄性老鼠異常生殖系統發育的作用機制〉（Mechanisms of Action of Phthalate Esters, Individually and in Combination, to Induce Abnormal Reproductive Development in Male Laboratory Rats），《環境研究調查》（Environmental Research）108期(2008)，pp. 168-76。

＊ 譯注：享譽國際的美國管弦樂團指揮。作品包括「西城故事」、「錦城春色」等。

61 國家研究委員會（National Research Council），《鄰苯二甲酸鹽及累積風險評估》（Phthalates and Cumulative Risk Assessment），二〇〇八年，p. 5。亦參見L. E. Gray Jr.等〈臨產期暴露於鄰苯二甲酸鹽之DEH、BBP及DINP，但非DEP、DMP或DOTP，改變雄性老鼠之性別分化過程〉（Perinatal Exposure to the Phthalates DEH, BBP and DINP, but Not DEP, DMP or DOTP Alters Sexual Differentiation of the Male Rat），《毒物科學》（Toxicology Science）58期（December 2000），pp.350-65。 B.J. Davis等，〈鄰苯二甲酸二(2-乙基己基)酯抑制實驗老鼠的雌二醇分泌及排卵〉（Di-(2-Ethylhexyl) Phthalate Suppresses Estradiol and Ovulation In Cycling Rats），《毒物學及應用藥理學》（Toxicology and Applied Pharmacology），128期，一九九四年，pp.216–223。引述於沃高等，〈有害的塑膠〉二〇〇八年，p. 40。

入DEHP及另一種常見鄰苯二甲酸鹽DBP（鄰苯二甲酸二丁酯）；過去的研究都專注於其他發展階段。研究人員發現這些化學物質對胎兒的生殖系統造成重大改變。新生的小老鼠容易患有隱睪症或無睪症、睪丸素偏低、精蟲數減少等症狀。牠們也容易患有肛門與陰莖間距離過短、尿道下裂（尿道異常開口於陰莖上）或其他畸形問題。這一堆類似症狀令人震驚到使研究人員將此命名為「**鄰苯二甲酸鹽症候群**」。經過更多研究，他們發現受害的老鼠也更可能在日後產生生育障礙，並發展出睪丸腫瘤。雖然這些症狀在公老鼠中最明顯，研究人員發現曾暴露於DEHP的母老鼠，卵巢也會產生囊腫，因而停止排卵。[62]

如寇本所預言的，問題出在暴露的時機。環保署的研究使用了相當高劑量的鄰苯二甲酸鹽，但其他動物研究發現在發育的關鍵階段，即使注入少量的DEHP也會導致精蟲數減少，提早誘發青春期，還有其他隱微的反常效應。[63]這就是當我們有點塑化時會產生的大問題。

老鼠實驗中所見的效應，映現在人類生殖系統健康的廣泛趨勢中。[64] 流行病學家在西方國家的男性中發現男性不孕症、睪丸癌、睪丸素偏低及精蟲數減少的發生率愈來愈高。根據某些研究（雖然並非所有研究），自一九六〇年代末起，天生具有尿道下裂症的男嬰數大幅增加，在同一時期，出生時具有隱睪

62 B.J. Davis等，〈鄰苯二甲酸二(2-乙基己基)酯抑制實驗老鼠的雌二醇分泌及排卵〉（Di-(2-Ethylhexyl) Phthalate Suppresses Estradiol and Ovulation In Cycling Rats），《毒物學及應用藥理學》（Toxicology and Applied Pharmacology），128期，一九九四年，pp.216 -223。引述於沃高等，〈有害的塑膠〉二〇〇八年，p. 40。

63 見Øie L及Hersoug等，〈塑化劑於居家暴露，及塑化劑對於氣喘發病上扮演的可能角色〉（Residential Exposure To Plasticizers And Its Possible Role In The Pathogenesis Of Asthma），《環境與健康展望》105期，一九九七年，pp. 972-978。引述自沃高等，〈有害的塑膠〉二〇〇八年，pp. 41-5。

64 作者採訪史旺；二〇〇九年十月採訪麻州大學洛威爾校區永續生產中心（Center for Sustainable Production）提克納；二〇〇九年九月採訪哈佛大學公共衛生學院醫師暨研究人員Russ Hauser；二〇〇九年九月採訪環境工作團體（Environmental Working Group）資深科學家Rebecca Sutton。亦參見Leonard Paulozzi，〈尿道下裂及隱睪症於國際間的發生趨勢〉（International Trends in Rates of Hypospadias and Cryptorchidism）《環境與健康展望》107期一九九九年四月，pp. 297-302。丹麥研究人員認為這些症狀與他們所謂的睪丸不全症候群（Testicular Dysgenesis Syndrome）有部分關聯，他們追溯到此症候群的起因出現在胎兒發育階段，因為基因缺陷或暴露於荷爾蒙干擾素等環境因素，而造成的錯誤。他們在出版於二〇〇一年的論文中，主張這是個相當常見的症候群，估計每二十位丹麥男人中，就有一位具有至少一或兩種症狀。N.E. Skakkebæk等，〈睪丸不全症候群：從環境觀點看愈來愈常見的發育失調〉（Testicular Dysgenesis Syndrome: An Increasingly Common Developmental Disorder With Environmental Aspects）《人類生殖學快訊》（Human Reproduction）16期，二〇〇一年五月，pp. 972-8。

65 B. Blount等〈人類參考人口尿液樣本中七種鄰苯二甲酸鹽代謝物含量〉（Levels of Seven Urinary Phthalate Metabolites in a Human Reference Population）《環境與健康展望》108期，二〇〇〇年十月，pp. 979–982；M.

症的男嬰數也增加了。此外，多項研究報告也顯示女性不孕症的罹患率也在上升。在這段時間，隨DEHP和其他鄰苯二甲酸鹽的生產和使用率持續穩定增加，人們暴露於這些物質的機率也毫無疑問地增加。結果是，根據美國疾病管制局（Centers for Disease Control）的生物監測研究，如今至少百分之八十的美國人（包括各年齡層、種族，來自都市或偏遠鄉鎮的居民），體內都帶有可測量的DEHP及其他鄰苯二甲酸鹽。[65] 研究人員在血液、尿液、唾液、母乳和羊水中都偵測到DEHP，這意味著人類從在子宮開始，就於每個生命階段暴露在這些化學物質中。[66] 化學物質能快速通過排出體內，但我們是在持續不斷的狀態下暴露其中，以至於體內化學物質的總量並不會因為時間而有大幅變化。換言之，我們的細胞正持續接受低劑量化學物質的攻擊。

我們並未暴露於導致鼠胎驚人結果的高劑量DEHP中。[67] 儘管如此，許多人的暴露量仍超過環保署建議的每日限額，這個額度是訂於一九八六年，根據的是尚無人注意到內分泌干擾素概念之前的研究報告。[68] 暴露量最高的人當中，有些正是最需要遠遠避開荷爾蒙干擾素的族群，包括兒童和正值適孕年齡的女性。[69] 研究報告一致顯示兒童體內的鄰苯二甲酸鹽含量高於成人，這可能是由幾項因素造成，包括他們代謝化學物質的速度較慢，也較會將聚氯乙烯製的玩具放進嘴裡。（一位研究人員告訴我，她發現給嬰兒用的聚氯乙烯洗浴書《潑灑耶穌》〔Splish-Splash Jesus〕味道特別毒。[70]）這類研究發現最後促成國家毒物學計畫

Silva等〈一九九九年至二〇〇〇年國家健康及營養檢驗調查報告（NHANES）中美國人口尿液中七種鄰苯二甲酸鹽代謝物含量〉（Urinary Levels of Seven Phthalate Metabolites in the U.S. Population from the National Health and Nutrition Examination Survey (NHANES) 1999–2000）《環境與健康展望》112期，二〇〇四年三月，pp. 331-38。事實上某些研究建議幾乎每個美國人體內都含有至少一種鄰苯二甲酸鹽，但最近疾病管制局才有能力開始測試部分化學物質的代謝物。

66 沃高等，〈有害的塑膠〉，p. 39。美國環境保護署〈鄰苯二甲酸鹽行動計畫〉（Action Plan on Phthalates），二〇〇九年。研究也顯示這些物質能穿越胎盤。

67 估計多數人每天的吸收量是每一公斤體重一到三十毫克，一位重七十公斤的人一天的暴露量約相當於七十至兩千一百毫克。CERHR，〈專題論文〉，p. 1。

68 德國研究人員發現研究對象中，近三分之一的男女暴露量超過環保署訂定的每日攝取限額。在塑膠樂園的臺灣，這個比例高達百分之八十五。環保署於一九八六年設定的口服量，是依化學物質對肝臟的潛在影響而訂定，劑量為每天每公斤體重〇．〇二毫克。沃高等，〈有害的塑膠〉，pp. 40-46。

69 Blount等，〈七種鄰苯二甲酸鹽含量〉；D.B. Barr等〈以單酯及其氧化代謝物為生物標記來評估人類的鄰苯二甲酸鹽暴露量〉（Assessing human exposure to phthalates using monoesters and their oxidized metabolites as biomarkers），《環境與健康展望》，111期，二〇〇三年七月，pp. 1148–1151。

70 作者採訪史旺。

（National Toxicology Program，NTP）組成的專家小組，於二〇〇六年得出結論，認為有足夠理由「擔心」未足歲男童暴露於DEHP中，會影響其生殖系統的發育。[71]

大腦是最大的性器官

然而風險最大的族群似乎是那些在新生兒加護病房中接受治療的新生兒。[72]研究顯示像艾美這類一次要和點滴袋及導管連結數週的寶寶，最後吸收到的DEHP劑量能比一般大眾高出一百至一千倍。假使她到最後還要接受輸血，或是必須連結到負責循環並為其體內血液充氧的心肺機器，她接收的化學劑量會更高。這類機器經常用在具有嚴重呼吸道問題，或必須接受心臟手術的嬰兒上。如國家兒童醫院的小兒血液學家奈歐蜜．魯本（Naomi Luban）所說，它們是救命的機器，但同時也會釋出大量的DEHP。

魯本和修特一起工作，也一直很擔心塑化劑帶來的風險。輸血袋中的血液摻有來自血袋中的DEHP，但他們還面臨了另一個問題。當血液循環通過心肺機時，要流過好幾公尺長的導管和一個塑膠膜，這些全都會滲出DEHP。一個重病的寶寶接受這種加護治療，最後會吸收到比人類安全攝取量高出二十倍的累積暴露量。[73]（確實，任何年紀的人在接受洗腎或輸血的過程中，都面臨了暴露於大量DEHP的風險。）[74]

71　CERHR，〈專題論文〉。

72　採訪Hauser。關於更多新生兒加護病房寶寶暴露問題背景，見Ronald Green等，〈含鄰苯二甲酸二(2-乙基己基)酯（DEHP）之醫療器材的使用，及新生兒加護病房中嬰兒尿液中之鄰苯二甲酸二(2-乙基己基)酯（MEHP）含量〉（Use of Di(2-ethylhexyl) Phthalate–Containing Medical Products and Urinary Levels of Mono(2-ethylhexyl) Phthalate in Neonatal Intensive Care Unit Infants），《環境與健康展望》113期，二〇〇五年九月，pp. 1122-25。CEHR，〈專題論文〉；Julia Barrett，〈國家毒物學計畫對DEHP報告草稿〉（NTP Draft Brief on DEHP），《環境與健康展望》114期，二〇〇六年十月，pp. A580–81。

73　魯本等，〈我想對你說〉，p. 504。

74　CERHR，〈專題論文〉，p. 2。

75　許多科學家認為一般而言，胎兒、嬰兒和幼兒特別容易受到化學物質的傷害，因為他們的器官、新陳代謝途徑及荷爾蒙系統仍在發育當中。幼兒呼吸的空氣量也較大，每公斤體重消耗的食物和飲料也較多，使他們暴露於環境中化學物質的劑量也提高。美國國家科學院於一九九三年在一份關於殺蟲劑的報告中，承認嬰幼兒特別容易受到工業化學物質的傷害。沃高等，〈有害的塑膠〉，pp. 9-10。

由於這些新生兒的發育不全，化學物質可能更容易對其荷爾蒙造成影響。[75] 他們的大腦和器官的細胞屏障較容易滲透。此外，他們也還沒有大人或大孩子清除體內化學物質的能力，這意味著化學物質在其體內循環的時間較長，增加造成傷害的可能性。

如美國疾病管制局指出的，DEHP或其他化學物質出現在某人的血液或尿液中，並不表示就對健康有害。真正大且困難的問題在於，我們定期暴露於其中的小劑量，是否足以影響到**某些**人的健康。我們可能有點塑化了，但這並不表示我們都受到相同的影響。[76] 有些人，譬如在新生兒加護病房的寶寶，可能因為他們攝取的劑量或所處的發育階段，而面臨較高的風險。由於研究人員不能讓人類接受如實驗室老鼠能承受劑量的測試，以找到導致不良影響的確切問題所在，可以說我們正把自己當作一場浩大且不受控制的實驗對象。然而，在走過所謂「現代生活」的龐大塑膠實驗室之旅時，我們並非完全盲目無知。許多流行病學的研究調查了為數眾多的人群，為我們提供了收集證據的間接方式。羅徹斯特大學醫學及牙科中心的生殖流行病學家莎娜．史旺（Shanna Swan）執行了多項這類研究，她的研究成果顯示，某些人確實因為有點塑化而得付出代價。

她在一項研究中，測試了一百三十四名懷孕婦女的鄰苯二甲酸鹽含量，嬰兒出生後，她又仔細檢查其男嬰的生殖器官。[77] 她發現鄰苯二甲酸鹽含量最高的母親所生出的男嬰，有輕微但明確的症狀，這些症狀呼應了實驗老鼠所患的鄰苯二甲酸鹽症候群。這

---

76 在接受作者採訪時，醫師暨研究人員Russ Hauser描述了在得知患者暴露於鄰苯二甲酸鹽後，如何得出實用結論的困難。他做過一項流行病學研究，顯示鄰苯二甲酸鹽濃度與男性不孕症有關。然而這項關聯的本質仍然不夠明確，無法用在不孕夫妻的臨床醫療上。雖然他會測試患者受鄰苯二甲酸鹽及其他存在於塑膠內的化學物質暴露量，但他很少將結果告知患者，因為這些結果很難詮釋。他說這不同於面對已知風險，譬如汞。假使患者驗出高劑量的汞，他可以告訴患者，汞會如何影響健康，又該如何在飲食中避開含汞物質。但是就鄰苯二甲酸鹽而言，他說：「我甚至無法詮釋在其尿液中含量的意義。假使他們測出含有十億分之四十、八十或一百二十的含量，這在風險上有何不同影響？目前根本沒有足夠資料可用。」此外，他又說：「我們並不想讓為了有小孩已經很焦慮緊張的人，完全改變他們的生活方式而變得更焦慮緊張。」

77 作者採訪史旺；史旺等〈出生前暴露於鄰苯二甲酸鹽之男嬰的肛殖距離縮短〉（Decrease in Anogenital Distance Among Male Infants with Prenatal Phthalate Exposure），《環境與健康展望》113期，二〇〇五年八月，pp. 1056-61。

些男嬰較容易產生隱睪症，陰莖較小，陰莖基部到肛門間的距離較短；這個測量值在老鼠的研究中，被視為是胎兒睪丸素降低的重要特徵。史旺強調：「這些寶寶並沒有臨床醫師能夠認定的畸形問題。」但是根據這些化學物質對遭暴露老鼠的長期影響，她將這些非常隱約的改變，視為在日後會影響到男孩生殖力而值得擔憂的症候群。

史旺接著決定檢視抗雄性素還會對發育中的胎兒有何影響。[78] 男性生殖器並非體內唯一接觸睪丸素的器官。就和雌激素一樣，睪丸素也循環於男孩和女孩的全身，影響新陳代謝、成長、行為、認知及其他荷爾蒙的活動。史旺喜歡說：「大腦是最大的性器官。大腦也在睪丸素的影響下發育。」

通常，大腦中的睪丸素含量會在特定發育關鍵期激增，這在性別分化過程中占有重要角色。研究顯示懷孕的老鼠若暴露在會阻礙荷爾蒙激增的藥物中，其雄性後代不會像未遭暴露的幼鼠一樣，展現出激烈打鬥的遊戲行為。

史旺帶著這些研究發現的線索，回頭尋找她早期研究過的同一批父母和小孩。這時那群孩子已經進入幼稚園。為了進行研究，她請父母填寫一份關於他們的孩子怎麼玩耍的詳細調查表。她請父母為孩子玩娃娃或卡車，及組建房屋或假裝打鬥等頻率評分。在胎兒期暴露於最高量的鄰苯二甲酸鹽DEHP及DBP的男孩，在假裝開槍等典型男孩遊戲項目的得分最低。這些孩子也較可能偏好中性的遊戲，例如拼圖。女孩則未顯現出差異。

78 採訪史旺。史旺等，〈男嬰在產前暴露於鄰苯二甲酸鹽與雄性特徵降低之關聯〉（Prenatal Phthalate Exposure and Reduced Masculine Play in Boys）《國際陰陽同體期刊》（International Journal of Androgyny）33期，二〇一〇年四月，pp. 259-69。

79 關於這類研究報告的概述，請見沃高等，〈有害的塑膠〉；John Meeker等〈塑膠中的鄰苯二甲酸鹽及其他添加物：人類暴露量及相關健康問題〉（Phthalates and other Additives in Plastics: Human Exposure and Associated Health Outcomes）《皇家學會哲學會刊B輯》364期，二〇〇九年七月，pp. 2097-13；Russ Hauser等，〈鄰苯二甲酸鹽及人體健康〉（Phthalates and Human Health），《職業與環境醫學》（Occupational Environmental Medicine）62期，二〇〇五年十一月，pp. 808-18。

80 一項研究調查了波多黎各的女孩，發現相較於青春期正常發育的研究對象中每五人有一人含高量DEHP，在性早熟和乳房提早發育的研究對象中，三分之二的女孩測試出高量DEHP。這項研究遭到批評，認為研究人員可能未能控

這種研究發現是作家最喜歡的頭條新聞。如一份澳洲報紙宣稱：「常見的塑膠使男孩溫柔寬厚」。但是史旺要調查的並非解決大男人侵略行為的好方法。她要描述的是男孩大腦質性的微妙轉變，使他們以「非典型男性」方式玩遊戲。這是個很小的影響，但可能具有深刻的意涵，因為睪丸素、雌激素和其他荷爾蒙負責形塑男性與女性的大腦，使男女的大腦以各種不同方式發育與應對世界。

這兩項研究都有待反覆驗證。但是在發現鄰苯二甲酸鹽會影響兩種截然不同的身體組織系統後，史旺問道：「我們為何要假定這些效應只限於兩個系統？我擔心的是全身只要睪丸素有作用的地方，身體就會產生改變，而睪丸素能作用的地方非常非常多。」

其他流行性病學研究支持了史旺的憂慮。[79] 多項小型研究找到暴露於鄰苯二甲酸鹽與肥胖、性早熟、過敏、注意力缺失過動症及甲狀腺功能改變等有關聯，這些狀況可能都與荷爾蒙受干擾有關。多數研究對象專注於男生。但不少研究結果也建議女孩可能有會因為睪丸素下降，或某種對雌激素未知的效應，而受到影響。[80] 史旺說，有些研究人員認為DEHP當然會抑制女性雌激素的分泌。「我們都很努力想了解女性面臨的問題。這之所以很難是因為女性的生殖系統是隱藏的。男性比較容易研究，因為生殖器官在外。」儘管如此，有一小部分流行病學的研究找到了鄰苯二甲酸鹽劑量與子宮內膜異位、流產、子宮肌瘤和乳房早熟有關聯性。

制測試過程，造成測試組織DEHP濃度的增加。I. Colón等，〈波多黎各乳房早熟少女血漿中鑑定出鄰苯二甲酸酯〉（Identification of Phthalate Esters in the Serum of Young Puerto Rican Girls with Premature Breast Development）《環境與健康展望》108期，二〇〇〇年九月，pp. 895-900。義大利和印度的研究顯示患有子宮內膜異位的女性，血液中DEHP的含量也偏高：L. Cobellis等〈患子宮內膜異位的女性血漿中含高劑量DEHP〉（High plasma concentrations of di-(2-ethylhexyl)-phthalate in women with endometriosis），《人類生殖學》（Human Reproduction）18期，二〇〇三年七月，pp.1512-5。B.S. Reddy等，〈印度患子宮內膜異位女性與鄰苯二甲酸酯間的關聯〉（Association of phthalate esters with endometriosis in Indian women）《BJOG》113期，二〇〇六年五月，pp. 515-20。另一項義大利研究也發現鄰苯二甲酸鹽與子宮肌瘤之間的關聯：S. Luisi等，〈患有子宮肌瘤女性血漿中含有低量DEHP〉(Low serum concentrations of di-(2-ethylhexyl)phthalate in women with uterine fibromatosis）《婦科內分泌學》（Gynecological Endocrinology）22期，二〇〇六年二月，pp. 92-5。

DEHP對荷爾蒙的影響可能不是唯一的問題。二〇一〇年一項研究顯示，對非常幼小的嬰兒來說，DEHP可能干擾控制發炎的細胞機制，即身體用來對抗感染的方式。[81] 其他研究則將DEHP與免疫系統和呼吸系統問題連在一起，並且持續對DEHP對肝臟造成的毒性發出警告，尤其是那些在新生兒加護病房中因為接受治療而遭到暴露的早產兒。德國研究人員證實在加護病房中接受含有DEHP的點滴袋注射液體的寶寶，比從不含DEHP點滴袋接受注射液體的寶寶更容易發生特定肝臟問題。[82]

有關聯，但沒有因果證據

這一切聽起來都是相當有力的證據，不是嗎？只不過科學很少為議題直接來個大滿貫。想想DEHP最後可能造成的影響——在睪丸中分泌睪丸素的細胞。在老鼠研究中，研究人員不斷發現DEHP會損害這些細胞。但是老鼠是所有受測試的動物中對鄰苯二甲酸鹽最敏感的物種。近期一項以小狨猴為測試對象的靈長類研究，並未發現相同結果。[83] 這是否意味著靈長類（我們的最近親）對這類化學物質，不像齧齒動物那麼敏感？或者那些狨猴已經超過了容易受影響的年紀？研究人員仍在爭議這個問題。[84] 同樣的，流行病學在精蟲品質上的研究結果也不一致：有些研究發現精蟲品質與鄰苯二甲酸鹽含量有關，有些則否。

要展開能夠找到明確答案的各種研究，既困難又昂貴。舉例而言，修特和魯本醫師一直想要

81 Mike Verespej，〈研究認為鄰苯二甲酸鹽可能傷害新生兒的免疫系統〉《塑膠新聞》，二〇一〇年七月。

82 H. von Rettberg等，〈使用含DEHP輸液系統會增加膽汁鬱滯風險〉（Use Of Di(2-Ethylhexyl)Phthalate-Containing Infusion Systems Increases The Risk For Cholestasis）《小兒科期刊》（Pediatrics）124期，二〇〇九年八月，pp. 710-16。

83 作者採訪Schettler。見C. McKinnell等，〈暴露於鄰苯二甲酸單丁酯對狨猴胎兒或新生兒的睪丸發育及功能影響〉（Effect of Fetal or Neonatal Exposure to Monobutyl Phthalate (MBP) on Testicular Development and Function in the Marmoset）《人類生殖學》24期，二〇〇九年九月，pp. 2244-54。亦參見CERHR，〈專題論文〉。

84 同樣的不一致性也出現在雙酚A的研究上，例如實驗室老鼠的品系不同，研究結果也會大不相同。有些品系對雌激素效應比其他品系更敏感，因此較容易呈現出對這類化學物質的反應。批評人士說這是導致工業贊助的研究和獨立

針對接受人工心肺機治療而嚴重暴露於DEHP的寶寶，進行追蹤研究。修特說：「會有長期生殖問題的族群是這些孩子。如果研究結果是否定的，就能平息所有問題。」他們進行了一項小型的初步研究，找到並測試了十八位在嬰兒時曾在新生兒加護病房接受心肺機器治療的青少年。[85]他們全都沒有任何具生殖系統問題的徵兆。但是要從這麼小的樣本族群中得出有效結論是不可能的。就統計上而言，至少要調查二百五十名孩子，才能得到明確的結果。修特和魯本估計這要花一千萬美元才能追蹤並且測試到這麼多位存活者。他們寫了一份進行這種研究的提案，但是美國國家衛生研究院（National Institutes of Health）和私人企業都不肯做這樣的投資。修特說：「一千萬美元的要價實在令人望而卻步。」

「不過，如果能有〔答案〕就太好了。」魯本說。

連續不斷的不確定性，是檢視DEHP及其他鄰苯二甲酸鹽的各專家小組之所以做出不同結論，以及為何幾乎每份研究報告都以相同字句「還需要更多更好的研究」結尾的原因之一。

在這些研究中，最大的空白處在於缺乏檢視真實世界中化學物質暴露問題的研究。我們並不是一次只暴露在一種化學物質中，而是每天遭遇幾百種。這樣的化學物質轟炸現象甚至在出生前就開始了。由美國環境工作團隊（Environmental Working Group）所做的一項調查，發現在十位新生兒的臍帶血中，平均有二百種工業化學物質及汙染物。[86]這些物質的累積效應為何？研究人員才剛開始探討這個問題，而這初步的發現已使人開始擔憂。

研究間產生極大差異的原因之一。根據一項二〇〇五年的研究，工業贊助研究中的動物對雌激素的敏感度比其他物種差了二萬五千到十萬倍。同一報告也發現由政府贊助的一百零四份研究中，有九十四份發現雙酚A具有重大影響，但工業贊助的十一項研究都不曾發現任何效應。馮薩爾等，〈廣泛新文獻〉。

85 K Rais-Bahrami等，〈追蹤調查在新生兒期接受葉克膜體外維生系統治療而暴露於DEHP的青少年〉（Follow-Up Study Of Adolescents Exposed To O Di(2di(2-Ethylhexyl) Phthalate (DEHP) As Neonates On Extracorporeal Membrane Oxygenation (ECMO) Support）《環境與健康展望》112期，二〇〇四年九月，pp. 1339-40。

86 環境工作團隊，〈身體負擔——新生兒體內的汙染〉（Body Burden—The Pollution in Newborns），二〇〇五年七月十四日，取自網路資料：https://www.ewg.org/research/body-burden-pollution-newborns。

鑑定出鄰苯二甲酸鹽症候群的美國環保署研究人員厄爾．格雷，用老鼠測試了各種鄰苯二甲酸鹽混合物。[87] 每種物質他都刻意使用低劑量，遠比每種物質單獨作用產生效應時所需的劑量還低。然而當他將仍在子宮中的雄性鼠胎暴露在此混合物中，結果有高達百分之五十的小鼠出生時，出現尿道下裂或其他生殖系統畸形現象。這些化學物質混合在一起時，遠比單獨作用時更具影響力。他說，這顯示在相同荷爾蒙途徑上循環的化合物具有加乘效果。

研究人員表示，我們需要更多研究，專門設計來仿效人體暴露於化學物質的真實經驗的研究。史旺和其他人則希望看到更多專注於孕婦及兒童的研究，以便掌握化學物質長期作用的全貌，而非彼此不相關的片段資訊。而這正是近期一項研究的目標：美國國家兒童研究計畫（National Children's Study）將針對全美十萬名兒童從出生持續追蹤到二十一歲，探討包括鄰苯二甲酸鹽及雙酚A的暴露等環境因素對健康的影響。

那麼假使我們還不能證實DEHP或其他鄰苯二甲酸鹽不安全，就表示它們是安全的嗎？一如預期，化學工業主張它們是安全的。畢竟，這關係到十四億美元的鄰苯二甲酸鹽市場。如一位女性發言人所說，美國化學委員會的態度是：「DEHP醫療器材已經使用超過五十年，至今仍沒有對人體有害的確切證據。」[88] 即使就新生兒的案例，委員會聲稱治療帶來的優點勝過可能遭暴露的風險。

美國化學委員會警覺地追蹤著研究，宣傳那些顯示沒有不良效應的研究，並將顯示負面結果

87　作者於二〇〇九年十月採訪格雷。

88　Marion Stanley，美國化學委員會，該引述是她對美國聯邦食品藥物管理局一份對民眾公告所做的反應。作者也於二〇〇八年十月採訪了化學委員會的鄰苯二甲酸酯小組。亦參見CERHR，〈專題論文〉，其中描述了化學委員會於二〇〇五年提出的評論。

的研究挑剔得體無完膚。它批評史旺採用了「未經驗證的方式」，諸如肛門到生殖器官間的距離以及玩耍方式的調查，抨擊方法上的錯誤，而史旺也承認這點，但堅持這並不影響研究結果在統計上的重要性。

整體而言，美國化學委員會利用固定的論調，雖然精確但未必有意義地來指出研究上的瑕疵。[89] 他們常引述的批評包括：樣本太少、老鼠不是研究人體健康危害的好模型、研究中動物接受的劑量遠比人體接收的劑量高、所舉證的健康效應不一定有害。幾乎，只要有流行病學研究顯示出與鄰苯二甲酸鹽相關的風險，美國化學委員會就會發出新聞稿反擊，指出研究結果顯示的只是關聯，而非因果效應的證明。他們說的沒錯，因為這正是流行病學研究的本分。儘管流行病學研究強調的是關聯性，卻也是我們長期以來用以評估大眾健康的黃金準則。

堅持專注在每一項研究的缺失上，不僅忽視也扭曲了一項事實，即每項研究都為愈來愈令人憂心的大量證據再添一樁。吹毛求疵的做法所專注和強調的，不過是一直存在於科學本質中的不確定性。這是直接從菸草工業學來的策略，雖然很驚人，這是雪茄製造商布朗與威廉森（Brown & Williamson）的一位高級主管在一九六九年向報紙承認的：「質疑是我們的作品，因為這是用來對抗存在於一般大眾腦海中的『事實主體』的最佳工具。」[90]

如史旺和其他人指出的，從來沒有任何研究「證明」吸菸會導致肺癌。菸草的危險是在結合

89 沃高，〈無所不在的塑膠〉（Pervasive Plastics）。

90 David Michaels，〈質疑是他們的作品〉《科學人》期刊，二〇〇五年六月，p. 96。

了活體實驗、動物和人口的研究下，才獲得證實。一連串流行病學的研究指出了吸菸的風險，促使美國衛生局局長在一九六四年發布了著名的警告。在接下來的四十多年，研究人員透過細胞及動物研究，將吸菸如何誘發肺部腫瘤的生物機制，煞費苦心地拼湊出解釋。於此同時，菸草工業也花了數十年否認菸草與肺癌之間有任何關聯。

化學嫌疑犯應先假設有罪

科學界可能無法在短時間內，針對內分泌干擾素的風險給出確切的答案。所以在我們發現暴露於DEHP的危險之前，就只能看著像艾美這樣的孩子長大嗎？我們要等著看她發展出肝臟問題，在年紀還小時就進入青春期，無法受孕生下自己的小孩嗎？或者我們已經來到有足夠證據採取謹慎作為的時間點了？我認為時間到了。但是現有管制化學物質的系統使我們難以行動。

我們缺乏連貫一致或綜合性的法規，來規範我們在日常生活中面對的化學物質。我們有的是聯邦和州政府所制訂，既弱勢又不協調的拼湊式法令。聯邦政府規範化學物質的法規分散在各部會之中，形成片段又不一致的政策。例如，最近美國環保署宣布將加強限制鄰苯二甲酸鹽，包括DEHP的使用。[91] 然而食品藥物管理局仍然認為鄰苯二甲酸鹽提供的好處勝過風險，因此至今仍漠視限制使用含有鄰苯二甲酸鹽的醫療器材，及規定醫療器材須標示含有該

91 美國環保署，〈鄰苯二甲酸鹽行動計畫〉，二〇〇九年。

物質的請求。食品藥物管理局至今唯一的行動，是在二〇〇二年的一份公告中，建議醫院不要將含有DEHP的醫療器材使用在懷男胎的婦女、男嬰及男性青少年身上。[92] 美國食品藥物管理局和環保署兩個監管機關，都未能追趕上科學對化學物質風險認識的變遷。舉個例子，兩個機構仍然以一次只檢測一種化學物質的研究報告為安全評估的基礎，而非參考審查集體效應的研究。[93]

但是還有一個比這更大的問題存在：美國法律傾向於在證實化學物質有害之前，將之視為安全的。監管機關被迫要先找到作家馬克．夏皮洛（Mark Schapiro）所謂「科學上不可能的確鑿證據」[94]，才能將有嫌疑的化學物質撤出市場。這種做法的缺點，非常清楚地出現在規範合成化學物質的主要聯邦法「毒性物質防治法」（the Toxic Substance and Control Act）中。該法規制訂於一九七六年，它給予美國環保署要求測試與限制化學物質的權力，但是環保署幾乎沒有機會使用這項權力。這項法規通過時，有六萬兩千種使用中的化學物質得到測試規定的豁免權。該法規條文將環保署監管人員綁在一個矛盾的情況中：他們需要證明化學物質有害或外漏的證據，才能請求廠商提供更多關於該物質的資訊，可是少了相關資訊，他們又該如何找到有害證據？在缺乏證據的情況下，監管人員無法行動。所以自一九七六年來，雖然有兩萬種化學物質上市，環保署只獲得其中兩百種物質的深入審查報告，而運用其權力限制的物質只有五種。法規門檻之高，環保署甚至無法成功地禁用石棉，一種毫無爭議的致癌物質。化學物質政策專家約翰．沃高（John Wargo）寫道：「這意味著幾乎所有商業上的化學物質都沒能接受適當測試，來判定其環境行為或對人體健康的影響。」[95]

92 食品藥物管理局，〈食品藥物管理局公眾衛生公告：含有塑化劑DEHP之聚氯乙烯器材〉（FDA Public Health Notification: PVC Devices Containing the Plasticizer DEHP）二〇〇二年七月。

93 作者採訪Schettler。亦參見：無害醫療保健（Healthcare Without Harm），〈人體內鄰苯二甲酸鹽之累積暴露〉（Aggregate Exposures to Phthalates in Humans），二〇〇二年七月。

94 夏皮洛，《暴露》，p. 52。

95 沃高，〈無所不在的塑膠〉。這個分析的擴大版本可見於他的著作《綠色智慧：創造保護人類健康的環境》（Green Intelligence: Creating Environments That Protect Human Health），(New Haven: Yale University Press, 2009)。

那些化學物質**全都**是危險的嗎？這很難說，但環保署表示至少有一萬六千種化學物質因為高產量及其化學特質，具有值得擔憂的潛在元素。而歐洲的監管機關則估計高達百分之七十的新化學物質，具有包括從致癌性到可燃性等的某種危險屬性。[96]

每個關切化學政策的人，包括環保署署長、環保運動人士、甚至美國化學委員會，都認為法律不是用來指示如何在現行化學環境中前進的好工具。然而，要大家認同其他做法，又是另一回事（如一項備受爭議的改革法案於二〇一〇年中期在國會中的迂迴進展所示）。主要爭執點在於美國決策者開始將歐洲當作規範化學工業的模範。

在歐洲，要證實的是安全性而非危險性。歐洲監管機關「以即使在科學上不確定，仍要在傷害發生前加以預防為行動原則。」[97]在這種警戒式原則的指導下，歐洲已開始限制DEHP及其他鄰苯二甲酸鹽，而美國監管機關則仍持續爭論風險性。[98]舉例而言，**歐盟在一九九九年就禁止在兒童玩具中使用DEHP，美國國會在九年後才通過類似法案。**

一份啟用於二〇〇七年，名為REACH（為註冊〔Registration〕、評估〔Evaluation〕及化學物質授權〔Authorization of Chemicals〕）的規章，要求製造商必須對新上市及已流通的化學物質，負責提供產品可安全使用的證據。負責執行REACH計畫的機構，將DEHP設定為前十五種「高度關切」的受規範物質之一。[99]

96　這項估計值來自美國環保署，Michael Wilson及April Schwartzman引述於〈走向新美國化學物質政策：重建基礎，朝新科學、綠色化學及環境健康前進〉（Toward a New U.S. Chemicals Policy: Rebuilding the Foundation to Advance New Science, Green Chemistry, and Environmental Health），《環境與健康展望》117期，pp. 1202-9。百分之七十的估計值是引述自提克納於二〇一〇年十月致作者的電子郵件。。

97　夏皮洛，《暴露》，p. 52。

98　例如，歐盟在二〇〇一年將DEHP歸類為「有毒物質」，也禁止該物質使用在化妝品和所有的兒童產品上。美國玩具製造商自一九九八年起，自動將DEHP排除於固齒器、搖響器和其他三歲以下兒童可能放入口中的玩具。但這未能阻止含有鄰苯二甲酸鹽的玩具進口，這事關重大，因為於美國境內銷售的百分之八十的玩具，是由不限制DEHP使用的中國製造與出口。

99　健康無害（Health Without Harm）〈DEHP證據之責〉（The Weight of the Evidence on DEHP）。

基本上，歐洲監管機關是以美國監管機關對待「藥物」的態度，來看待化學物質：先假設它們有危險，直到被證實無害為止。美國製造商已經在歐洲市場上，銷售經改良後符合其警戒原則的產品。美國人民難道不該要求大西洋的這一端也該享有同等待遇？

有些州已經主動採取行動。二〇〇八年，加州通過了更安全的指標性化學物質法規，要求州政府收集化學物質毒性資料，限制了一些最毒物質的使用，鼓勵研究發展更健康的替代品。這項法規是借用並且擴大了麻州自一九八九年即採行的法規，該法規要求大量使用有毒物質的公司公開其使用方式，並且探索取代危險化學物質的替代方案，鼓勵能幫助公司改採較安全替代方案或使用少量有害物質的計畫。[100]

儘管如此，州政府的努力還是無法取代全面性的聯邦保護。耶魯大學教授約翰・沃高提出很有說服力的論點，認為我們需要一份全國性的「塑膠控制法」。他指出國會通過法規，監控其他健康或環境風險，諸如殺蟲劑、藥物及菸草，那麼為何不對觸及每個國民生命的塑膠施行同樣法規？他提出一份綜合性政策，在諸多提議中，包含了在上市前更嚴格測試塑膠中的化學物質、強制標示出成分，並嚴禁使用對人體健康具有威脅，或無法分解為無害物質的化學物質或合成物。[101]

當然，我們能把安全門檻定得太低，也能定得太高。在醫療和其他領域上都證明了塑膠能帶來利益。建議設立無法達到的高標準，要求證實物質絕對無害，也會造成我們現在正經歷的

100 作者於二〇〇九年十月採訪毒物減用研究中心（Toxics Use Reduction Institute）的Liz Harriman、Pam Eliason及Greg Morose。這是為教育公司關於無毒替代方案並且幫助他們遵守州立法規而設立的機構。

101 沃高，〈無所不在的塑膠〉。

問題，即在監管上的「分析到癱瘓」症狀。然而，當資金充足的研究報告指出傷害的重大證據時，尤其是在有其他替代方案的情況下，我們若無法採取行動防止具潛在危險的物質之使用，我們就背叛了自己的孩子。

替代物還是塑膠

誰該負起採取行動的責任呢？踏出第一步的往往是個關注此事的平凡人，就像寶拉·薩夫里德（Paula Safreed）。在一九九〇年代初，薩夫里德是波士頓布里罕婦女醫院（Brigham and Women's Hospital）新生兒加護病房的護士。[102] 她除了照顧寶寶之外，也負責訂購病房所需的物品，這使她得以經常和醫療器材廠商對話。她開始聽到一些傳言，是關於她用來治療這些小患者的點滴袋和導管含有化學物質的傳言。不過導致她開始留心的問題，和DEHP對生殖系統的潛在影響毫無關聯，而是有個廠商提到了DEHP與肝臟受損有關。這使她想起多年前照顧過一個寶寶，是一對早產雙胞胎。雙胞胎之一死了，但這個小男嬰活了下來，在布里罕的新生兒加護病房待了好幾個月，接受從聚氯乙烯點滴袋和導管輸送的血液、蛋白質、脂質及靜脈注射的養分。寶拉很高興能幫助他，使他強壯到可以回家，但是得知那孩子三歲時死於肝癌，她感到非常震驚。她知道那孩子的肝臟有問題，對於長時間接受人工養分的早產兒來說，這是常見的併發症。即使如此，寶拉仍然感到愧疚，覺得新生兒加護病房的護理人員用來拯救他的生命的工具，也促成了生命的結束。

102　作者於二〇〇九年九月採訪布里罕婦女醫院前新生兒加護病房護士寶拉·薩夫里德。作者亦在二〇〇九年九月採訪該病房助理經理茱莉安·馬薩威。

她說：「於是我開始對塑膠感興趣。」她開始考問廠商產品的成分，並且敦促醫院管理部門購買不含DEHP的點滴袋、導管和其他器材設備。在當時，替代物品不僅少之又少，而且昂貴許多。儘管如此，寶拉仍繼續施壓。

德不孤，必有鄰。同一時期，一個環保團體聯盟組成了新的組織「無害醫療保健」（Healthcare Without Harm），目標是促使醫院逐漸停用含有塑化劑DEHP的聚氯乙烯製點滴袋、導管及其他器材。這個組織是另一項更大型宣傳活動的成果，該活動目標是要使醫院停止使用聚氯乙烯，因為焚燒含有聚氯乙烯的醫療廢棄物，是戴奧辛的主要排放來源。根據「無害醫療保健」創辦人蓋瑞・寇恩（Gary Cohen）表示，這個事實的發現「既諷刺又充滿教育意義，因為若要為我們的經濟結構排毒，就要從宣誓不帶來傷害的那批人做起。」[103]

該組織的人員開始與全國各醫院談論DEHP的風險，並且很快就贏得諸如布里罕等具影響力的大學醫療中心，及凱瑟醫療和西部天主教醫療保健（Catholic Healthcare West）等大型連鎖醫療機構的支持，後兩者都做出長遠的宣誓，要完全將聚氯乙烯及其添加物DEHP從院所中排除。（凱瑟醫療甚至以替代物質取代了聚氯乙烯製的地毯和地板。）至二〇一〇年，全美超過五千家醫院，約有一百二十家醫院公開簽署參加「無害醫療保健」的運動。[104]

布里罕婦女醫院的新生兒加護病房，率先選用聚氯乙烯的替代方案，該院的護士將此歸功給如今已退休的寶拉。該病房的助理經理茱莉安・馬薩威（Julianne Mazzawi）驕傲地說：「我們

103 蓋瑞・寇恩，「無害醫療保健」，思柯爾影片，參見網站：http://www.youtube.com/watch?v=tR4Pz9qwRy0。關於該組織的歷史資料，也來自採訪提克納；二〇〇九年九月採訪《潔淨生產中心》（Center for Clean Production）研究部主任Mark Rossi；及二〇〇七年九月採訪「無害醫療保健」前發言人Stacey Malkin。

104 無害醫療保健，〈參與減少聚氯乙烯或DEHP使用之醫院清冊〉。多數醫院位於加州、西北角及新英格蘭地區。亦參見Laura Landro，〈醫院「綠化」減少毒物，改善患者醫療環境〉，《華爾街日報》，二〇〇六年十月四日。

的產品都不含DEHP。」她拿起一個裝著細長點滴導管的包裝，上面清楚標示著這一點。食品藥物管理局尚未要求廠商如此標示，但有些製造商已經走在前端，自行標示。

但真正改變醫療市場的是，「無害醫療保健」成功爭取到約六家專為醫院大量採購物品組織的合作。[105] 這些採購單位具有影響市場的強大力量，因此當他們開始詢問關於聚氯乙烯及DEHP的替代方案時，醫療器材製造商隨即肅立傾聽。

現在美國多數醫療器材供應商都提供不含DEHP及聚氯乙烯的產品，尤其是各種點滴袋、導管和新生兒照護器材。有些供應商，如百特醫療器材（Baxter）在推出替代用品的同時，仍持續為聚氯乙烯及DEHP的安全性辯護，這使得他們的宣傳單有精神分裂般的矛盾。其他供應商很早就熱切地接受了這些新趨勢。

自一九七〇年代起，如柏朗（B. Braun，現在改名為B. Braun McGaw）等公司，就看見新的市場利基，著手開發聚氯乙烯及DEHP替代用品。該公司主要是使用常見的塑膠聚丙烯（用來製造瓶蓋、拋棄式尿布及單體椅的材料）。為該公司進行測試的藥品測試公司副總經理大衛・修克（David Schuck）說：「聚丙烯比聚氯乙烯更乾淨，因為它不含氯，所以沒有塑化劑。」因此什麼也不會滲出。他說安全測試顯示這種塑料不具荷爾蒙活性。（儘管如此，該公司仍然使用玻璃容器承裝靜脈注射營養補充品。）其他公司使用了其他塑膠，如聚氨酯、類聚乙烯的聚合物，或矽膠等廠商宣稱較安全且不需使用化學添加物的物質。

105 作者採訪Rossi及提克納。

於此同時，添加物的製造商也開發出替代用品，表現上看來比塑化劑安全，又能軟化聚氯乙烯的物質。至少有四種這類產品已經運用在兒童產品上，包括以檸檬酸為基礎材料製成的檸檬酸鹽。這些物品已問世多年，但是因為成本比鄰苯二甲酸鹽高，而很少使用。另一項化學物質是由全球最大鄰苯二甲酸鹽製造商巴斯夫，所推出的環保增塑劑（Hexamoll DINCH）。[106]巴斯夫發言人派崔克・哈爾蒙（Partrick Harmon）說，公司花了七百萬美元進行測試，因此「非常有信心」這項產品很安全。他說雖然美國製造商還沒開始採用這項產品，但歐洲已經使用在玩具、食品包裝及醫療器材上，包括用來輸送養分給早產兒的點滴袋及導管。

在各種替代材料及添加物的供應日漸增加的狀態下，我很訝異這些產品在醫療市場只占約四分之一。[107]許多醫院甚至包括新生兒加護病房，仍在使用含有聚氯乙烯及DEHP的器材。他們對於試用新產品也非常小心，這可以理解，至少手中產品的壞處是已知的。市場的現實面是替代用品仍然比較昂貴。少了聯邦政府的規定（食品藥物管理局的警告純屬參考），不難理解資金不足的醫院為何遲遲不肯改變。

艾美的主治醫師修特說，美國國家兒童醫院的新生兒加護病房只要能換的都換了。寶寶們現在是從不含聚氯乙烯的點滴袋中獲得營養補充，這是很重要的轉換，因為含脂質的液體特別容易從聚氯乙烯中萃出DEHP。但是修特說她還沒找到導管的替代品，包括用在兒童用點滴袋或一般點滴袋的導管，及用來照顧艾美寶寶不可或缺的各種導管。她一邊用手指搓著戳入艾美纖細得難以想像的血管中的一條細小導管，一邊解釋：「導管必須很柔軟。」

106　作者於二〇〇九年九月採訪派崔克・哈爾蒙。

107　作者於二〇〇九年十二月採訪Hospira材料技術服務部經理Mark Ostler，這是Mark的估計值。

還有其他應用器材至今尚無替代品能取代。[108] **心肺機器仍然使用含有DEHP的聚氯乙烯導管。諷刺的是，最初引發這一連串嚴格審查的血袋，也是一樣。原來，DEHP具有保存紅血球，使紅血球不崩壞的功能。**美國紅十字會的發言人蓋瑞·莫羅夫（Gary Moroff）說，**對許多血庫來說，DEHP會從袋子滲出是件好事而非壞事。**他堅持沒有其他塑化劑能比得上DEHP。

如果母奶含有雙酚A……

當我告訴魯本關於莫羅夫所說的話時，她很惱怒地回答：「那是因為沒有人評估過其他替代品！」血庫長久以來停滯不前，及對進一步調查DEHP潛在風險不感興趣的態度，使她非常挫折。不過，她也承認要改變血庫使用的基本材料，需要付出「龐大的工作、時間和金錢」。警報還不夠響，不足以激發任何血庫界人士進行如此浩大工程的意願。

鄰苯二甲酸鹽的替代物有比原來的物質更安全嗎？希望如此。DINCH通過了歐盟監管機關的檢視，檸檬酸鹽似乎也擁有安全的歷史紀錄。但是缺乏評估化學物質風險的可靠方式，且沒有警戒式的化學政策的情況下，**我們並無法肯定今日推出的替代品不會成為明日的DEHP。**

108 最近這個事實使參加反對使用含有DEHP醫療用品的在地遊說活動的魯本和修特，處在相當尷尬的情況下，魯本說假使這項法規通過了：「〔華盛頓特區中〕就沒有人能接受輸血了。」

市場並不是保護廣大民眾利益的可靠力量。市場會回應大眾施加的壓力，但是大眾並不一定有能力施壓。在美國制定更嚴格的法律來預防傷害發生之前，我們只能在無完美選擇的世界中遊走。舉例而言，即使是那些已經大幅屏除DEHP和聚氯乙烯的新生兒加護病房，可能仍然藏有其他塑膠帶來的風險。最近一項研究，在無聚氯乙烯的布里罕婦女醫院新生兒加護病房，發現寶寶的尿液中含有雙酚A。[109] 根據加護病房主任暨該研究作者之一的史帝夫·林格爾（Steve Ringer）指出，雙酚A的來源不明。由於雙酚A的使用廣泛，可能的來源很多，包括聚碳酸酯保溫箱、用來保存餵食寶寶脂質的塑膠容器，甚至可能是來自為寶寶哺乳的「媽媽們」。

假使到最後，母乳竟是雙酚A主要來源，醫院又該怎麼辦？

林格爾說：「我們介入的機會就很有限了。」我們可以給寶寶喝配方奶粉，但是從對雙酚A長期以來不確定的風險，及餵母乳已知的龐大好處上來看，「我想我還是會選擇餵母乳的好處。」

當然，即使市場壓力能成功地將諸如雙酚A或DEHP等可疑的化學物質，完全屏除於醫療環境外，我們在日常生活中仍然隨時隨地會接觸到這些物質。要逃離塑膠創造的環境幾乎是不可能的事。

109 A.M. Calafat等，〈新生兒加護病房中的早產兒暴露於雙酚A及其他酚類物質中〉（Exposure to Bisphenol A and Other Phenols in Neonatal Intensive Care Unit Premature Infants），環境與健康展望117期，二〇〇九年四月，pp. 639-44。作者於二〇〇九年八月採訪布里罕婦女醫院新生兒醫學主任史帝夫·林格爾。

當我想到我們的生活究竟有多塑化時，我發現自己對於該如何面對這個世界的新風險感到很困惑。這就是我為何要詢問多數受訪的研究人員，如何面對塑膠的原因。

我知道許多部落格格主和網站都力勸人類全面放棄塑膠，因此對於多數專家溫和平庸的反應感到訝異。麻州大學洛威爾校區環境健康學院的助理教授，也是DEHP長期批評家的裘爾·提克納（Joel Tickner）的反應很典型。**「我盡可能小心，但不過度擔心。」**他解釋道，自己的孩子還小時，他會給他們玩那種含有鄰苯二甲酸鹽的聚氯乙烯製擠壓玩具，但是數量不多。他使用保鮮盒、保鮮膜和塑膠袋。但不用塑膠容器加熱或微波食品，因為這會加速聚合物的崩解。（每個專家都會在最小程度上做些預防動作。）提克納將小孩用的，含有雙酚A的聚碳酸酯水瓶換成金屬瓶，但他自己的就不太在乎。他對於家人吃罐裝食品的量很小心，藉此避開雙酚A，但是並未禁止罐裝食品出現在家中。兒子要進行疝氣手術時，他檢查過點滴袋和其他器材是否含有DEHP。結果是沒有。不過即使它們含有鄰苯二甲酸鹽，提克納還是會抱持樂觀態度。因為這是一次性的手術，而非長期治療，好處顯然勝過風險。提克納說：「你盡力而為，但也不要忘記這一切沒有簡單的答案。我寧願改變規則，使人們不必擔心這一切，也不要將時間都花在擔心上。」

到錯地方

從塑膠打火機談海洋塑膠垃圾

物件主角：拋棄式打火機

塑膠主角：聚甲醛樹脂

物件配角：微型垃圾、原子筆、刮鬍刀

塑膠配角：烷基酚、多氯聯苯（PCB）、聚碳酸酯

本章關鍵字：中途島、黑背信天翁、食物鏈、海洋塑膠垃圾汙染、一次性塑膠用品、海洋生物、用過即丟（拋棄式生活風格）、微碎片、海綿效應、《寂靜的春天》

我小時候和許多小朋友一樣，對瓶中信很著迷。這種最原始的長距離溝通方式，具有一種吸引人的隨機性和親密感。想到能從美國的海灘上發出一份訊息，然後由在中國、坦尚尼亞或愛爾蘭的某人拾起，就會覺得這廣大的世界突然間小了許多，也更容易面對。海洋將我們連結在一起。

最近我和一位研究人員談論到夏威夷東北方一片偏遠的太平洋海域時，又想起這一點。這片水域是個無風帶，很久以來連水手都極力避開。最近，這個區域因為出現龐大的塑膠垃圾渦流而引人注目。那位研究人員和同事前往現場，查看這片被稱為垃圾塊的水域情況究竟有多糟。他們每天在清澈蔚藍的海水中拖網兩次，每次都會撈到塑膠。他說多數時候，撈到的是無法辨認的碎片，但是有一天網子裡出現一個透明的拋棄式打火機。它的狀況良好到還能讀出印在上面的地址。他告訴我，他的實驗室網站上有一張這個打火機的照片。[1]

我上網看了照片，仔細檢查上面的文字，有中文和英文，最後認出一個香港地址和電話。我有種找到瓶中信的感覺，因此決定撥打那個電話號碼。

結果那是一家配銷中國酒的公司。那位很有耐心、肯定也很後悔接我電話的辦公室經理艾力克斯．岳（Alex Yueh），對於這廣告用的打火機一無所知。公司現在不發送這些打火機了。他說那可能是以前做的，因為上面印的是公司七年前的舊地址。「我不知道那打火機怎麼會漂流到海上，真是奇怪。」

1　作者採訪夏威夷大學海洋學系教授David Karl。

事實上在塑膠的年代，怪異事件已經變成一種常態。一個設計來使用幾個月的打火機，能輕易在廣闊的海洋中漂流多年、浪跡千里。

那個遭遺棄的打火機可能登陸的地點之一，是夏威夷群島中的環狀珊瑚島中途島。中途島是二次大戰的歷史戰場。但它在今日遭受的是一種截然不同的攻擊——每一場暴風雨後都會有成堆的垃圾被沖刷上岸。義工每年都要在島上的白色沙灘撿拾好幾公噸的垃圾殘骸。他們收集了數百個沙灘打火機。[2]

中途島也是黑背信天翁（Laysan albatross）的家，這種鳥站立時可達九十一公分高，展翅是身高的兩倍長。寬大的翅膀使信天翁每天尋覓食物時，能在中途島周圍的海域長程飛行。環狀珊瑚島上棲息了約一百二十萬隻信天翁，幾乎每一隻肚子裡都有某種程度的塑膠。一位專家說，這些鳥胃部的內容物「能填滿便利商店的收銀臺」。[3]

美國漁業及野生動物保護署的野生動物學家約翰．凱維特爾（John Klavitter），自二〇〇二年起就在中途島工作，解剖過成千上萬隻死亡的信天翁。他常在死鳥腹中發現的有瓶蓋、筆蓋、玩具、漁線、養蚵場用的塑膠管套，還有打火機。這些全都是信天翁在捕食獵物烏賊和飛魚魚卵時，意外吞下肚的東西。[4]凱維特爾又說：「還有各種無法辨認的塑膠碎片。」解剖時在翻尋鳥肚的過程中，經常會聽到塑膠噁心的叮噹聲。有隻死亡幼鳥的胃裡有超過五百個塑膠碎片，包括一個橄欖綠色標籤，這個標籤可追蹤到九萬六千公里外，一架在一九四四

2　作者於二〇一〇年一月採訪研究過中途島沙灘的海洋垃圾顧問莎芭．雪弗利。

3　查爾斯．摩爾，〈無處不垃圾〉（Trashed），《自然史》（Natural History），二〇〇三年十一月。

4　作者於二〇一〇年四月採訪美國漁業及野生動物保護署約翰．凱維特爾。

年遭擊落的美國海軍轟炸機！[5]

一百年前，羽毛獵人是鳥類最大的威脅。今天，牠們面臨最大的威脅是塑膠。[6] 而最容易遭受傷害的是仰賴父母餵食的幼鳥。正常狀態下，親鳥會將從海上捕到的烏賊和魚卵漿反芻到雛鳥的口中。但是科學家從一九六〇年代開始檢視餵食動作以來，目睹親鳥帶回巢的塑膠愈來愈多。凱維特爾說：「你若坐下來看著親鳥餵食雛鳥，會看見牠們將塑膠遞給雛鳥吃。」在一場為期兩個月於鳥類繁殖地周圍的淨灘活動中，義工收集了超過一千個拋棄式打火機。[7]

信天翁雛鳥夭折是常見現象。每年出生的五十萬隻雛鳥中，約有二十萬隻會死亡，通常死於脫水或饑荒。但是現在有個新元素可能也是促使雛鳥死亡的原因，即日漸增加的合成食品。[8] 雛鳥的肚子裡塞滿了各種塑膠物件，使牠們無法進食或飲水，甚至不知道自己的身體需要食物或水。在一項美國環保署贊助的研究中，研究人員發現死於脫水或飢餓的雛鳥，肚子裡的塑膠含量是死於其他原因雛鳥的兩倍。有時候，當雛鳥吞下一片銳利到足以刺穿腸胃的塑膠，或者塑膠本身大到堵塞食道時，塑膠就成為死亡的直接肇因。

信天翁還活著時，凱維特爾通常無法得知牠是否受到塑膠影響。牠們通常不會表現出痛苦模樣，而且由於信天翁的胃能夠處理無法消化的物件，例如烏賊的角質顎，所以通常只會把吞下去的塑膠反芻出來。但是有一回他看見一隻成年信天翁企圖咳出一片顯然卡在喉嚨的塑膠。他捉住那隻鳥，按摩牠的喉嚨，小心取出一根兒童用小提桶的白色長型把手。**黑背信天**

---

5 埃貝斯邁爾、西格里安諾（Scigliano），《環繞世界的小鴨艦隊》（Flotsametrics and the Floating World: How One Man's Obsession with Runaway Sneakers and Rubber Ducks Revolutionized Ocean Science），(New York: Harper Collins, 二〇〇九年)，p. 212。

6 Heidi Auman等，〈一九九四年及一九九五年中途島環礁之沙地島上黑背信天翁幼鳥吞食的塑膠〉（Plastic Ingestion by Laysan Albatross Chicks on Sand Island, Midway Atoll, in 1994 and 1995）載於G. Robinson及R. Gales 等編之《信天翁生物學籍保育》（Albatross Biology and Conservation），(Chipping Norton: Surrey Beatty & Sons, 一九九七年)，pp. 239-44。

7 中途島義工網站。

8 作者採訪凱維特爾；Auman，〈誤食塑膠〉（Plastic Ingestion）；及Kenneth R. Weiss，〈塑膠瘟疫扼殺海洋〉（Plague of Plastic Chokes the Seas），《洛杉磯時報》（Los angeles Times），二〇〇六年八月二日。

翁只是世界上兩百六十餘種因塑膠致死或受傷的動物之一。[9]凱維特爾又說：「我們發現發生在信天翁身上的事件，也發生在食物鏈下層。」**各種大小的魚類，乃至十美分硬幣大小的水母都吞入了塑膠**。「這情況擴展的程度，令人想到就毛骨悚然。」

我看過數十張死亡的黑背信天翁照片，這些照片赤裸裸地呈現出塑膠對動物造成的威脅。每具屍體都像在嘲笑大自然的規律：逐漸曬白粉碎的鳥型骨架和羽毛堆中，布滿了色彩鮮豔的打火機、吸管和瓶蓋。鳥的屍體正逐漸消融回歸大地，塑膠則保證會再存留好幾個世紀。

海洋公共財

你可以在塑膠的增產量、我們對於拋棄式打火機等用過即丟物品的倚賴和塑膠汙染環境間，畫出直接關係圖表。如英國生物學家大衛・巴恩斯所寫：「近年來，地表變化最普遍和最持久的是，塑膠的堆積與碎裂。」[10]這一切的發生只花了一個世代，這用後即丟的世代扎根於一九六〇年代。

讓塑膠在人造世界中得以成為迷人材料的許多特質——輕盈、耐用、強韌——也使它們在釋放到自然世界中時變成一項災難。空氣、土地和海洋中，都有證據顯示我們對這些持久不壞的材料的依賴。我在自家後院的堆肥桶中，就看到了這些證據，在新生成的土壤中，經常

9 Jose G.B. Derraik，〈塑膠殘跡造成之海洋汙染〉（The Pollution of the Marine Environment by Plastic Debris: A Review），《海洋汙染公告》（Marine Pollution Bulletin）44期，二〇〇二年九月，pp. 842-52。亦參見David Laist〈海洋垃圾的衝擊：海洋生物纏困於海洋垃圾中，包含一份遭到纏困或有吞食垃圾紀錄的生物清單〉（Impacts of Marine Debris: Entanglement of Marine Life in Marine Debris Including a Comprehensive List of Species with Entanglement and Ingestion Records），載於J.M. Coe及D.B. Rogers等編之《海洋垃圾——來源、衝擊與解決之道》（Marine Debris - -Sources, Impacts and Solutions），(New York: Springer-Verlang, 一九九七年)，pp. 99-139。

10 大衛・巴恩斯等，〈塑膠垃圾於全球環境的累積與碎裂〉（Accumulation and Fragmentation of Plastic Debris in Global Environments）《皇家學會哲學會刊B輯》，364期，二〇〇九年七月，p. 1987。

會浮現出小小的、通常貼在蔬果上的塑膠條碼標籤，上面寫著：**油桃3576，酪梨2342**。其中許多標示了**有機**的標籤似乎特別頑強。

從擁擠的市中心到偏遠鄉間，塑膠袋、包裝材料、杯子、瓶子在世界各地的土地上飛掠，不僅令人看不順眼，也危害了野生動物。[11] 過去這一年，我在每天固定到金門大橋公園散步的路上，一共撿到四個塑膠打火機。然而即使是已適當棄置到掩埋場的塑膠也會造成問題，包括滲出會干擾內分泌的鄰苯二甲酸鹽及雙酚A等化學物質，以及會汙染土壤、溪流及地下水的烷基酚（alkylphenol）。[12]

但是最令人擔心的是海洋塑膠汙染，因為海洋是所有內陸水道的終點，是所有人類棲居處的山腳底。在眼不見為淨的海洋中，塑膠正以令人震驚的速度累積著，沉積在各種深度的海床上，如發現打火機的北太平洋等廣大海面上。沒有人確實知道究竟有多少塑膠淪落到世界各地的海洋中，我看過的估計值，從每平方公里一萬三千件到三百五十萬件塑膠不等。[13] 有位專家估計每年有高達七億二千五百七十萬公斤的塑膠最後淪落到海洋中，這大約相當於每年自海洋中捕獲的大西洋鱈魚量。[14]

研究人員想知道的關鍵問題是，塑膠（及其毒性）是否進入了食物鏈？我們的塑膠垃圾最後是否又回到餐桌上？

---

11 最近一則新聞描述了德國的刺蝟愛上麥當勞的冰炫風，使得腦袋經常卡在凸形杯蓋上，最後餓死。值得稱讚的是麥當勞將杯蓋的設計改為對刺蝟友善的蓋子。Patrick MacGroarty，〈麥當勞重新設計致命的蓋子〉（McDonalds Redesigns Deadly Lids），《明鏡週刊》（Der Spiegel），二〇〇八年二月二十七日。

12 艾瑪．圖藤等，〈塑膠中的化學物質轉移及釋放到環境及野生動物身上〉（Transport and Release of Chemicals From Plastics to the Environment and Wildlife），《皇家學會哲學會刊B輯》364期，二〇〇七年七月二十七日，pp. 2027-45。

13 每平方公里一萬三千件的數據是來自聯合國環境計畫發行的報告〈海洋垃圾：分析回顧〉二〇〇五年，p. 4。三百五十萬件垃圾的數據是來自李察．湯普森等，〈塑膠、環境與人體健康：目前共識及未來趨勢〉（Plastics, the Environment and Human Health: Current Consensus and Future Trends）《皇家學會哲學會刊B輯》364期二〇〇九年七月二十七日，p. 2155。

14 安卓地，〈應用及社會利益〉（Applications and Societal Benefits）p. 1981。安卓地估計全球每年總塑膠產量中約有百分之〇．二至〇．三淪落到海洋中，約為四億五千萬到四億八千萬公斤。鱈魚漁業資訊來自聯合國食物與農業組織《二〇〇七年漁業及水產養殖統計數字》（Fishery and Aquaculture Statistics 2007）, (Rome, 二〇〇九年) p.

研究人員從一九六〇年代起開始在海洋中發現塑膠。[15] 隨著塑膠產量增加，尤其在過去半個世紀來，塑膠產量增加了二十五倍，海洋塑膠垃圾的問題也呈指數增加。調查發現，在不列顛群島周圍海域的塑膠纖維，在這段時間成長了兩到三倍。日本外海海洋中塑膠微粒增加的速度更快，在一九七〇及八〇年代各增加了十倍，到了一九九〇年代，每隔兩三年就又增加十倍。[16] 有些地區的問題持續惡化中，如北太平洋海域，但是研究顯示其他區域的問題持平。[17] 譬如美國東西岸的拖網紀錄，顯示近幾年的塑膠垃圾量並未增加。

即便如此，就已經淪落到海洋中的大量塑膠而言，這可能是塑膠汙染型態中，最棘手且令人不知所措的問題。英國石油公司在墨西哥灣的漏油事件，以最災難的方式證實對深海的破壞很難修復。我們又該如何清理覆蓋地表達百分之七十的環境，這片廣大、沒有法律規範、屬於所有人因此也不屬於任何人的荒野？這是公共財典型的悲劇，而且是個情況緊急的悲劇，因為這個公共財是海洋學家蘇維雅．厄爾（Sylvia Earle）口中的「**地球的藍色心臟**」，是大氣層中絕大部分的氧氣來源，它生養的植物與動物也勝過地球上任何棲地。

千百年來，海洋吸收了人類拋棄的各種東西，但是如海洋垃圾研究中心的主任李察．湯普森（Richard Thompson）所警告的：「我們就要到達臨界點了。要清除既存於環境中的塑膠垃圾，就算不是不可能的事，恐怕也非常困難。就目前塑膠生產量以指數成長

12。參見網站http://www.fao.org/fishery/publications/yearbooks/en。

15 最早期的紀錄來自關於在海岸線上收集的海鳥屍體裡含有塑膠碎片的報告中。湯普森，〈塑膠、環境與人體健康：目前共識及未來趨勢〉，p. 2154。

16 李察．湯普森，〈失落於汪洋大海：塑膠都到哪去了？〉（Lost at Sea: Where is All the Plastic?），《科學》（Science）304期，二〇〇四年五月，p. 838，亦見埃貝斯邁爾及西格里安諾，《環繞世界的小鴨艦隊》，p. 203。

17 湯普森，〈塑膠、環境與人體健康〉，p. 2155。作者於二〇一〇年一月及六月採訪海洋垃圾顧問莎芭．雪弗利。作者於二〇〇九年八月採訪麻州伍茲霍爾地區非營利教育機構，海洋教育協會（Sea Education Association）首席科學家Kara Lavender Law。根據Law指出，該協會自一九八〇年代起，就有研究船在北大西洋和加勒比海之間航行固定航線，以網眼只有〇．三毫米的特製網子捕取浮游生物樣本。拖網總是會撈起塑膠。目前塑膠垃圾並無增量的跡象。但是在一九八〇年代，網子撈到大量的加工前塑料。如今，拖網撈上來的大多是消費後的塑膠碎片。

的趨勢來看，除非人類有所改變，否則在十年或二十年後，我們將面臨相當嚴重的問題。」

拋棄式生活

拋棄式打火機是用過即丟心態的表徵，這種心態始於二次世界大戰後的幾年間，即協助盟軍打勝仗的科技將運用目標轉移到美國國內市場的時期。當時，用過即丟並非全新概念：紙在十九世紀變成便宜物件時，拋棄式紙製襯衫領子變成一種流行，商店也開始發送購物紙袋。即使如此，消費者大都還是假設他們買的東西可以重複使用，壞了也可以修。從二次大戰衍生而出的新材料以其本質，挑戰了這項假設。塑膠並不是人們可以自行製造或修理的東西。[18] 你要怎麼把破裂的特百惠塑膠碗黏回去？值得如此大費周章嗎？

戰後緊接的幾年間，塑膠開始取代耐用品的傳統材料。但是消費者顯然只能購買一定量的汽車、冰箱或收音機。塑膠工業察覺到他們的未來得仰賴於發展新型市場，而聚合物科學穩定的創新作品為其未來鋪設了康莊大道。如塑膠工業專有的期刊《現代塑膠》（Modern Plastics）得意洋洋的說法：使用壽命短暫的物品，其市場「瑰麗而龐大」。[19] 或者如一九五六年一場研討會中的講者大膽向塑膠製造商所說的：「你們的未來在垃圾車中。」[20]

沒多久，所有為了戰爭時期艱困狀態發展而出經久耐用的材料，都變成了和平時期的一日壽

18 Susan Strasser《浪費與欲望：垃圾的社會史》（Waste and Want: A Social History of Trash）(New York: Metropolitan Books, 1999)，p. 267。

19 〈一次性消耗品的塑膠〉（Plastics in Disposables and Expendables）《現代塑膠》，一九五七年四月，p. 94。

20 同上，p. 93。

命方便材：海岸防衛隊用來製作救生艇、浮力大又能保溫的保麗龍，在野餐用的杯子和冰桶中找到新生命；由乙烯基為基礎製成的合成物賽綸塑料紙，在戰爭時期證實能有效保護軍方貨物，也有了新任務，變身為保鮮膜來短期保護剩菜剩飯；聚乙烯隔絕高頻率的傑出能力，在三明治袋和裝乾洗衣物的塑膠袋中找到新事業。

最初，這類產品很難銷售，至少對於在戰時抱持「用完、磨破、湊合用、沒有就不用」的信念，撿拾殘骸拼湊使用，且剛走出經濟大蕭條的世代來說是如此。[21]社會上重複使用的風氣非常根深柢固，乃至於在一九五〇年代中期，當自動販賣機開始販售裝在塑膠杯中的咖啡時，人們也將杯子留下來重複使用。[22]他們得經過學習，被教導後，才學會用過即丟。

大眾很快就學會了這堂課，而且在包括吃龍蝦用的圍兜到尿布在內，各種不斷擴展的新拋棄式產品的協助下，完全吸收了課業（有些自命權威的人士認為拋棄式尿布是戰後生育率上升的原因）。美國《生活》（Life）雜誌用一張照片歌頌它所謂的「拋棄式生活」（Throwaway Living），照片中一對年輕夫婦和一個小孩在一堆從天而降的拋棄式物件，包括盤子、刀叉、袋子、菸灰缸、狗碗盤、小提桶、烤肉架及各種物品中，歡喜地高舉雙臂。《生活》雜誌估計，原本要清洗這些物件得花上四十小時，但是現在「家庭主婦不用煩惱了」。難怪照片中的年輕媽媽看起來那麼快樂！這堂丟東西課程我們學得太好，以至於現今生產的塑膠有一半是用在一次性使用的物件上。[23]

---

21 Heather Rogers，《消失的明日：垃圾不為人知的生命》（Gone Tomorrow: The Hidden Life of Garbage）(New York: New Press, 2005)，p. 109。

22 〈一次性消耗品的塑膠〉（Plastics in Disposables and Expendables）《現代塑膠》，一九五七年四月，p. 96。

23 Jefferson Hopewell等，〈塑膠回收：挑戰與機會〉（Plastics Recycling: Challenges and Opportunities）《皇家學會哲學會刊B輯》364期，二〇〇九年七月，p. 2115。

拋棄式打火機是在這場拋棄式物件席捲整個市場的海嘯中問世，它是心態改變的象徵。買火柴、為打火機灌丁烷瓦斯，根本不是什麼繁重的工作。但是，即使是這麼輕盈的負擔，都能因為用過即丟的觀念而變得更輕鬆。

美國於一九七〇年代初開始流行拋棄式打火機，這大約與第一支塑膠汽水瓶亮相時間同期，但比塑膠購物袋早了幾年。

拋棄式打火機是伯納德・都彭（Bernard DuPont）的創意[24]，都彭是個廣受尊敬的法國家族成員之一，該家族自普法戰爭時就在製造與銷售奢華的皮革及金屬物件，歷時近百年之久。他的公司製造具有替換式燃料匣的高級打火機。一九六〇年代的某一天，都彭握著一個打火機的燃料匣，他突然想到：何不在燃料匣上裝個簡單的點火裝置，然後用塑膠包起來，把成品當作燃料用完就可以拋棄的廉價打火機來銷售？都彭在一九六一年於法國推出這項產品，幾年後又在美國推出，並把它稱為「蟋蟀」（Cricket）。

抽菸者不管是抽高盧還是萬寶路，都熱愛這種《紐約時報》稱之為「迷人的隨手丟」打火機。[25]《紐約時報》說：「就像耐用的芝寶（Zippo）打火機象徵了二次大戰剛毅的年代一樣，『蟋蟀』象徵了當代的美國。」這吸引了製造用過即丟物品已經很精通的兩家大公司：於一九五二年為世界帶來拋棄式原子筆的比克（Bic）公司，及第一家製造拋棄式刮鬍刀片的吉列（Gillette）。兩家公司都把打火機視為原子筆及剃刀般，是另一項能夠便宜

24 Gordon McKibben，《尖端：吉列邁向全球領導的旅程》（The Cutting Edge: Gillette's Journey to Global Leadership）(Boston: Harvard Business School press, 1998)，pp. 101-104。

25 Lee Daniels，〈吉列放棄蟋蟀〉，《紐約時報》一九八四年十月五日， p. D1。

26 McKibben，《尖端》。打火機其實只是兩家公司在消費性拋棄式產品上，傳奇性的漫長惡戰中的一項產品。他們最初為原子筆大戰，最後比克戰勝了吉列的比百美原子筆（Paper-Mate pen）。接著是打火機之戰，比克很快就戰勝了；到了一九八四年，吉列將蟋蟀賣給一家瑞典公司，比克控制了當時估計價值三億兩千五百萬美金市場的百分之五十五（Lee Daniels，〈吉列放棄蟋蟀〉，《紐約時報》一九八四年十月五日。）兩家公司也為於一九七〇年代中期推出的拋棄式刮鬍刀大戰。當比克公司在一九七六年推出其拋棄式刮鬍刀時，公司的廣告經理對《紐約時報》說：「**我們在原子筆上贏了，打火機也贏了，我們沒理由贏不了剃刀之戰。**」(Philip Dougherty，〈比克向吉列挑戰刮鬍刀市場〉（Bic Pen Challenges Gillette on Razors）《紐約時報》一九七六年十月二十九日。但是在這場戰爭

製造，並且在戰後四處興起的便利商店、自助雜貨店和藥妝店等商店販售的產品。吉列買下蟋蟀，並且擴大生產，比克則推出了自己的打火機。兩家公司在七〇年代，在一場著名的慘烈市場爭奪戰中對決。[26] 但是吉列那隻吱吱叫的昆蟲商標，實在不是比克公司暗示性文宣「輕彈我的比克」的對手，這迫使吉列在八〇年代初舉白旗投降，將市場讓給比克公司。這時，拋棄式打火機的全球年銷售量已經增加了六倍，一年賣出超過三億五千萬個打火機。[27] 抽菸者，甚至連不抽菸的人，都對拋棄式打火機提供的便利性上了癮。事後看來，消費者會願意如此快速地將對火柴（通常是免費的）的情感，轉移到這些看起來漂亮的打火機（民眾得花錢購買）上，還挺令人驚訝。

在現在這個抽菸似乎變成商場談生意才會發生的悠閒消費年代，打火機一時之間似乎生錯了時代。然而儘管美國和西歐人口的吸菸率正在下降，世界上還有許多地區，尤其在亞洲、俄羅斯及非洲和拉丁美洲部分地區，抽菸人口仍在增加。[28] 世界衛生組織在近期一項報告中悲嘆道：「今日全球菸草的流行比五十年前還嚴重。」預測以目前的增加速率，到了二〇五〇年，全球吸菸人口將增加近百分之六十。

對於做打火機生意的公司來說，這是好消息。比克現在在一百六十個國家中，一天可以銷售**五百萬**個拋棄式打火機。[29] 而這只是比克的銷售量，還未算入那些沒有品牌的拋棄式打火機的銷售量，這類打火機很多都是中國製。單就出口量而言，中國在二〇〇八年就銷售價值達七億美元的打火機。[30]

中吉列維持了領先優勢。

27 McKibben，《尖端》，p. 102。然而，雖然市場如此充沛，比克或吉列公司都沒有得到龐大利潤，因為在爭奪優勢的激烈爭鬥中，兩家公司不斷削價競爭，破壞彼此的市場。

28 Judith McKay及Michael Eriksen，《菸草地圖》（The Tobacco Atlas），世界衛生組織，二〇〇二年，p. 91。參見網站http://www.who.int/tobacco/en/atlas38.pdf。

29 資料來自比克公司網站http://www.Bicworld.com。

30 Allen Liao，〈浴火而生：中國的打火機製造工業〉（Born of Fire: China's Lighter Manufacturing Industry），《亞洲菸草》（Tobacco Asia）二〇〇九年第二季。打火機仍然有大量銷售空間，**中國一家拋棄式打火機製造商甚至在廣告中說，不接受少於五十萬個生產量的訂單。**

這樣的生產量說明了為何拋棄式打火機仍然是常見的垃圾。拋棄式打火機的確比其他能夠再使用或回收的一次性物品，更會遭人丟棄。一個拋棄式打火機是為了點燃數千次火光的單一目的而存在。燃料匣一旦空了，使用壽命就結束了，既無法用做其他用途，也因為有燃料而無法回收，只能丟棄。

緩慢而永恆的葬禮

用來承裝比克拋棄式打火機的塑膠，是於一九五〇年代研發出的一種堅硬的丙烯酸表親——由杜邦公司以德林（Delrin）為商標銷售的聚甲醛樹脂。這種塑料以其強度、硬度、耐磨性及不受溶劑和燃料滲透等特性聞名，杜邦公司誇耀說這種塑料是「一座介於金屬與普通塑膠之間的橋梁。」[31]這種能夠裝載燃料的類金屬能力，是比克公司選用它來製造打火機的原因。**這是一種為了能承受最殘酷虐待而製的塑膠。**

那麼這些空了的德林燃料匣被粗心地丟到地上或沖刷到海洋中後，命運又是如何？我找到了安東尼．安卓地（Anthony Andrady）協助我回答這個問題，因為他是世界上研究塑膠的環境行為的先驅專家。他確實也以這個主題寫了一本書《塑膠與環境》（Plastics and the Environment），一本備受工業界和環保人士大推崇的七百六十二頁大部書。專業是聚合物化學家的安卓地，在一九八〇年拜訪家鄉斯里蘭卡時，開始對他所謂的「塑膠棄置問題」感到興趣。他回到小

31 杜邦Delrin網站http://www2.dupont.com/Plastics/en_US/Products?delrin/Delrin.html。

時候玩耍的沙灘上散步時，很不高興地發現到處是塑膠袋、包裝材料和其他垃圾。他察覺到塑膠工業在製造材料的目標上產生了矛盾：既要耐用卻又只是一次性使用。

木材和紙這類天然材料，會透過生物分解的過程消融，這個過程需要微生物介入來分解分子，回到碳和水的循環。但是，如安卓地提到，大自然花了數百萬年，才演化出能夠處理一棵樹或分解一灘原油的微生物分解大隊。**塑膠工業化不過將近七十年，微生物完全沒有時間演化出能拆解這些龐大複雜又長串的分子的能力**。多數塑膠經歷的不是生物分解，而是光降解，意思是它們會在陽光中的紫外線輻射照射下分裂。安卓地解釋，紫外線會磨損分裂分子的鍵結，使長串的聚合鏈分裂成小段；塑膠失去彈性和抗張強度，因而破裂。塑膠製造商會例行性添加抗氧化劑和抗紫外線化學物質，藉此延緩分裂過程，這也是不同產品的分解速率不同的原因。

無論如何，分解過程的速度並不快。在陸地上，打火機的塑膠外殼會緩慢地進行光降解：大約在十年間，那層閃亮外表會變得晦暗，外殼會變得易碎，然後破裂成小碎片，直到它成為粉狀的聚甲醛分子。最後，這些長分子會破裂到微生物能夠進行生物分解的小片段。這要花掉多少時間？數十年？數百年？數千年？安卓地不知道。他只知道這是個漫長得不得了的過程，慢到他稱之為「無實際影響」。[32]

在海洋中，這個過程慢到呈停頓狀態。[33] 安卓地將數百種不同塑膠材料長期浸泡在海水中，

32 安東尼．安卓地，〈塑膠及其所造成之海洋環境衝擊〉（Plastics and their Impact in the Marine Environment）二○○○年八月廢棄漁具及海洋環境國際海事研討會會議紀錄（Proceedings of the International Marine Conference on Derelict Fishing Gear and the Ocean Environment）。根據安卓地所說，聚合物生物分解的速率也取決於周遭環境。環境乾濕、冷暖、是否暴露於大量陽光中等，也視聚合物的種類而定。在一項研究中，研究人員將聚乙烯放在活的培養菌中，一年後，消失的聚乙烯不到百分之一。（作者於二○○九年十月採訪安卓地，此外資料也擷取自Weisman撰寫之《沒有我們的世界》（World Without US），p. 127。）

33 根據安卓地所說，有個例外是發泡後的聚苯乙烯，也就是保麗龍，它在陸地上比在海洋中耐久。在陸地上，保麗龍與紫外線輻射作用後形成一層黃黃的表層，使保麗龍能維持原形。在水中，這層外膜被沖刷掉後，保麗龍很快分解成微小碎片。雖然保麗龍變得小到看不見，但這仍然不算分解了。

發現沒有一種能輕易地分解。他的研究顯示**在海洋環境中，聚合物分子等於永生不死**。這意味著除非海洋中的塑膠被沖刷到海灘上或清除掉，在過去一百年來漂入海中的每一塊塑膠，仍以某種型態持續留在大海，形成合成物永遠入侵海洋自然生態。

最初，被丟棄的打火機會在海浪中浮沉，和半數的塑膠一樣，德林會浮在水面上。（常見的塑膠，包括聚乙烯、聚苯乙烯、聚丙烯和尼龍等都會漂浮。用來製造寶特瓶的PET、聚氯乙烯及聚碳酸酯，則和石頭一樣會沉入海底。）紫外線輻射還是會產生作用，但是威力不如在陸地上強；海水溫度較低會使光降解作用減緩，打火機表面很快就會出現一層藻類及其他「附著生物」，阻擋紫外線輻射。

不論打火機漂流在海岸旁或遠洋中，都會受到海浪的沖擊，這也會使塑膠物件破裂成碎片。到最後，打火機本身或其碎片會因為覆滿藻類、藤壺及其他附著生物，而重到沉入海底，加入各種密度高過水的塑膠行列。在冰冷、漆黑、幾乎沒有氧氣的海底，大自然根本無法分解聚合物。如同研究此問題三十年的紐西蘭地質學家莫瑞．葛格里（Murray Gregory）寫道：「**在海床上，尤其是深層靜止的海水中，它們注定要經歷一場緩慢而永恆的葬禮。**」[34]一位研究人員回報，在日本近海潛水到超過兩千公尺深處時，遇見了「一群鬼魂般」在海中漂流的塑膠購物袋。[35]

這些沉沒的塑膠造成的影響，目前仍不明確。專家擔心遭塑膠（及其他沉積海底的垃圾）覆蓋

34　莫瑞．葛格里〈海洋環境中塑膠垃圾的環境影響——纏繞、吞食、窒息、絞死、搭便車及異物入侵〉（Environmental Implications of Plastic Debris in Marine Settings—Entanglement, Ingestion, Smothering, Hangers-on, Hitch-hiking and Alien Invasions）《皇家學會哲學期刊B輯》364期，二〇〇九年七月二十七日，p. 2017。

35　同上。

的海床，會降低深海中的氧氣濃度，使存活於沉積層的生物窒息而死，甚至使得在各水層間對海洋化學很重要的氧氣、二氧化碳及其他氣體的交換過程失衡。然而，沒有人知道海床上究竟有多少垃圾。我們唯一能做的是從海岸線的狀態進行推測。

用過即丟上癮症

從都市的標準來看，基霍海灘（Kehoe Beach）地處偏遠，位在舊金山北邊，開車約兩小時，接近形成雷斯岬（Point Reyes）的長形半末端，下車後還要健行約一小時，經過長滿香蒲的沼澤，沿著一條老溪床才能到達海邊。這裡充滿原始的天然美景，但我卻是為了經常被沖刷到海灘上的非天然物品而來。由於基霍海灘位在舊金山灣注入大海不遠處，這使它成為海洋塑膠垃圾的集中地。土地管理局以官僚的口吻輕描淡寫地說，這些塑膠是「到錯地方」。

多數到錯地方的物件最初的棄置點是在陸地。大約只有百分之二十是來自船隻，而且這個數據在一九八三年後可能又下降了，那年一項禁止在海上倒垃圾的國際協定開始生效。強烈的冬季暴風雨將舊金山灣區所有在街上飛掠、被吹到田野中、匯聚到下水道或在內陸溪流累積的垃圾沖刷到海洋，接著又被沖刷到基霍海灘上。

告訴我這個海灘的是一對海灘拾荒藝術家夫妻，茱蒂絲・莎爾比・藍恩（Judith Selby Lang）及李察・藍恩（Richard Lang），他們在基霍海灘上收集塑膠垃圾十幾年了。[36]他們第一次約會時一起走過這個海灘，發現兩人都熱愛用塑膠垃圾來創作藝術。兩人在二〇〇四年於柏林曼（Burning Man）的婚禮上，茱蒂絲用白色塑膠袋做了婚紗，上面點綴從海灘收集來的白色塑膠碎片。

這對夫妻估計，在這一・六公里長的海灘上大約撿了兩噸的物品。這和夏威夷大島南端著名的垃圾海灘卡蜜羅角（Kamilo Point）比起來，其實不算什麼。在那裡，洋流匯聚沖刷上岸的垃圾之多，清潔隊一次要拖出五十到六十公噸的垃圾，其中許多是廢棄的漁具和漁線。[37]這類用具對海洋生物是嚴重的威脅，自一九五〇年代起，當船隊開始從可自然分解的天然材料轉換成持久耐用的尼龍起，這個問題就不斷加劇。[38]

藍恩夫婦所做的不是要保護他們鍾愛的海灘。茱蒂絲說：「我們不可能淨得了灘，我們說這是在管理〔它〕。」他們用在海灘撿到的物件創造藝術品，藉此對世人發出垃圾到錯地方的警訊。茱蒂絲說，他們在海灘上搜尋的是「大量出現及能呈現世界各地海洋狀態的物件。」他們將這些物件組合成雕塑品、首飾或照片，譬如以小朋友髮夾組成的花環、除臭體香劑滾珠的展示（海灘拾荒圈中稱之為班珠（Ban beans）），或是用數十個大小、形狀、顏色各異的打火機整齊排列成方格。這些作品相當引人注目。它們有種引人注目的抽象美感，而且你一旦認出自己曾經持有這些物件，就會產生情感衝擊，譬如，我看過一個類似旗子的設計，它用的紅色棒子是我以前買給小孩當午餐的起司乳酪餅所附的塗抹棒。

36 作者於二〇〇八年三月及十一月採訪茱蒂絲・莎爾比・藍恩及李察・藍恩。

37 埃貝斯邁爾及西格里安諾，《環繞世界的小鴨艦隊》，pp. 200-201。

38 葛格里〈海洋環境中塑膠垃圾的環境影響〉，p. 2014。

我前往基霍海灘那天，天空灰沉沉，似乎要下雨了。我拉上夾克拉鍊，把目光轉移到地面，開始行走。我花了幾分鐘重新調整內在的尋寶本能，忽視那些漂亮的貝殼、石頭和一條條的海帶，轉而集中精神在所有的垃圾上。調整過觀看的角度後，我發現海灘上布滿了各種塑膠垃圾，顯然是來自整個舊金山灣區。其中有來自附近托馬雷斯灣（Tomales Bay）養蚵場的黑色橡膠管，來自五十六公里外納帕谷中，用來繫葡萄藤的綠色鍊子，內陸靶場用的獵槍填棉，飛掉的氣球碎片，一卷卷尼龍漁線，還有瓶子、瓶蓋、塑膠湯匙、食物包裝和塑膠袋等典型的垃圾。我從沙堆中拉出半張綠色單體椅，然後發現不只一個，而是兩個塑膠打火機，上頭金屬部分已經生鏽，但是色彩仍然和馬戲團的帳棚一樣鮮豔明亮。

塑膠垃圾在全球製造的所有垃圾中只占約百分之十，[39] **但和其他垃圾不同的是，塑膠非常持久頑固。因此，世界各地的海灘調查一致顯示，沖刷上岸的垃圾中，高達百分之六十到八十是塑膠。**[40]

每年海洋保育協會（Ocean Conservancy）都會舉辦國際淨灘日，至今超過一百個國家參與這項活動。活動結束後，該組織會公布一份收集到每一垃圾項目的明細數量。這張清單本身就是相當有力的證據，證明海洋保護研究人士查爾斯．摩爾（Charles Moore）所說塑膠成為「全球化的潤滑劑」的程度。[41] 但是另一項驚人的事實是撿拾內容物的一致性[42]。不論義工是在智利、法國或中國的海灘上淨灘，撿到的物品總是大同小異，包括塑膠瓶、塑膠餐具、盤子、杯子、吸管和攪拌棒、速食包裝紙和包裝容器。最常見的是與抽菸相關的物件。確實，**成千**

39 巴恩斯等，〈塑膠垃圾於全球環境的累積與碎裂海岸〉。

40 Derraik，〈海洋環境汙染〉。在某些地區，這個比例更高。鱈角海灘與港口地區的一項調查發現百分之九十的垃圾是塑膠。

41 作者於二〇〇九年五月採訪查爾斯．摩爾。

42 海洋保育協會，《海洋垃圾增加趨勢及應對方式：二〇〇九年報告》。收集到的垃圾中也有許多不是塑膠物件，包括紙袋、玻璃瓶、錫罐、鐵罐拉環等。

上萬根半合成聚合的醋酸纖維素組成的香菸菸蒂[43]**，在每一處都是冠軍。拋棄式打火機則緊追在後。**[44]義工在二〇〇八年收集的擱淺打火機有五萬五千四百九十一個，在五年之間就增加了一倍以上。

姑且不論其他，光是每年撿拾的垃圾都是一項證據，顯示全球對於「用過即丟」拋棄式生活風格的便利性，成癮到什麼程度。**但是要真正了解這個癮頭讓地球付出了何等代價，你必須離開海岸線，深入海洋。**

垃圾漩渦

一九九七年，以加州為根據地的水手查爾斯·摩爾在夏威夷參加過一場比賽後，在回程路上決定試航新航線，這會帶著他行經一片面積約一千萬平方英里，名為北太平洋亞熱帶環流（North Pacific subtropical gyre）海域的東北角。[45]這道環流是一個延伸在太平洋中的龐大橢圓形迴流，由四道強勁洋流所組成，它們從美國華盛頓州海岸流到墨西哥，再到日本海岸，又回到美國。

在那個晴朗的八月天，摩爾將船駛向環流中水手通常會避開的偏遠水域。風勢微弱，了無魚蹤，上空龐大如山的高氣壓向下擠壓，使得海流以緩慢的速度順時鐘旋轉，如同浴缸放水

43　埃貝斯邁爾，引述於Hohn〈白鯨記還是白鴨記〉。

44　海洋保育協會，《海洋垃圾增加趨勢及應對方式：二〇〇九年報告》。美國地區報告發現一萬八千五百五十五個打火機。

45　Hohn〈白鯨記還是白鴨記〉。關於環流的詳細描述，參見埃貝斯邁爾及西格里安諾，《環繞世界的小鴨艦隊》。

時，水流成漩渦的模樣。只不過在這裡，漩渦沒有轉完的時候。摩爾當了一輩子水手，已經習慣在船身旁看見漂流的捕魚浮筒或汽水瓶。但是他從未見過他在這個漩渦中看見的景象。他日後寫道：「我從甲板上凝視著原本應該是一片純淨的海面時，觸目所及的卻都是塑膠垃圾。」他寫道：整整一星期，「不論我在什麼時間往外看，到處都漂流著塑膠垃圾，有瓶子、瓶蓋、包裝紙和各種碎片。」[46]

而這裡是黑背信天翁的覓食地。

摩爾的發現對於研究海洋洋流的人來說並非新聞。西雅圖的海洋學家科特斯・埃貝斯邁爾（Curtis Ebbesmeyer）專業追蹤漂浮殘骸、垃圾和其他失落在大海中的貨櫃貨物[47]，包括橡膠小鴨和運動鞋，藉此深入了解海洋的動態。他發現北美和亞洲的垃圾會陷在環流中，然後在太平洋沿岸地區巡迴數十年。但是有些垃圾會被捲入中心地區，那裡既無風也無強勁洋流能將之拉出，垃圾便陷在其中。

這個地區的正式名稱為北太平洋環流亞熱帶輻合帶（North Pacific Gyre Subtropical Convergence Zone），但是埃貝斯邁爾給了該地區一個更有色彩的名稱，也從此成為該地區的暱稱：太平洋「垃圾塊」（Garbage Patch）。（該環流在鄰近日本的西太平洋端，還有另一個垃圾密度高的輻合帶。）對摩爾來說，「垃圾塊」還不足以描述他所目睹的景象：一片他當時估計約有美國德州大小的區域，漂浮著三百萬噸的垃圾，這相當於每年傾倒於洛杉磯最大掩埋場的垃圾量。[48]

---

46 摩爾，〈無處不垃圾〉。

47 估計一年約有兩千個貨櫃落海，過去一年有一萬個貨櫃落海。埃貝斯邁爾及西格里安諾，《環繞世界的小鴨艦隊》，p. 205。

48 摩爾，〈無處不垃圾〉。作者採訪摩爾。

那次繞道穿越環流之行，改變了摩爾的人生方向。他離開整修家具的事業，投注全部精力於研究與記錄海洋塑膠化的過程。他從來回往返環流的旅程中發出警訊，協助大眾注意到這個問題。不幸的是，大眾對此問題的覺察受到許多錯誤觀念影響，其中有些是來自摩爾最初的描述。[49]

至此，塑膠漩渦已經在大眾的想像中帶有神祕色彩。在新聞報導及部落格圈中，它往往被描述成一座漂浮在海上的巨大垃圾島，或者如《紐約時報》最近稱為：「第八大陸地」。[50]當歐普拉・溫芙瑞（Oprah Winfrey）在脫口秀中做了一集關於它的節目時，海洋垃圾運動人士歡慶他們的議題終於受到該有的認可。她播放了許多照片，呈現出成群雜亂的瓶子、袋子及包裝紙。

然而這些畫面和真實情況相距十萬八千里。漩渦中並沒有充滿漂浮的垃圾。反之，一如前往該水域的航行者所見，這是個非常美麗的地方，在風平浪靜的日子裡，海水清澈蔚藍，到了晚間，海面上出現幽靈般的綠色行跡，那是會發出冷光的魚類浮到海面覓食。[51]看到在海面漂流的洗潔精瓶或脫隊的浮筒，或偶爾出現汽車大小拖網，網中堆滿了玩具、牙刷等各式小型垃圾，這些都不足為奇。但塑膠垃圾並非無處不在。香港企業家暨海洋保護人士胡榮德（Dougles Woodring）在二〇〇九年夏天在漩渦處度過一個月，參加一項科學考察活動，他對現場不見塑膠袋蹤影非常訝異。他已經習慣在香港的每個港口看見塑膠袋，但是漩渦裡卻一個也沒有。因為這裡離陸地太遠，塑膠袋早就沉入海底，或在海洋潮流拍打下撕裂成碎片。他

49　另一項錯誤觀念和摩爾做的一項研究有關。他的報告指稱，他從漩渦中撈出的垃圾量，比浮游生物量多出六倍。這個數據經常被引用，但是專家指出這是誤導。漩渦是海洋中的沙漠，形成漩渦的特有特質使它缺乏豐富的海洋生物，因此也不會期待在該區域找到許多浮游生物。此外，浮游生物主要是水分，一旦乾燥後（如摩爾研究中的情況），其質量會比實際質量更小。

50　社論，〈我們的塑膠遺產漂流於海〉（Our Plastic Legacy Afloat），《紐約時報》，二〇〇九年八月二十六日。

51　這些描述來自於採訪海星計畫（Project Kaisei ）的成員，該計畫於二〇〇九年夏天前往這個環流探索記錄垃圾量，並且調查可能的清理方式。二〇〇九年八月採訪Miriam Goldstein、Andrea Neal、Dennis Rogers、Nelson Smith、胡榮德。

所看到的大多是某種更具潛伏性危險的東西：無數大小碎片像雪花球裡的閃亮薄片般，從海水表面到能見的深度，分布在整個海水層中。考察船上的研究人員一天在水面拖兩次網來清除浮渣，每一回拖上來的都是塑膠五彩碎片。如果是垃圾浮島，處理起來倒容易許多。諷刺的是，那些可怕的影像其實太過輕描淡寫了，使它聽起來像個可控制的問題，像是大海版本的淨灘活動。

但是這不同於海灘。自一九九三年起就開始在海洋垃圾議題領域工作的維吉尼亞顧問，莎芭．雪弗利（Seba Sheavly）說：漩渦「不是個靜態環境」。[52]「它會隨著季節變化，會移動，非常動態。把它稱為『垃圾塊』暗示它具有邊界，可以測量。事實並非如此。」雪弗利說，如太平洋這樣廣大的範圍中，漩渦內的垃圾集中度，相當於「奧運級游泳池內的幾粒沙。」

雪弗利是海星計畫（Project Kaisei）的指導顧問，這個計畫最初是由胡榮德及其他環保人士於二〇〇九年組成，利用船上配備的魚網斗勺來「撈捕塑料漩渦」，目標雖然有點天真，仍值得讚揚。但是計畫領導者很快察覺到除了最大型的垃圾，例如漂流的魚網外，他們什麼也撈不到。一位科學家警告胡榮德，試圖撈出所有漂浮小碎片帶來的傷害將大過於利益。[53]「**你無法從海洋中撈出所有塑膠，而不同時撈出浮游植物及浮游動物。**」這些生物是海洋食物網的基礎。「就像從金字塔底部抽掉磚塊一樣，一旦摧毀這個基礎，會產生連鎖效應。」

一旦認知到北太平洋漩渦不是地球上唯一會累積垃圾的地方後，清理海洋垃圾的挑戰似乎變

52　作者採訪雪弗利。

53　發出警告的是Andrea Neal，她最後終於放下保留態度，加入計畫成為其中一位科學顧問。作者於二〇〇九年七月採訪Neal，於二〇〇九年八月採訪胡榮德。

得更嚴苛。環流及高壓漩渦是海洋的天然現象。全球至少有五處[54]，全都集中在南北緯三十度處，也就是所謂的「馬緯度」（即無風帶）。據稱是因為無風的狀態使船隻慢到西班牙水手得將馬匹推落海，藉此節約飲水。其中一個環流位於北大西洋的百慕達島東邊，匯聚於此的洋流使龐大馬尾藻海草累積成堆，形成馬尾藻海（Sargasso Sea）。[55]研究人員自一九八〇年代起，在這裡發現塑膠垃圾；在二〇一〇年一次為期六週的調查中，研究人員從海中撈出四萬八千塊塑膠。其他環流循環於南大西洋、印度洋及非洲東岸。最大的環流位於南太平洋，《白鯨記》一書中亞哈伯船長的船員就是在無風帶中，被迫划槳前進。[56]

直到最近，我們對於在環流中累積的垃圾幾乎一無所知。但是在二〇〇九及二〇一〇年，至少有六個團體前往北太平洋及大西洋環流中進行調查，公告問題並收集資訊，其中包括了海星計畫、摩爾的埃爾加利塔海洋研究基金會（Algalita Marine Research Foundation）及塑膠提基號帆船探險計畫（Plastiki Expedition）。在塑膠提基號計畫中，環保人士大衛．羅斯柴爾（David de Rothschild）航行一艘由寶特瓶組建成的帆船，從美國舊金山航行到澳洲雪梨。還有一個名為五大環流（the Five Gyres）的新組織，正準備前往南半球較罕為人知的環流中進行調查。

這些洋流可能一直乘載與累積人類製造的漂浮貨物及垃圾。但是在塑膠年代問世之

---

54 環流數量仍在爭議中。根據埃貝斯邁爾根據漂浮貨物研究及電腦模型，計算出全球有十一個獨立環流及八個高壓漩渦。研究人員Peter Niiler及Nikolai Maximenko追蹤了一萬五千個研究浮筒，來追蹤全球的洋流，他們研究製成的地圖顯示只有五個地區有洋流匯聚形成漩渦。〈追蹤海洋垃圾〉（Tracking Ocean Debris），《政府間氣候變化專業委員會氣候期刊》（IPCR Climate）8期，二〇〇八年，pp. 14-16。作者於二〇〇九年七月採訪斯克里普斯海洋研究所（Scripps Institution of Oceanography）Peter Niiler。

55 作者採訪Law。二〇一〇年前往北大西洋環流進行的研究計畫是由她的組織SEA負責執行，這是第一個由聯邦政府贊助的研究。研究成果報告見於Kara Lavender Law等〈北大西洋亞熱帶環流垃圾累積情況〉（Plastic Accumulation in the North AtlanticSubtropical Gyre），《科學》期刊329期，二〇一〇年，p. 1185。亦參見Melissa Lang，〈在大西洋中撈塑膠〉（Fishing for Plastic in the Atlantic），《波士頓環球報》（Boston Globe），二〇一〇年七月十四日。

56 作者採訪Niiler。

前，這些垃圾都是海洋生物能迅速分解的材料。如今，在環流中打轉的東西，最多只會分裂為小碎片，而且**堅韌得連大自然也嚼不動**。如中途島的生物學家約翰・凱爾維特的觀察：「整個系統要花數十年才能清掉塑膠。就算人類今天就停止將垃圾拋入海洋中，在未來許多年，中途島還是會陸續看到許多垃圾。」

甲的毒藥，乙的禮物

與垃圾塊為鄰，使黑背信天翁成為海洋塑膠垃圾的受害代表。但是信天翁並非唯一受到深海中逐日增加的塑膠所影響的動物。其他海鳥、魚類、海豹、鯨魚、海龜、企鵝、海牛、海獺及甲殼類動物都有吞食塑膠或被塑膠垃圾纏住的紀錄，如一位研究人員描述，導致「行動及覓食能力受損、繁殖力降低、割傷、潰瘍及死亡。」[57]一年中因而死亡的動物有多少？

沒有人有確切答案。常見的統計數據是塑膠垃圾一年導致十萬頭海洋生物死亡，但這是個錯誤的引述，源自一九八四年一份關於北方海狗的報導。報導估計至少有五萬頭北方海狗因纏困於棄置魚網中致死。[58]（沒有文件紀錄能證實另一項引述數據——海洋垃圾一年導致一百萬隻海鳥死亡。）[59]

57 湯普森等，〈塑膠、環境與人體健康：目前共識及未來趨勢〉，p. 2155。

58 作者於二〇〇九年七月採訪美國國家海洋及大氣管理局（National Oceanographic and Atmospheric Administration）海洋垃圾研究部主任Holly Bamford。這個數據最初似乎是來自C. Fowler撰寫的論文，〈普利比洛夫島北方海狗現況〉（Status of Northern Fur Seals on the Pribilof Islands），發表於二〇〇八年北太平洋海狗常備科學委員會第二十六屆年度會議。報告中指出「估計每年約有五萬到九萬隻北方海狗因遭垃圾纏繞而死。至少有五萬隻經判斷死於垃圾纏繞，另外四萬隻可能死於垃圾纏繞或疾病等不明因素。」後來，倫敦《泰晤士報》於二〇〇八年描述一項對這份報告完全不曾提及塑膠袋的錯誤引述，引燃了人們反塑膠袋的情緒。（參見本書p.212）Alexi Mostrous，〈一連串錯誤導致塑膠袋成為全世界的壞蛋〉（Series of Blunders Turned the Plastic Bag into Global Villain），《泰晤士報》二〇〇八年三月八日。

59 作者採訪Bamford。亦參見美國國家海洋及大氣管理局海洋垃圾網站〈常見問答〉，http://marinedebris.noaa.gov/。

研究人員雖然沒有精準的死亡數目，但確實發現重大的傷亡數量。我們確知塑膠垃圾已造成兩百六十七種物種受害或死亡，其中包括所有海龜百分之八十六的種類、所有海鳥百分之四十四的種類、及所有海洋哺乳動物百分之四十三的種類，都在受害名單上。從在北海的北極水域中覓食的海鳥風暴鸌，到棲息在南極洲附近小島上的南極海狗在內，研究人員在地球的兩極和各地都發現動物吞食塑膠的案例。[60] 就連我們還不認識的動物，也透過垃圾認識了人類：一九九一年，第一次發現的新種鯨魚祕魯中喙鯨（Peruvian Beaked Whale）時，也發現牠的喉嚨裡卡著塑膠袋。[61]

基於其他原因，已經面臨瀕危的物種，其脆弱的現況可能因為塑膠垃圾而更加惡化。在夏威夷群島北島群中，熱愛嬉戲的僧海豹目前僅剩一千兩百隻，但是牠們會遭危險的幽靈魚網纏繞，因而溺斃，導致數量銳減。在恐龍大絕跡的年代存活下來的革龜，如今也瀕臨絕種，原因之一是牠們將塑膠袋誤認為水母，吞食後窒息死亡；自一九六八年起，從死亡海龜屍體的解剖中發現，三分之一的海龜吞食了塑膠。[62] 人們多次目睹遷徙於南極和熱帶水域間瀕危的大翅鯨，身上拖著纏繞不去的繩子和其他垃圾。[63]

英國生物學家大衛．巴恩斯擔憂，塑膠協助外來物種的分布與入侵，造成更廣泛的破壞。[64] 他說，有機生物能輕易搭上漂流魚網或打火機的便車，而且比起船艙或壓艙水，這類物件可能是更有效的運輸工具，能將物種轉運到世界各地。因為海洋中的垃圾比船多，而垃圾無所不到，甚至能到達沒有船隻的地方，例如南冰洋中遙遠的小島上，在這些島上生存千萬年的

---

60 Derraik，〈塑膠殘跡造成之海洋汙染〉；關於南極海狗的研究引述自查爾斯．摩爾之〈海洋環境中的合成聚合物：急速加劇的威脅〉（Synthetic Polymers in the Marine Environment: A Rapidly Increasing Threat），《環境研究》（Environmental Research）108期，二〇〇八年十月；關於風暴鸌的資訊，參見M. Malloy，〈加拿大高緯極區北方風暴鸌腹中的海洋塑膠垃圾〉（Marine Plastic Debris in Northern Fulmars from the Canadian High Arctic），《海洋汙染公告》（Marine Pollution Bulletin）58期，二〇〇八年八月，pp. 1501-4。

61 〈去角質磨砂膏登上傷害鯨魚的塑膠物件清單〉（Exfoliating Scrubs Join List of Plastics Harming Whales），《蘇格蘭週日先鋒報》（Scotland Sunday Herald），二〇〇八年三月九日。

62 〈革龜遭到海洋塑膠垃圾的威脅〉（Leatherback Turtle Threatened by Plastic Garbage in the Ocean,），《每日科學》（Science Daily），二〇〇九年三月十六日。該報報導的是以下研究內容： Mrosovsky等，〈革龜：塑膠帶來的威脅〉（Leatherback Turtles: The Menace of Plastic），《海洋汙染公告》58期，二〇〇九年，p. 287。

動植物，並不曾捲入世界其他地區間持續不斷的混合交會。當研究人員首度踏上南冰洋偏遠處一座由小火山爆發形成，名字取得極好的難達島（Inaccessible Island，音譯為依納克瑟布爾島）時，巴恩斯說他們發現了捕魚的浮筒、塑膠瓶、拋棄式打火機，及其他各種能藏匿不受歡迎流亡生物的物件。第一批抵達這樣偏遠地方的物種，會對該地區的生態系統帶來強大衝擊。巴恩斯說：「塑膠不只是美觀與否的問題，它還會改變整個生態系。」[65]

然而，有些生物也可能因為塑膠艦隊的不斷成長而受惠，強調出自然世界對應合成物質攻擊的複雜反應。

海洋中到處是永遠都在搜尋可以附著表面的微生物，包括矽藻、細菌和浮游生物。對這些生物而言，塑膠垃圾是天上掉下來的禮物，或如夏威夷大學研究人員大衛．卡爾（David Karl）所說，**塑膠垃圾的出現等於是下了一場耕耘機之雨**。在漩渦中找到香港打火機的正是卡爾的研究團隊。這個打火機和他們在網中撈獲的每片塑膠垃圾一樣，表面覆滿了一層微生物黏液，包括細菌和浮游植物。這些生物與海洋健康息息相關。卡爾詫異地發現附著在塑膠物件上的植物，會大量製造氧氣，附著在聚合物平臺上，生產的氧氣甚至高過平時漂浮在大海中的產量。卡爾說，這項發現在某種程度上顯示：**大量塑膠垃圾可能正在「改善海洋吸收和採集養分，及生產食物和氧氣的效率。」**但是基於塑膠所造成的各種傷害，卡爾也小心地聲明，他不是在倡導將更多垃圾倒入大海。

---

63 葛格里，〈海洋環境中塑膠垃圾的環境影響〉。

64 巴恩斯等，〈塑膠垃圾於全球環境的累積與碎裂〉。作者於二〇〇九年六月採訪巴恩斯。

65 巴恩斯，由Thomas Hayden引述於〈汙染海洋〉（Trashing the Oceans），《美國新聞世界報導》（US News and World Report），二〇〇二年十一月十四日。

從海洋回到餐桌上

和漂浮塑膠袋、棄置的打火機和魚網所引發的危險相比，影響最深也最具潛伏性威脅的，是散布在世界各地的沙灘和海洋中，數不盡的微小垃圾碎片。這些統稱為微碎片（microdebris）的微小垃圾碎片，直到最近才開始受到專家注意。（第一場專業探討微碎片議題的研討會在二〇〇八年開議。）[66] 但是，現在微碎片已經成為許多研究人員關注的焦點。

首先，追蹤海洋垃圾數十年的科學家們宣稱，微碎片的數量愈來愈多，累積在世界各地的海灘上，甚至連偏遠的非工業化地區，如東加或斐濟都有它們的蹤跡。我前往基霍海灘時，詫異地發現沙地中布滿細小的粉紅色、藍色、黃色和白色碎片，天知道它們原本是什麼，此外還有光滑不透明的珠粒，我認出這些是加工前的塑膠粒。工業用塑膠粒怎麼會出現在這片鄉間海灘上？它們有可能是從裝載塑料越洋的貨櫃船上漏出，不過最有可能來自舊金山灣區某處的塑膠加工廠，從儲存塑料的筒倉或載貨區或貨運火車裝載區灑漏出來後，又經風吹或雨水沖刷到地下水道，然後掃入大海，只不過最後又被沖回海灘。

微碎片的量會增加，部分原因是塑膠生產量增加，使進入環境中的塑膠粒隨之增加；據信海洋垃圾中有百分之十是塑膠粒。[67] 此外，愈來愈多家用洗刷物件及化妝清潔用品，還有用來沖刷船隻上泥沙的產品，也使用細小的塑膠珠粒。[68]（我最近發現原子筆尖上也有細小的保護珠。）但是微碎片的主要來源可能是大型垃圾，也就是經陽光和海浪分裂破碎的大件塑膠垃

---

66 研討會的會議紀錄對於目前對微碎片的關注及認識提供了很好的概要。參見：美國國家海洋及大氣管理局，〈二〇〇八年九月九日至十一日海洋微型塑膠垃圾的出現、影響及命運國際工作坊議程紀錄〉（Proceedings of the International Workshop on the Occurrence, Effects and Fate of Microplastic Marine Debris, Sept. 9-11, 2008），二〇〇九年一月出版。亦參見：葛格里及安卓地，〈海洋環境中塑膠垃圾的環境影響——纏繞、吞食、窒息、絞死、搭便車及異物入侵〉於安卓地等人編輯之《塑膠與環境》（Plastics and the Environment），pp. 381-2，及湯普森等著之〈我們的塑膠年代〉，p. 1975。

67 摩爾，〈海洋環境中的合成聚合物：急速加劇的威脅〉。一九九一年，塑膠工業協會發起一項計畫稱為「清掃行動」（Operation Clean Sweep），目的是要預防塑膠粒流失。清掃計畫所建議的方式能有效降低進入環境的塑膠粒數量達百分之五十。可惜，這是一項自願參與計畫，根據摩爾所言，只有極少數的公司參與該計畫。

68 作者於二〇〇九年九月採訪普利茅斯大學湯普森。

圾。專家愈來愈擔憂這些碎片會為海洋生物帶來危險，因為包裝用的繩子和尼龍會變成使海豹、鯊魚乃至鯨魚窒息的致命項鍊。

然而面臨這類威脅的代表動物，完全不像黑背信天翁那樣有魅力。反之，牠們很可能是像紅棕色的海蚯蚓這類躲在海岸沉積層中的低等無脊椎動物。

英國普利茅斯大學海洋生態學家李察・湯普森研究的動物之一，就是海蚯蚓。湯普森專門研究細小的海洋生物，如矽藻、海藻和浮游生物，但是過去十年來，他將研究焦點轉移到微型海洋垃圾造成的影響上。

在一連串的實驗室研究中，他用微型塑膠微粒和纖維餵食三種不同的底棲生物：海蚯蚓、藤壺及沙蚤，這些生物以各種海灘碎屑為食。[69]牠們全都迅速吞下這些合成餐點。有時候這些塑膠微粒會阻塞牠們的消化道，使牠們因而喪命。如果這些微粒夠小，就能毫無影響地穿越其消化道。另一項研究對貽貝進行了類似的餵食實驗，貽貝不僅吃下這些塑膠微粒，四十八天後，這些微粒仍然留在貽貝體內。[70]

吞食微碎片的不只底棲動物。摩爾於二〇〇八年返回太平洋環流時，採集了數百隻燈籠魚，一種大量棲息於中深度海洋中，會於夜晚浮到海面覓食浮游生物的小型魚類，不過現在，牠們顯然是在覓食塑膠。[71]摩爾發現他採集的魚隻中，百分之三十七的腸道中有塑膠；其中一

69　作者採訪湯普森；魏斯曼，《沒有我們的世界》，p. 116。

70　描述於湯普森之作，〈塑膠、環境與人體健康：目前共識及未來趨勢〉，p. 2156。

71　該成果於二〇〇九年九月公布在摩爾的埃爾加利塔海洋研究基金會網站〈魚類進食研究更新〉（Update on Fish Ingestion Study）。亦參見David Ferris，〈瓶中信〉（Message in a Bottle），《山岳》雜誌，二〇〇九年五／六月。

隻的肚子裡塞滿了八十三片塑膠碎片，這對體長不到五公分的動物來說，是相當大的承載量。這些小魚是在夏威夷海域可捕獲到的鮪魚、旗魚和鬼頭刀的主食，而這些大魚是食物鏈下一層的生物，正是我們所熱愛的食物。

近期研究中發現這些塑膠微粒所含有的物質，特別令人感到憂心。日本研究人員發現特定塑膠（尤其是聚乙烯及聚丙烯）的塑膠粒和碎片，具有**海綿效應**，能夠吸收廣泛分布於海洋中的有毒化學物質，諸如多氯聯苯（polychlorinated biphenyl，簡稱PCB）和DDT（兩種美國早就禁用的致癌物），及雙酚A、阻燃劑和鄰苯二甲酸鹽等內分泌干擾素。[72] 地球化學家高田秀重發現，從世界各地海灘上收集的塑膠粒內含的化學物質濃度，比周遭水域或沉積層的濃度高出百分之十萬到一百萬。諷刺的是，這對研究海洋汙染的科學家來說並不意外[73]；因為他們長期以來就是使用塑膠珠粒來做這件事，吸收海水樣本中的毒物。確實，高田證明塑膠粒可用來監測世界各地海洋中持久性有機汙染物的存在。[74]

我在基霍海灘上收集了一百五十顆塑膠粒，請高田分析。[75] 在將近一年後收到的報告顯示：那些塑膠粒含有少量殺蟲劑，包括DDT，也就是促使瑞秋．卡森寫出《寂靜的春天》一書的化學物質，這種物質自一九七二年已遭禁，只能在限制情況下使用。分析也顯示塑膠粒中含有「中等濃度」的多氯聯苯（每公克中含有九十六毫微克），根據高田的說明，這比在中美洲或亞洲熱帶地區發現的塑膠粒濃度高，但比在波士頓灣、洛杉磯海豹灘（Seal Beach）或舊金山海灘（Ocean Beach）等都會區的濃度低。

72 圖藤等，〈塑膠中的化學物質轉移及釋放到環境及野生動物身上〉，pp. 2035-37。

73 作者採訪Bamford。

74 作者於二〇〇九年二月採訪高田秀重。亦參見Yuko Ogata等〈國際塑膠粒看守：海岸水域持久性有機汙染物全球監控，PCB、DDT及HCH初階資料〉（International Pellet Watch: Global Monitoring of Persistent Organic Pollutants (POPs) in Coastal Waters. Initial Phase Data on PCBs, DDTs and HCHs），《海洋汙染公告》58期，二〇〇九年十月，pp. 1437-1446。

75 其中只有三十三顆是聚乙烯塑料（其他都是聚丙烯），他只分析了聚乙烯塑膠粒。作者於二〇一〇年一月與高田的電子郵件往來。

湯普森和其他研究人員擔憂這些微型塑膠可能是微型定時炸彈，進入海洋食物鏈中，然後逐層朝我們的食物前進。雖然目前的問題多過已有的明確答案，早期的證據實在令人憂心。超過一百八十種物種已有吞食塑膠垃圾的記載，[76]而至今為數不多的研究，顯示經這些塑膠吸收的化學物質，也能在滲出後進入動物的組織及體內。湯普森將海蚯蚓置放於具有受汙染塑膠的沉積層中，發現在十天後，海蚯蚓組織內的化學物質濃度高於周遭泥巴，顯示化學物質能從微碎片中滲出，進入蟲體。[77]湯普森的同事艾瑪．圖藤（Emma Teuten）餵海鳥吃摻有惡名昭彰的持久性多氯聯苯塑膠粒，後來在鳥組織中的潤羽腺發現了微量化學物質。[78]

發現多氯聯苯的存在，是最令人擔憂的，因為一旦吞食這種化學物質，它會遷移到脂肪組織中，並且滯留。不幸的是，這種持久性特質的後果出現在北極生態系中，當地於數十年間，化學物質已從小魚到大魚到北極熊、海豹和鯨魚身上往上遷移，最後抵達原住民因紐特人身上，**由於他們是以海豹、鯨魚和北極熊等富含油脂的肉品為主食，因此血液和母乳中的多氯聯苯濃度居全球之冠**。

即使如此，要精確指出聚合物在傳遞早已遍布全球的毒物上所扮演的角色，仍是件複雜的工作。例如，康乃迪克大學研究人員漢斯．勞佛（Hans Laufer），發現用來製造塑膠及橡膠的烷基酚出現在龍蝦的血液、組織和蝦殼中。他懷疑這種化合物是導致美國東部龍蝦族群罹患軟殼症的肇因。但是烷基酚是如何進入龍蝦體內的？如同底棲生物，龍蝦可能吃下了遭受汙染的塑膠碎片，或吞食了受汙染碎片的更小生物。或者，牠們可能直接從海水中吸收了烷基

76 〈微型塑膠汙染物之交互作用，及此作用對汙染物傳遞到生物上的可能影響〉（Microplastic–Pollutant Interactions And Their Implication In Contaminant Transport To Organisms）於二〇〇八年九月發表於海洋微型塑膠垃圾的出現、影響及命運國際工作坊。

77 作者採訪湯普森。研究內容描述於圖藤等，〈塑膠中的化學物質轉移及釋放到環境及野生動物身上〉，p. 2038。

78 同上：2040。

酚。世界許多地區的海洋、海床和海岸已經受到化學物質汙染。湯普森說，問題在於：「塑膠導致情況惡化了多少？」

一次性的物我關係

某些塑膠促使人們產生一種能輕易拋棄用過的物件而不加以思索後果的心態。**用過即丟的年代從根本上改變了我們與周遭物件的關係，包括了人造的和自然物件。**打個比方，思考一下在接受拋棄式打火機這類物件時，我們必須產生的心態與文化轉變。

拋棄式打火機取代的不單是拋棄式紙製火柴。它們真正取代的工具，是填充式口袋打火機，最有名的代表是芝寶打火機，一只以鉻和鋼製成的便宜打火機，一只在二次世界大戰時為海外士兵標準配備之一，因此在美國人心中占有永恆地位的打火機。

芝寶在一九三二年首度亮相以來，就帶有終生保證：「它管用，否則我們免費修理。」在數十年間，位於賓州的布萊佛德公司（Bradford）修理了將近八百萬只。[79]雖然芝寶打火機和比克打火機一樣是大量生產，也使用便宜的材料，但有許多收藏家願意收集，比克或其他拋棄式打火機就沒有這個市場。收藏家喜歡芝寶打火機上印有的廣告標籤和主題圖像。比克打火機也一樣，每年都發行限量版，裝飾了NASCAR賽車英雄或運動團隊的標誌，或是野生動

79　作者於二〇〇九年九月與芝寶企業傳播經理Pat Grandy電子郵件往來。

物及樹林等自然主題照片。即使如此，收藏家還是不感興趣。收藏家俱樂部「站在光明面」的成員茱蒂絲・桑德斯（Judith Sanders）說：「我們不把比克的當打火機看。」俄克拉荷馬州的打火機愛好者泰德・伯拉德（Ted Ballard）用他收集的四萬只打火機創造了全美打火機博物館（National Lighter Meseum），想到收集比克打火機他就嗤之以鼻。他告訴我：「人們竟肯在口袋中放一只塑膠打火機，實在令人感到悲哀。它根本沒有價值。」[80]

人們為何會「珍視」耐用的打火機，而不珍視用過即丟的？比克打火機和芝寶打火機在技術上差別不大。兩者基本上是使用相同機制來點火：燃料透過閥口釋出，被轉動的燧石所點燃。但是芝寶有填充匣，比克沒有，讓兩者天差地遠。假使你無法重複使用或修理某一物件，你真的擁有它嗎？你是否曾經因為使某一物件保持在最佳使用狀態，而產生驕傲感和所有權感？

我們在這個物質世界中投注了自己的一部分，物質世界則藉此反映出我們的本質。在由塑膠促成用過即丟的年代中，我們愈來愈常將自己投資在對生命沒有真正意義的物品中。我們將拋棄式打火機視為便利工具，它們無可置否地確實很便利，抽菸的人或自家後院的烤肉大廚都會同意這個說法，然而，我們對於這項便利性所要承擔的代價，不曾加以思索。

《生活》雜誌在一九五五年歌頌便利的一次性用品，在照片中神奇地停留在空中；讀者並未看到攝影工作的下一格畫面——這些用品堆在地上的畫面。數十年來，人類接受的第一張

80 作者於二〇〇九年六月採訪「站在光明面」俱樂部茱蒂絲・桑德斯；全美打火機博物館泰德・伯拉德。

照片的幻象——便利性不具代價也無後果。如今，我們正逐漸察覺到這些塑膠拋棄物，並不會就此離開。它們會到**某處**去，最糟糕的是，它們會變成到錯地方的垃圾。

袋子的戰爭

從塑膠袋談拋棄式生活風格

物件主角：購物塑膠袋

塑膠主角：聚乙烯

物件配角：紙袋

本章關鍵字：背心袋、美孚石油、零垃圾、廢棄物管理、塑膠袋稅、一次性使用vs.再使用、塑膠袋回收

要看出一段關係出了問題並不容易。人們曾經砍伐森林、用盡地區性水資源、耗竭土壤肥力、無法辨識或了解人類生存的自然基礎。塑膠似乎為人類允諾了一個新的生活基礎：切好的食材裝在塑膠袋中、在塑膠草皮上進行體育活動、房子裏在塑膠板內、每年都有以塑膠組裝的新省時裝置和電子奇蹟問世。

如今，我們開始承認這段關係出了問題，而且可能是個大問題。可是相處了這麼久之後，我們實在難以想像一個不同的世界。一個由人類終結塑膠，而非塑膠終結人類的世界。

然而，一小群意志堅決的人已經開始想像這樣的世界。他們了解要防止塑膠垃圾扼殺海洋，最好的方法是在陸地上管理垃圾，而這表示在眾多行動中，也包括控制我們對一次性物品的倚賴。所以他們將焦點放在一次性物品中最無孔不入的物件：塑膠購物袋，以此做為行動的起點。塑膠袋和保麗龍免洗杯或野餐塑膠叉子及外帶的便當盒比起來，並不特別有毒害，但是這項一次性物件所引發公眾的憤怒比其他任何物件更強烈。世界各地都有人在呼籲廢除塑膠袋的使用，包括將塑膠袋視為撒旦惡種的地方保育人士，還有認為「根本沒有理由在任何地方繼續製造塑膠袋」的聯合國環境計畫署負責人。[1]

舊金山在二〇〇七年加入各大洲數十個城市及國家廢除塑膠袋的行動，成為美國第一個禁用塑膠購物袋的城市。受到舊金山的激發，美國各地的城鎮，從麻州的普里茅斯到夏威夷陽光普照的毛伊島，都公告了淘汰塑膠袋的地方政策，而宜家、全食（Whole Foods）、沃爾瑪

1　Achim Steiner，聯合國副祕書長暨聯合國環境計畫署執行長，聯合國海洋垃圾議題發刊新聞稿，二〇〇九年六月十日。

（Wal-Mart）和目標玩具（Target）等大型零售店也跟進潮流。估計美國總共已有兩百多項反塑膠袋政策上路。[2]儘管塑膠工業成功擊退許多政策或使這些政策無法運作，環保運動人士和塑膠工業內部人士都預期，我們目前所知的塑膠袋型態終會消失，至少從超級市場中消失。（我們倚賴的塑膠袋還有其他數不盡的形式。）

不難理解塑膠袋為何會成為最受矚目的攻擊目標。塑膠袋幾乎沒有實體，它不過是一縷纖細的聚乙烯，短暫卻又無所不在。它們被設計為短暫性使用，卻變成揮之不去，隨處可見且代價昂貴的垃圾來源。它們掛在樹上、黏在籬笆上、在沙灘上飛滾，而且對海洋生物造成潛在威脅。塑膠袋的確會造成實體傷害，但是那輕如鴻毛的重量，其影響卻重如泰山。

塑膠袋已變成塑膠年代集體惡業的代表，如《時代》雜誌所說，它象徵了「浪費、無度及對大自然增量破壞」。[3]塑膠袋代表的是我們深切怨恨、過度包裝的世界，如一位反塑膠袋運動人士抱怨：**塑膠袋是一種圖騰，代表「塑膠工業用來將我們轉化為拋棄式社會」的手段。**[4]

當我們發現自己陷入一段令人難過或感到罪惡的關係中，往往會想要盡快脫離。然而在急著分手的同時，我們可能發現自己陷入另一段為了振作自己，但未必比上一段戀情更健康的愛情關係。

---

2 Mike Verespej，〈塑膠袋工業為生存而戰〉（Plastic Bag Industry in Fight of Its Life），《塑膠新聞》，二〇〇九年三月十六日。

3 Belinda Luscombe，〈塑膠袋聖徒〉（The Patron Saint of Plastic Bags），《時代》，二〇〇八年七月二十七日。

4 Stephanie Barger，以柯斯塔梅薩為根據地的自然資源基金會（Earth Resource Foundation）執行長暨反塑膠災難運動（Campaign Against the Plastic Plague）發起人，引述於Steve Toloken，〈塑膠的形象問題〉（Plastics' Image Problem），《塑膠新聞》，二〇〇七年八月六日。

攻克結帳櫃臺

我們是怎麼迷上塑膠購物袋的？

許多想像力豐富的創業家在過去百年來，一直打量著具有千變萬化能力的塑膠，並且問道：這些奇妙的材料能夠用來取代哪些天然物質？這是個引發許多爭議的問題。塑膠工業期刊《現代塑膠》（Modern Plastics）的編輯在一九五六年注意到：「任何現有穩固的塑膠市場，都不會熱切期待新材料問世。」每種新塑膠產品都要面臨「既有塑膠的激烈競爭，或不受認同及遭誤解，塑膠必須先克服這一切才能擁有市場」。[5]

攻克結帳櫃臺的戰爭是塑膠打入一般包裝領域，進行長期穩定性入侵活動的一部分。如今大約有一半的商品是用塑膠來包裝、防震、收縮膜打包，以塑膠氣泡填墊、塑膠盒蓋保護，或包覆在塑膠材質中。[6]的確，在塑膠總產量中，每三公斤有一公斤是做為包裝材料，這包括了一有機會就纏著你的手指不放、那些無所不在的塑膠購物袋。[7]塑膠在一九五〇年代末開始進攻包裝界，逐一挑戰紙品包裝堡壘。不久後，切片麵包開始裝在塑膠袋中販售，塑膠袋也取代蠟紙來裝三明治。乾洗店拋棄沉重的紙袋，改換成輕薄如膜的聚乙烯袋。

不過，最後一項替換在一九五九年引發了一場全國性危機，新聞報導這種薄膜般的新袋子會殺人，引發一陣恐慌：八十個嬰兒和學步兒在塑膠袋中意外窒息，至少有十七個成人用它們

5 〈難關重重〉（Not Easy Years Ahead），《現代塑膠》，一九五六年六月，p. 5。

6 Mike Verespej，〈就連綠化也得降低成本〉（Even Going Green Requires Cutting Costs），《塑膠新聞》，二〇〇八年十二月二十二日。

7 美國化學委員會，《二〇〇八年塑料回顧》，p. 51。

8 麥克歐，《美國塑膠：一部文化史》，pp. 249-50。

來自殺。在接踵而至的「塑膠恐慌」中，全美各地有數十起禁用塑膠袋的提案，使塑膠工業面臨了第一起重大危機。[8] 膜質塑膠製造商慌張地設法拯救這個剛起飛的工業，花費近百萬美元進行全國性教育，警告消費者關於這些透明塑膠袋的危險性，一方面開始建立新的業界標準，將塑膠袋做得較厚、較不具黏著力。

同時，塑膠工業協會（Society of the Plastics Industry，簡稱SPI）的主席也保證會在報紙和廣播廣告中持續提出警告，「直到全國每位母親、父親、男孩或女孩都知道塑膠袋是用來做什麼……不可用來做什麼。」[9] 這些聯合措施防堵了禁用塑膠袋的要求。如在塑膠袋恐慌事件及日後無數的戰役中，擔任塑膠工業協會律師數十年的傑諾米．海克曼（Jerome Heckman）回顧說：「我們的工作自始至終是要打開塑膠市場，並且使市場保持暢通。」[10]

當時聚乙烯塑膠膜的主要製造商美孚石油公司（Mobil Oil），對於打開新市場興致勃勃。當年輕的大學畢業生比爾．西諾（Bill Seanor）於一九六六年加入美孚石油時，該公司已經發展出許多替代紙品包裝的大規模產品線。它的滾筒式塑膠袋取代了超市農產品部門的紙袋，它的海夫地牌（Hefty）垃圾袋改變人們長期以來用報紙鋪垃圾桶的習慣。美孚公司急著為聚乙烯膜尋找新的可能性，最後在一九七〇年代初開始對紙製品中利潤最高的產品——零售購物袋，打起主意。[11] 西諾說，事實上公司已經花了許多年時間和數百萬美元，試圖發展出仿典型牛皮紙袋的方形底部，並且能站立的塑膠袋。[12]「傳統的觀念是你得要有一模一樣的東西。」可是因為仿紙袋的塑膠袋價格遠高過紙袋，所以「根本不曾開始生產」。

---

9 Mildred Murphy，〈塑膠工業對塑膠袋的警告〉（Plastic Industry to Warn on Bags），《紐約時報》，一九五九年六月十八日。

10 傑諾米．海克曼，〈海克曼談塑膠歷史〉，《塑膠新聞》，二〇〇〇年四月十七日。

11 關於美孚公司如何發展出背心袋的故事，來自作者於二〇〇八年九月採訪現今任職於Overwraps Packaging Inc.,的比爾．西諾。

12 根據包裝科學家及包裝歷史學家Diana Twede所言，購物紙袋最初出現在十九世紀中期，當時英國布里斯托一位有事業心的雜貨商，想到他能將紙黏成紙袋，達到一石兩鳥的好處：讓顧客能方便地將商品帶回家，並創造出免費廣告店名的空間。在黏紙過程於內戰後自動化之前，店家會在休息時間坐在商店後方黏貼紙袋。不過要到汽車文化、郊區、自助式雜貨店於二次大戰結束數十年後興起時，牛皮紙袋才成為結帳櫃臺的主要用品。作者於二〇〇八年八月採訪密西根大學藍欣校區Twede。

後來美孚公司聽到風聲，一家瑞典公司以歐洲為主要市場，小量發行了一種塑膠購物袋。[13] 其發明者斯登・圖林（Sten Thulin）發想出一種完全不同於傳統紙袋的設計。圖林設計出巧妙的折疊及融合方式，解決過去困擾其他發明家的技術問題，他讓膜質的筒狀聚乙烯膠膜能夠轉變為強韌的袋子。[14] 圖林於一九六二年畫出的專利圖上，那袋子看起來像是無袖的大U領汗衫，業界於是普遍將此袋子稱為「背心袋」（T-shirt bag）。

根據早期負責進攻背心袋市場的西諾的說法，當時美孚公司的管理階層立即認定那是公司要的袋子。[15] 他們看出這個袋子和美孚最初設計的不同處，是它具有在結帳櫃臺上將紙袋擊敗的威力。果然，這個塑膠袋最後會廣受零售業歡迎，正是因為它與傳統的平底紙袋不同。圖林利用聚乙烯與眾不同的優點，創造出全新類型的袋子。可惜如今我們對塑膠袋怨恨太深，以至於忘記了它在技術上有許多神奇之處：防水、耐用、輕如羽毛，能夠承載超過自身重量千倍的物品。

西諾和美孚的同事們當時或許對於他們在一九七六年引進美國的塑膠袋感到非常興奮（首度發行版印有紅白藍三色，用來祝賀美國兩百週年慶），顧客對此卻無動於衷。[16] 西諾記得：他們不喜歡店員在結帳時，經常得舔一下手指才能從架子上拉出塑膠袋的動作，也不喜歡這袋子站不挺的事實。「人們買好食品雜貨，提到車上後，袋子就會東倒西歪，弄得消費者非常光火。」消費者一不高興，倒楣的是店家。

13 歐洲對塑膠袋的態度比美國開放，因為美國擁有豐富林產，所以長期以來享有低價紙袋。

14 〈設計里程碑〉（Design Landmarks），《歐洲塑膠新聞》（European Plastics News），二〇〇八年十月一日。作者於二〇〇八年九月採訪《歐洲塑膠新聞》編輯Chris Smith。過去許多發明家也做過類似嘗試，但圖林是第一位發展出有效的折疊、黏合及模切扁平筒狀塑膠方式的人，或者是其中一人，在同時期芬蘭也發出了一份的專利權。

15 美孚買下義大利佛羅倫斯一家已經在生產背心袋的小工廠，然後派西諾前往該工廠，為美國市場加速生產量。

16 另一個問題是美孚用來製造袋子的聚合物，是容易拉扯撕破的線型低密度聚乙烯（LLDPE）。幾年後，塑膠袋製造商改用硬度較高，較適合裝重物的高密度聚乙烯（HDPE）。西諾說，改用HDPE使美孚的塑膠袋生意「撐不下去」。公司在LLDPE的投資太大，無法進行改變，最後將背心袋市場讓給一群用HDPE製造塑膠袋的新公司。

萌芽期的塑膠袋工業很清楚要贏得消費者的心，得先贏得超市商家的心。業界的彈性包裝協會（Flexible Packaging Association）於是積極展開一場公關宣傳，鼓勵超市商家：「結帳試用塑膠袋，它改良過後大受歡迎。＊」[17]塑膠袋公司同時透過教育課程，直接與商家接觸，協助商家克服消費者對塑膠袋的厭惡。最後和幾位同事離開美孚公司，共創先鋒塑膠袋公司（Vanguard Plastics）的西諾說：「我們設計了訓練計畫，教導商家如何用塑膠袋打包商品。」

但是使新塑膠袋得到偏愛的最有力因素還是經濟面向：塑膠袋一個一或兩美分，紙袋價格高出了三、四倍，而且因為紙袋較重又占空間，運輸和貯藏費用都更貴。[18]

美國兩家最大的連鎖超市喜互惠（Safeway）及克羅格（Kroger）於一九八二年開始改用塑膠袋，不久其他多數主要連鎖超市也隨之跟進。曾經在超市界工作，現在是洛杉磯司令包裝公司（Command Packaging）負責人的彼得・格蘭（Peter Grande）說：「我們一旦使克羅格連鎖超市改用塑膠袋，這場戰爭差不多就結束了。」[19]在地區性市場中偶爾還會出現與紙袋的戰爭，他說，「不過塑膠業界心中的感覺是『**未來就是如此——塑膠將統治整個地景。**』」

這項預測的準確度將回頭反咬塑膠工業一口。在自由市場必然的邏輯下，如此便宜的製造與發送成本，注定了塑膠袋用量的激增。製造商當然是能賣多少就做多少，超市也沒有限制配額的動機。到超市買幾樣東西，在雙層塑膠袋和草率的打包方式下，走出超市時你手中可能提了一打塑膠袋。（這隨之又創造出一項新的市場利基：用來整理塑膠袋的塑膠產品。我的清潔用品貯

＊ 譯注：原文「Check out the sack. Its coming on Strong.」前後兩句均為雙關語，一層意為「試用看看吧，它現在（變厚了）更耐用。」另一層意為「結帳吧！它來勢洶洶（將成趨勢）。」

17 彈性包裝協會，〈包裝業的成形：FPA的故事，一九五〇至二〇〇〇年〉，p.28。

18 紙業並未束手就擒，他們以環保為由為紙袋辯護。面臨掩埋場空間不足的威脅等環境議題，紙製品占了優勢，因為紙可生物分解，也能輕易回收。對許多消費者而言，這是重要考慮要件，而美國紙業協會（American Paper Institute）非常樂意探討消費者的顧慮。該協會整合了美國婦女組織聯盟（General Federation of Women's Clubs）九千多個分會，為該協會所謂的「全美紙袋」而戰。婦女組織聯盟的主席Margaret England宣稱：「我們必須站出來反對過度包裝，我們要求對環境友善的包裝選擇。」George Makrauer，〈塑膠袋戰爭與政治〉（Plastic Bag Wars and Politics），與作者分享之未出版歷史資料。

19 作者於二〇〇八年九月採訪彼得・格蘭。

藏室中就有兩個塑膠袋整理盒。）

到了新千禧年，背心袋可能是地球上最常見的消費用品。全球總計人們每年大約使用了五千億到一兆個塑膠袋，一分鐘使用超過一百萬個。[20] 美國人一人平均一年要帶三百個塑膠袋回家。[21] 然而，就像許多塑膠包裝材料一樣，如此龐大的塑膠袋量最後大多是被當垃圾丟掉——或者更慘。

塑膠袋在滲透包裝市場之初，促銷的重點是耐用性而非拋棄性。一九五〇年代的嬰幼兒之所以會被乾洗衣物的包裝塑膠袋悶死，就是因為人們把袋子留下來做為其他用途，這也是杜邦公司剛推出這款塑膠袋時所鼓勵的做法。[22] 而且，這些早期的塑膠袋價格昂貴。一九五六年，一個名為「清潔局」（Cleanliness Bureau）的團體在《紐約時報》上建議讀者：「留下〔你的〕透明塑膠袋……用抹了肥皂的海綿清洗塑膠袋裡外。好好曬乾塑膠袋，這樣袋子就能長期保持良好狀態。」[23]

但是過不了多久，塑膠工業就察覺到拋棄式產品才有成長空間，富足的民眾也很快就習慣拋棄塑膠包裝的想法。於是塑膠包裝開始倍增。**如今，美國人平均每人每年至少丟掉一百三十六公斤包裝材料；丟掉的包裝材料和空容器，合計達都市垃圾流量的三分之一。**[24]

塑膠購物袋將成為這股垃圾流量中最強有力的代表。

20 估計值來自Reusablebages.com。

21 根據美國人一年約消耗九百億個塑膠袋，及美國人口約三億人計算得出。

22 麥克歐，《美國塑膠：一部文化史》，p. 250。

23 〈清洗塑膠袋〉，《紐約時報》一九五六年五月八日。英國皇家化學公司（Imperial Chemical Company）首度推出聚乙烯塑膠袋時，袋子還很昂貴，因此每包袋子都附有如何清洗以便重複使用的說明。作者採訪Chris Smith。

24 Daniel Imhoff，《紙或塑膠：在過度包裝的世界尋找解決之道》（San Francisco: Sierra Club Books, 2005），p. 9；美國環保署，《美國都市垃圾的產生、回收、棄置：二〇〇八年確實數字》。美國在一九六〇到一九八〇年之間，垃圾量增加了三倍，或許並非巧合。

零廢棄物運動

馬克・莫瑞（Mark Murray）早在最近這批反塑膠袋戰士之前，就把塑膠袋當作射擊標靶。莫瑞是加州人反廢棄物聯盟（Californians Against Waste，簡稱CAW）的執行長，這是個為了促使加州通過押瓶法（bottle bill）而於一九七七年成立的全加州組織。如今該組織的使命已經擴展到各種廢棄物相關議題，包括電子產品的回收到牧場廢棄物的處置等。CAW是加州之所以能在廢棄物立法上居於領導地位的原因之一，由此延伸來看，莫瑞是其中的原因之一。一九八七年，當他還是個剛畢業的社會新鮮人和政治迷，來到加州沙加緬度（Sacramento）找工作，以實習生身分加入CAW後，整個事業生涯都專注在這個團體上。他對資源回收的興趣不大，但是對一個性好競爭的人來說，這恰好是個理想的議題。如一位為莫瑞側寫的記者曾經觀察到的：「不像拯救鯨魚或關閉核電廠那樣，這是個有勝算的戰場。」[25] 他或許是碰巧遇上了這個議題，不過資源回收（其實是整個複雜的廢棄物減量問題）變成一種執著。然而，他在理想主義的目標和現實政治的需求之間，保持了良好平衡。他是個願意妥協的務實主義者，不過自由派人士認為他做了太多妥協。

現年四十多歲的莫瑞理了個平頭，髮線明顯後退，身材是長跑選手那種零脂肪的精瘦體格。他的確是位馬拉松選手，在為具有長程目標的非營利組織擔任遊說工作時，長跑耐力是個很有用的特質。莫瑞知道，把目光集中在終點線上不斷往前跑是怎樣的感覺。他抱著廢除塑膠

25 Daniel Weintraub，〈上戰場〉（Into the Battle），《橘郡紀事報》（Orange County Register），二〇〇〇年六月十一日。

購物袋的希望已經超過二十年了。

據莫瑞所言，有些廢棄物的問題相當複雜，但是和塑膠袋有關的問題並不複雜。[26] 我們在議會休會期的某個秋天午餐會面時，他平淡地說：「塑膠袋是個問題產品。我並不是要一竿子打翻一船人，說所有塑膠產品都該禁用。但是有些塑膠產品的環境成本超過了用途的價值，塑膠袋就是其中之一。」

莫瑞對塑膠袋最大的牢騷不是大家經常引述的問題：塑膠袋塞滿了珍貴的垃圾掩埋空間。事實上，研究顯示塑膠袋和其他塑膠垃圾在掩埋場占用的空間，比紙袋或其他材料更少，部分原因是塑膠袋可以被緊密壓縮。[27] 莫瑞擔心的也不是塑膠袋能「在掩埋場中存續數百年」，這是康乃迪克州費爾菲德鎮（Fairfield）提案禁用塑膠袋的原因之一。[28] 任何垃圾，不論是哪種材料，都能在掩埋場中耐久不敗。因為對掩埋場多有研究而自稱為「垃圾學家」的考古學家威廉·拉舍基（William Rathje），曾經挖出一九三〇年代的報紙，看起來和昨天剛出刊的一樣清晰，還有放了數十年的三明治，看起來像是依然新鮮可食。[29]

莫瑞擔心的不是塑膠袋到了掩埋場後會發生什麼事。他生氣的是有太多塑膠袋到不了掩埋場。莫瑞解釋說，有時候當某人粗心地亂丟菸蒂或汽水瓶時，地上的垃圾就會累積。「但是塑膠背心袋往往是在適當棄置**之後**又變成街上垃圾。塑膠袋會被風吹出垃圾桶、垃圾車、轉運站和掩埋場的表面。」它們在本質上就具有空氣動力，事實上，現在甚至比過去更具空

26 作者於二〇一〇年九月及十一月採訪馬克·莫瑞。

27 威廉·拉舍基（William Rathje）透過垃圾研究計畫（Garbage Project）在諸多掩埋場所做的研究顯示，塑膠包裝及產品在掩埋初期固定占約百分之二十到二十四，經過壓縮後則占百分之十六。拉舍基及Cullen Murphy，〈五項關於垃圾的迷思及其錯誤原因〉（Five Major Myths About Garbage and Why They're Wrong），《史密森尼》（Smithsonian），二〇〇二年七月。環保署更近期的廢棄物研究顯示塑膠占總垃圾量的百分之十二，紙類則占了百分之三十一。

28 Kirk Lang，〈費爾菲德委員會提議廢除塑膠袋〉（Fairfield Panel Recommends Trashing Plastic Bags），www.connpost.com，二〇〇九年八月十三日。

氣動力，因為塑膠袋製造商為了回應早期環保人士對於掩埋場空間的顧慮，所以將塑膠袋做得更輕更薄。

但是塑膠袋不像紙類垃圾，塑膠袋進入環境後並不會被生物分解。二十年前，莫瑞安排了一場他稱之為「媒體特技」的活動來示範這個問題。他在沙加緬度市中心某棟建築的屋頂上黏了一疊紙袋和一疊塑膠袋。果然，經過幾週後，紙袋逐漸融化消失，但是塑膠袋只是慢慢地撕裂成愈來愈小的碎片。

這種持久性對環境的影響，是策動許多環保運動人士（尤其是關注海洋垃圾者），展開對抗塑膠袋之戰的動力。[30] 不過莫瑞主要的動機是對廢棄物的關切，他關注的是我們用過即丟的文化不斷增長所帶來的衝擊。

莫瑞提倡零廢棄物運動，這個概念在過去十年來已經逐漸得到立法人士重視，尤其是在加州，加州有多個州政府單位和郡市都採取了零廢棄物政策。零廢棄物政策並非一個具體目標，而是一項政策行動綱領，設計來大幅減少目前埋入掩埋場或在焚化爐中燒掉的龐大垃圾量。它不僅是個將垃圾分流到成為回收物資或堆肥的處方規定，也具體實現了一個廣大的道德目標，即減輕我們加諸於地球的負荷。零廢棄物政策鼓勵人們減少消費，同時敦促業界透過設計與生產可輕易重複使用、修理或回收的產品，來延長物品壽命。[31] 簡言之，零廢棄物是我們曾祖輩相當熟悉的節約資源道德觀。

---

29 拉舍基對掩埋場的研究為一九八〇年代的塑膠工業提供了相當有價值的籌碼。塑膠工業贊助了他的研究，並且大幅宣傳他的研究結果。西諾說，塑膠袋製造商利用其研究結果支持對紙袋的抗爭。「我們可能把他的錄影帶和資料給了全國每個零售業者。」

30 例如，二〇一〇年加州一份禁用塑膠袋提案是由聖塔莫尼卡（Santa Monica）的「療癒海灣」（Healing the Bay）團體所提，許多環保團體是支持這項政策的主要聯盟力量。

31 作者於二〇〇八年十月及十一月採訪舊金山環境部零廢棄物經理勞伯．黑利（Robert Haley）。參見Elizabeth Royte，《垃圾之地：垃圾的祕跡》（Garbage Land: On the Secret Trail of Trash）（Boston: Little, Brown, 2005），p. 255。

塑膠袋對這樣的道德觀根本是個公開的侮辱。它用的是花了一億年才生成的資源，卻只有幾分鐘的有效壽命，如莫瑞說的，只夠用來「把我買的東西從商家帶到我家門口」。

塑膠袋無法修理、不容易回收、可重複使用的次數有限。雖然塑膠袋可以執行雙重任務，譬如裝午餐、撿狗大便和襯垃圾桶，但是研究顯示一個塑膠袋**至少**要重複使用四次，才能抵消用來製造和丟棄塑膠袋所造成的環境衝擊。[32]在莫瑞的零廢棄物世界中，我們用的應該都是再使用的袋子。但是許多年來，除了環保團體的成員之外，他無法激發任何人來挑戰這個討厭的袋子。

然後查爾斯．摩爾將他的遊艇航入北太平洋的塑膠漩渦中，揭露了我們「拋棄式」生活風格的另一面。這個反烏托邦的畫面，對到處是海灘、將海洋視為後院的加州來說特別令人不安。加州漫長的海岸線是無價的自然資源，包括每年吸引四百六十億美元的觀光資源[33]、有豐富多樣的漁業資源，而且是衝浪者、水手、游泳者和潛水者的聖地。急切保護這項資源的加州海洋保育委員會（Ocean Protection Council），請求透過收費和禁令等方式廢除所有一次性塑膠產品。在充滿沙灘熱愛者的加州，連對自由市場抱持保守態度的州政府首長阿諾．史瓦辛格都認為，塑膠袋的問題已經大到該向塑膠袋道**珍重再見**。曾和史瓦辛格工作過的環保人士萊絲莉．坦明南（Leslie Tamminen）解釋：「阿諾受不了沙灘上的垃圾，那向來是他的忌諱。」她協助組織了一個成員廣泛的聯盟，在二〇一〇年推動全州禁用塑膠袋。[34]

---

32 Robert Lilienfeld，〈塑膠袋生命週期評估修訂後分析〉（Revised Analysis of Life Cycle Assessment Relating to Plastic Bags），《減用物資報告》（ULS Report），二〇〇八年三月，更新資訊請見http://use-less-stuff.com/?s=ULS+Report。

33 加州綠色城市（Green Cities California），《一次性及重複使用性塑膠袋總環境影響評估》（Master Environmental Assessment on Single-Use and Reusable Bags），二〇一〇年三月，p. 15。

34 作者於二〇一〇年七月採訪萊絲莉．坦明南。

在近海中打轉的大量垃圾中，究竟有多少是塑膠袋？誰也說不準。它們對海洋生物來說是一種危害，但帶來的威脅可能不如那些幽靈魚網，或大量出現在漩渦中的硬質塑膠微碎片。儘管如此，塑膠袋正像個新的外來物種般占領著海灘：二〇〇八年國際淨灘日，義工清理了近一百四十萬片塑膠。[35]當然，有些塑膠袋是野餐者不小心丟掉的。但是調查結果顯示多數塑膠袋是來自幾里遠的內陸，透過下水道和溪流漂流到海中。洛杉磯郡的一項研究發現百分之十九的下水道垃圾是塑膠袋。[36]這對加州海岸線上的社區來說是個壞消息，因為聯邦政府規定多數社區的下水道要保持乾淨，以免垃圾被沖進海中。南加州各城市自一九九〇年代起，已花超過十七億美元來遵守這項規定。[37]對那些社區來說，塑膠袋垃圾是個潛在的「龐大財務負擔」，莫瑞說。到了二〇〇〇年代初期，「不只環保人士，連南加州中間派和保守派的地方政府官員，都嚷著要解決塑膠袋的問題。」

莫瑞在CAW這麼久以來，第一次在政治上看到對抗背心袋的真正機會。假使有足夠的地方社區開始提出塑膠袋議題，就能提供足夠籌碼來挑戰州政府階層。莫瑞從經驗中得知，這是贏得具有政治力的超市和零售商支持的方法，因為他們偏好全州一致性的政策，勝過地區性法規拼湊的成果。向塑膠袋開戰，突然在政治上變得可行。

接著，舊金山開了第一槍，展開一場政治連鎖反應，使舊金山市，最後乃至整個加州都成為塑膠袋戰爭的前線。

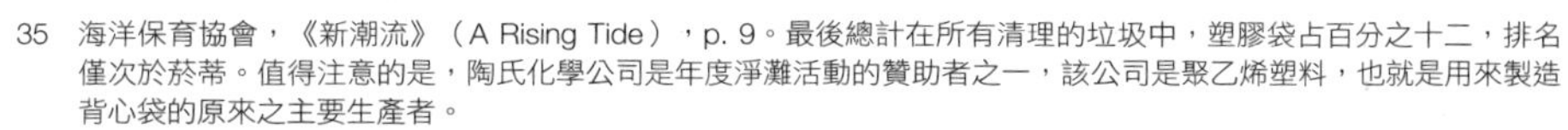

35　海洋保育協會，《新潮流》（A Rising Tide），p. 9。最後總計在所有清理的垃圾中，塑膠袋占百分之十二，排名僅次於菸蒂。值得注意的是，陶氏化學公司是年度淨灘活動的贊助者之一，該公司是聚乙烯塑料，也就是用來製造背心袋的原來之主要生產者。

36　洛杉磯郡公共工程部，〈洛杉磯郡外袋塑膠袋概述〉（An Overview of Carryout Bags in Los Angeles County），二〇〇七年八月，p. 24。

37　加州人反廢棄物聯盟，〈塑膠袋的問題〉（The Problem of Plastic Bags），CAW網站http://www.cawrecycles.org/。

禁用或收費

舊金山市以身為綠色政策先鋒為傲。市政廳前方有電動車充電站。居民安裝太陽能板可以節稅。市府卡車會到餐廳收集用過的油，為市府車輛提供生質柴油。舊金山市具有全美最積極嚴格的資源回收計畫，將超過百分之七十的垃圾回收或製成堆肥，送到掩埋場的垃圾不到百分之三十，這與全美垃圾處理的比例正好相反。市府領導階層在二〇〇二年以零廢棄物為目標，宣誓到二〇二〇年，要將那百分之三十的垃圾降為零。

市府領導階層已經傾向綠化，但他們其實是基於實效理由才攻擊塑膠袋。[38] 舊金山的超市一年送出一億八千萬個塑膠袋，這種會附著、亂飛的塑膠袋，對舊金山最先進的資源回收場造成大破壞。民眾不應該把塑膠袋放到資源回收桶中，但人總不免會出錯。到了回收中心，塑膠袋會亂飛、四處拍動、搞亂作業。回收中心一天必須停機兩次以上，好讓工人帶著切割刀，用人工切開纏繞住輸送帶的塑膠袋。塑膠袋每年使回收中心損失七十萬美元。

根據舊金山環境部負責指導全市走向零廢棄物目標的資深員工勞伯．黑利（Robert Haley）所說，塑膠袋還製造了其他費用。事實上，當黑利把掩埋場、資源回收中心和街道公園中，與塑膠袋相關的問題加總起來，他估計塑膠袋每年要用掉舊金山市八百五十萬美元，雖然這對市政府數十億元的預算來說只是零頭，但是黑利認為這對赤字重重的市府來說，是個不必要的花費。塑膠袋對舊金山的購物者來說或許很便利，可是黑利認為，這個便利性的代價高過

38　作者採訪黑利。

39　到了二〇〇四年，在總垃圾量中塑膠袋的垃圾量從百分之四十五降到百分之〇．二二，資料來自Frank Convery等，〈歐洲最受歡迎的稅收？從愛爾蘭塑膠袋稅中學得的功課〉（The Most Popular Tax in Europe? Lessons from the Irish Plastic Bags Levy），《環境與資源經濟學》（Environmental and Resource Economics）38期，二〇〇七年九月，p. 7。南非與香港也採取類似收費法。

了市府能負擔的程度。

對這可惡的塑膠袋下禁令是個理所當然的解決之道。印度孟買自從確定了丟棄在下水道的塑膠袋使得雨季的水患變得特別嚴重後，便在二○○○年禁用了塑膠袋。市政府甚至派出特別警察隊，專門糾察違反禁令的商店和工廠，並加以罰款。印度其他城市也繼孟買之後，開始禁止商家發送塑膠袋，此外，孟加拉、臺灣、肯亞、盧安達、墨西哥市和中國部分城市，以及其他發展中國家也陸續加入此列。

但是與其直接禁止使用，黑利（及與他一起工作的莫瑞）更感興趣的概念，是使塑膠袋要花錢購買，藉此勸阻民眾使用。他們研究的典範是愛爾蘭，因為愛爾蘭在二○○二年對塑膠袋徵收○．一五美元的所謂「塑膠稅」。在幾星期內，塑膠袋用量銳減了百分之九十四，塑膠袋垃圾量也大幅降低。[39] 在愛爾蘭提著塑膠袋的行為，很快就變成和「穿毛皮大衣或不清理家犬拉的大便」一樣，是種難以被社會接受的舉止。[40] 塑膠稅一年徵收了一千兩百萬到一千四百萬歐元，用來支付這項計畫的費用，並且贊助多項環境保護計畫。[41] 儘管愛爾蘭人最初並不歡迎這項稅金，但民眾很快就接受了它，一項調查甚至發現「廢除這項稅收會造成政治傷害」。[42]

這種費用使一項產品的社會代價變得明顯可見。我們或許習慣免費使用塑膠購物袋，但這並不表示它們沒有成本。只不過它們的成本都轉嫁到其他地方，例如加在食物的價格上，或是

---

40 Elisabeth Rosenthal，〈愛爾蘭人透過稅金的驅動，摒棄塑膠袋〉（Motivated by a Tax, Irish Spurn Plastic Bags），《紐約時報》，二○○八年二月二日。

41 Convery等，〈歐洲最受歡迎的稅收？從愛爾蘭塑膠袋稅中學得的功課〉，p. 9。幾年後，這項稅金又提高了。

42 同上，p. 2。塑膠業界經常指出塑膠稅開徵後，愛爾蘭塑膠垃圾袋及聚乙烯膜的進口量大幅增加，從二○○二年的兩千六百三十萬公噸增加到二○○六年的三千一百六十萬公噸。為塑膠袋辯護的人往往將這個增加趨勢描述為禁令的「意料之外的後果」。但這迴避了一項事實，即課稅的目的不在於摒除所有塑膠袋，而只是那些會造成垃圾困擾的塑膠袋。塑膠垃圾袋並未造成輕盈的塑膠購物袋帶來的垃圾問題。

表現在處理因塑膠袋生產和廢棄所導致之環境影響的稅收上。莫瑞和黑利認為這種費用能使產品的環境成本更具能見度，乃至在最後改變消費者的行為，鼓勵製造商改善產品的設計。

任何一種一次性紙袋或塑膠袋，都具有環境成本，都只是為了近乎微不足道的便利性，而耗竭有限的資源。黑利觀察說：「你得付錢買店裡所有東西，為何袋子不用買？」這花費應該能說服人們完全戒掉一次性使用的習慣，開始自行攜帶可重複使用的購物袋。

以此為目標，黑利和其團隊在二〇〇四年提出一項提案，極力主張市政府對所有購物袋（紙袋和塑膠袋）收費。他們根據購物袋為舊金山市帶來的成本，將費用定在〇．一七美元。同樣倡議零廢棄物的市政委員羅斯．莫卡瑞米（Ross Mirkarimi），非常樂意為此提案擔任發起人。

這項費用提案備受爭議，反對者包括收入固定的退休人員、不想對顧客造成不便的超市，當然免不了還有塑膠業界，他們強烈譴責這是一種「將傷害最無能力負擔者的稅金」。[43]使用爆發性用詞**稅金**來描述這項只要自己帶購物袋就能避免的費用，是塑膠業界在後續各場小規模戰役中最一致也最有效的策略之一。

當莫卡瑞米還在號召支持力量的同時，超市和塑膠袋製造商聯合起來繞過舊金山市，採取迂迴戰略。[44]他們前往加州首府推動全州立法，阻止舊金山的收費計畫，如一位業界遊說人士

43 Tim Shestek，美國塑膠委員會遊說人士，引述於Suzanne Herel，〈紙袋還是塑膠袋：錢拿來〉（Paper or Plastic: Pay Up），《舊金山紀事報》（San Francisco Chronicle），二〇〇四年十一月二十日。

44 這發生在如果莫卡瑞米能暫緩提案收費一年，超市同意自動減少塑膠袋發送量的時期。當時的認知是，如果店家能成功大幅降低塑膠袋發送量，市府就會收回收費計畫。作者於二〇〇八年十二月採訪舊金山市政委員會委員黑利及羅斯．莫卡瑞米。亦參見Charles Goodyear，〈降低塑膠袋使用量的協商煞車〉（Deal to Reduce Plastic Bag Use Hits the Skids），《舊金山紀事報》，二〇〇七年一月十八日。

所說：「免得這項議題失控。」結果是得到一條要求所有大型超級市場提供回收塑膠袋方案，但其中一項重要條款先行限制了各郡市不得對塑膠袋收取費用。加州處理一次性塑膠袋問題的最佳方案就此被一槍擊斃。

令許多環保人士憤怒的是，莫瑞竟協助起草這項法案。他畢竟是個實用主義者，認為這個過渡性策略能使加州朝廢除塑膠袋的目標更近一步。他覺得在一兩年內，就能明顯看出以店家為基礎的回收計畫不管用，無法減少塑膠袋的消費量，這時他就可以對立法人員說：**你看，跟你們說過這不管用。現在，讓我們對塑膠袋收費，或者禁用塑膠袋吧！**

但是他沒預期到限制市府選擇所帶來的爆炸性後果。[45]地方政府不喜歡州政府對他們下達命令，尤其是像廢棄物處置這種在傳統上屬於地方事務的議題。莫瑞說：「告訴地方政府不能制訂塑膠袋收費條例，剛好大大地刺激他們採取某種行動。這為舊金山市政委員會點燃一把原本不存在的怒火。」莫卡瑞米說：「跳彈變成了我的子彈。」

有了新子彈，莫卡瑞米重寫了一份提案，直接禁用塑膠袋。原本遲疑不決的市政委員會一致通過，市長蓋文・紐森（Gavin Newsom）在二〇〇七年四月簽署頒布該法案。新法禁止大型超級市場和藥妝店免費發送背心袋，除非那是由可堆肥塑料製成的。（拜舊金山大規模的堆肥方案之賜，使之成為少數有能力處理這類塑膠的城市。）商家仍然可以發送紙袋，使舊金山市民一樣可以繼續享有使用一次性袋子的習慣。黑利並不太喜歡這個法案，但是自我合理化的認為紙

45　作者採訪莫瑞、黑利及莫卡瑞米。

袋可以回收或製成堆肥，如果掉到地上或舊金山灣中，也很快就能生物分解。「一場大雨就都不見了。」

舊金山的示範激勵了全美各地的城市，使他們也開始規畫自己的措施，而且目標幾乎都只在塑膠袋上，大多直接要求禁用塑膠袋。維吉尼亞州某個鄉村郡的立法人員，因為民眾抱怨飛走的塑膠袋卡在棉花田的棉花上，弄髒收成作物和軋棉機，而產生禁用塑膠袋的動力。費城的市議員擔心塑膠袋堵塞市內老舊的汙水道系統。阿拉斯加一座小鎮的居民，因為塑膠袋掛在凍原上的柳木灌叢而決定採取行動。北卡羅來納州的外灘（Outer Banks）等海岸社區，和聖地牙哥郊區的恩西尼塔市（Encinitas）則是因為海洋垃圾而禁用塑膠袋。[46]

驚人的是這些政治起義行動完全是地方性的。它們和對其他類型塑膠產品的攻擊不同之處，是完全沒有來自全國性「禁用塑膠袋」的動力驅策。反聚氯乙烯、鄰苯二甲酸鹽和雙酚A的行動，全都有基礎良好的環保團體加以引導，包括綠色和平組織、無害醫療保健、環境保護基金會（Environmental Defense Fund）及其他團體，運用媒體和網路刺激公眾壓力，以至於就算立法人員不採取行動，零售業者也會有所行動。確實，當聯邦立法人員仍在考慮該如何處理雙酚A時，大型連鎖商店已經停止銷售含有這種化學物質的奶瓶。這類協同作為的成果，解釋了《財星》雜誌（Fortune）所說，為何沃爾瑪會變成新食品藥物管理局的原因。[47] 但是反塑膠袋的主動行動完全來自於草根團體，由地區行動人士或官方自行採取行動，而且並不一定都是基於縝密思考過的理由。一位塑膠業界遊說人士嘲笑說，這是一種《六十分鐘》電

46 參見諸如Mark McDonald，〈拋棄塑膠袋？〉（Dump the Plastic Bag?）《費城日報》（Philadelphia Daily News），二〇〇七年九月十八日；Carolyn Shapiro，〈塑膠購物袋引起的躁動〉（The Flap Over Plastic Shopping Bags），《維吉尼亞嚮導報》（Virginia-Pilot），二〇〇八年三月十日；及Kyle Hopkins，〈凍原垃圾：巴塞爾禁用塑膠袋〉（Tundra Trash: Bethel Prohibits Plastic Bags），《安哥拉治日報》（Anchorage Daily News），二〇〇九年七月二十一日。

47 Marc Gunther，〈沃爾瑪：新食品藥物管理局〉（Wal-Mart: The New FDA），《財星》，二〇〇八年七月十六日。

48 作者於二〇〇八年十月採訪美國化學委員會事務及草根團體部副主席羅傑・伯恩史坦（Roger Bernstein）。

視節目現象：「你在報紙上看到什麼，然後又在電視上看到，這就給你要立某個法的想法。」[48]禁用令的普及性顯然是受到一位作家所謂「公正的單純性」（righteous simplicity）所強化。[49]禁令不同於收費，除了塑膠工業之外，它對大家沒什麼要求。

換來更多紙袋

對於一個在整個生存歷史中經常遭受攻擊的工業來說，塑膠製造商對於持續增長的反塑膠袋現象，反應慢得令人吃驚。位於加州的塑膠袋製造商早在二〇〇〇年代初就意識到事態日趨嚴重。他們知道海洋垃圾議題觸及的層面非常廣泛，這些問題遲早會使塑膠工業遭受猛烈的攻擊。許多製造商和環保人士一樣真心關心塑膠漩渦的問題，想要處理塑膠袋和其他塑膠產品在製造問題上扮演的角色。他們追蹤其他國家禁用塑膠袋、收取費用的做法，警覺地看著諸如南加州反塑膠疫病運動（Campaign Against the Plastic Plague）等團體的興起，該團體要廢除的不僅是塑膠購物袋，還有所有一次性塑膠包裝。加州塑膠袋製造商在業界報紙中警告：「別以為這是個不正經團體，可以不理睬他們的想法。」[50]

然而，石化工業在美國首府的代表美國化學委員會（簡稱ACC），似乎對大眾愈來愈關切的海洋垃圾問題不以為意。（不全然是不以為意。該團體一位發言人在二〇〇四年強行徵用plasticdebris.org的網址，這是加州海岸委員會〔California Coastal Commission〕原本希望能用來針對海洋垃圾推行活動的

49　Joe Eskenazi，〈包袱〉（Baggage），《舊金山週報》（San Francisco Weekly），二〇〇九年一月五日。
50　〈淨化塑膠疫病〉（Purge the Plastic Plague），《刀模線：加州膠膜押出機及轉換器協會》，二〇〇五年一月。

網址。）[51]美國化學委員會因為業界的意見顯示多數廠商認為那些觸怒加州的議題，在加州以外地區並不重要，因此感到安全無虞。[52]

我在舊金山頒布塑膠袋禁令後幾個月，拜訪了位在加州歐羅維爾（Oroville）的塑膠袋製造商勞伯．貝特曼（Robert Bateman）。他說：「塑膠業界在應對海洋垃圾問題上的反應真的很慢。」[53]他的公司製造比超市免費發送的袋子更厚重的塑膠袋，因此他個人並未受到廢除背心袋運動的衝擊。但是持續增長的反塑膠潮卻使他感到非常挫折，因為他認為聚乙烯是個比紙類更環保的材料。自從他在一九九〇年代初開始聽到塑膠垃圾沖刷上岸的報告後，多年來就一直預測會有一股強烈抵制潮。他和查爾斯．摩爾合作，發展出裝載塑膠粒時的環境標準，而且長期以來一直敦促大型貿易團體開始面對海洋垃圾的議題，這不僅是為了做生意，也是一種道德目標。「我的家族在石棉業界做生意，我們很辛苦地學到，不面對問題並不是最佳的應對之道。」

塑膠業界內部分化的特質，或許是他們無法體會貝特曼的擔憂的部分原因。塑膠工業並不是個一元化工業，而更像是一群行星，各有各的運行軌道。製造塑料的龐大跨國石化公司運作的領域，和大都只在國內交易的塑膠產品製造公司截然不同。從過去的軌跡來看，每種產品製造商都有自己的貿易協會、研討會、企業問題和政治議題。塑料製造商的代表是美國化學委員會，這是個非常有錢的貿易團體，年收入超過一億兩千萬美元[54]，有一百二十五名雇員，四個分會辦公室，關注的議題項目多到觸及了塑膠以外的領域。塑膠產品與設備製造商

51　Steve Toloken，〈加州APC在海洋垃圾議題上發生衝突〉（APC, Calif. Clash on Marine Debris Issue），《塑膠新聞》，二〇〇四年十二月六日。

52　到了二〇〇七年，塑膠業界一項意見調查仍然顯示半數的回應廠商認為，加州的塑膠袋戰爭和其他與塑膠包裝相關的爭議，與加州以外地區無關，或認為加州人反應過度。一位洛杉磯塑膠袋製造商格蘭在二〇〇七年三月對《刀模線》的編輯抱怨：許多業界廠商「認為我們的問題並不嚴重……使我懷疑真正的問題是他們不識字或是過度自滿，或者兩者皆是。」多數針對海洋垃圾發聲的加州塑膠袋製造業者並不製造背心袋；他們為農產品、餐廳或百貨公司製造塑膠袋。但是他們擔心任何反背心袋活動產生的強烈抵制作用，最後將衝擊到他們的產品。

53　作者於二〇〇七年九月採訪勞伯．貝特曼（Robert Bateman）。

54　根據該組織二〇〇六年報稅資料，當年的收入為一億兩千兩百八十萬美元，ACC的新執行長形容該組織的預算是他前任公司三千億美元運作預算的四倍。Mike Verespej，〈新ACC執行長討論即將面臨的挑戰〉，（New ACC Head

倚賴的是塑膠工業協會，這個組織規模較小，運作預算只有美國化學委員會的十分之一，雇員不及四十人。[55] 在過去，SPI是塑膠的主要辯護者，但是近年來該組織將焦點專注在貿易問題上，而讓美國化學委員會擔任遭高度矚目議題的塑膠發言人。直到最近，兩組織間的互不信任仍使他們無法共同合作。

同樣的，製造商之間也順著領域界線而分裂，譬如一家以射出成型法製作汽車零件的公司和以擠出成型法製作塑膠購物袋的公司，彼此間根本沒有共同體的感覺。因此塑膠工業其他領域的廠商，並不像塑膠袋製造商那樣備感威脅。協助將背心袋引進美國的美孚公司前高階管理人西諾說：「我們得不到塑膠工業各界組織的支持，因為他們的市場並未遭到攻擊。」[56] 背心袋雖然是能見度最高的產品，在塑膠業界占的市場比例卻極低，在美國三千七百四十億美元的塑膠市場中，只占約十二億美元。[57] 塑膠工業其他業者何苦為了如此微不足道的理由而集結？

直到舊金山開始發展塑膠袋費用提案時，主要的全國性背心袋製造商（全都以加州以外地區為根據地）終於坐直身子開始注意聽。西諾回想道：「我們說：『這對我們可不是好事。』」他和先鋒塑膠的共同創辦人賴瑞・強森（Larry Johnson）試圖向SPI求助，但遭到斷然回絕。了解到他們必須自立自強後，兩人召集了全國五家最大背心袋製造商，邀請他們聚集在美國航空公司位於達拉斯國際機場的旗艦俱樂部貴賓室開會。與會人士包括紐澤西州的因特普來斯特（Interplast）*、紐澳良的API、費城的塑努可（Sunoco）、休士頓的超級塑膠袋（Superbag）、

Discusses Challenges Ahead），《塑膠新聞》，二〇〇八年七月二十八日。

55 SPI的運作預算從十年前的三千萬降低到二〇〇七年的七百萬美元；該組織在二〇〇七年後，又進一步裁減雇員人數及預算。見Mike Verespej，〈SPI的重組憂心會員〉（SPI Shake-up Concerning Some Members），《塑膠新聞》，二〇〇七年八月十三日，及〈SPI裁員，在經濟衰退期進行整頓〉（SPI Cuts Staff, Reorganizes Amid Downturn），《塑膠新聞》，二〇〇九年七月十三日。

56 Mike Verespej引述西諾所言，〈塑膠袋業界為生存而戰〉（Plastic Bag in Fight for Its Life），《塑膠新聞》，二〇〇九年三月十六日。

57 全美最大背心袋製造商之一的超級塑膠袋企業（Superbag Corp.）總裁Isaac Bazbaz之估計值。作者於二〇〇八年八月採訪Bazbaz。

* 譯注：臺塑企業投資的公司之一，為全球最大塑膠加工廠。

達拉斯的先鋒等公司的執行長及一大票律師。[58] 每家公司都同意要出錢雇用遊說人士，並且發展出一套親塑膠袋運動。第一年的基金總計約五十萬美元，但後來不同公司又注入了更多資金。[59]

接下來兩年，強森和其他塑膠袋公司執行長在加州各地遊走，使盡全力平息日漸高漲的反塑膠潮。這成為強森的全職工作，直到他在二〇〇七年因為胰臟癌去世為止。[60] 這個組織以為在確保加州法律要求超市回收塑膠袋後，就為塑膠袋業界爭取到時間。可是這在舊金山以禁用塑膠袋來回應該法案後，產生與預期相反的結果，刺激了一連串類似政策的頒布。塑膠業界花了許多年才將紙袋從包裝市場擊退，如今贏來不易的統治權面臨了消失的危機。

而且，塑膠袋不是唯一遭受攻擊的塑膠產品。單就二〇〇八年，在地方、州及聯邦層級就有約四百件與塑膠相關的法案提案，包括禁用含有聚苯乙烯的速食包裝、有鄰苯二甲酸鹽的玩具及含有雙酚A的奶瓶，甚至還有一項提案建議將加工前的塑膠粒歸類為有害物質。[61] 塑膠從來不曾這樣遭受多方攻擊。SPI總裁威廉．卡特奧克斯（William Carteaux）在二〇〇九年於業界最大年會中，對數千名塑膠工業會員警告：「我們正處在臨界點上。法規和條例正在要脅從根本上改變我們的營運模式……當一切充滿情緒能量時，我們不能再用被動姿態來回應。我們必須採取攻擊姿態，快速回應。」[62] 整個塑膠工業界開始意識到認真的時候到了。

諷刺的是，由於只把焦點集中在禁用塑膠袋上，反塑膠袋運動人士因此在無意間，為塑膠工

58 關於這場會議的資訊是來自作者採訪西諾和Bazbaz。後來先鋒及塑努可的塑膠袋部門被以南卡羅來納州為根據地的Hilex Poly買下。

59 據說超級塑膠袋企業的Isaac Bazbaz在親塑膠袋運動中投入超過一百萬美元。Brett Clanton，〈塑膠袋製造商為塑膠辯護〉（Bag Makers Defend Plastic），《休士頓紀事報》（Houston Chronicle），二〇〇七年十二月一日。

60 根據西諾和其他同事，這也是個令人大開眼界的經驗。強森展開這項工作的最初，對於環保人士對塑膠汙染的抱怨帶著很大的敵意。一年之後，他開始認為塑膠工業整體，應該拿錢成立基金會，用來處理海洋塑膠垃圾的問題。他還沒有機會完成這個想法之前就去世了。

61 Keith O'Brien，〈讚頌塑膠〉（In Praise of Plastic）《波士頓環球報》（Boston Globe），二〇〇八年九月二十八日。

62 引述自Meg Kissinger及Susanne Rust，〈塑膠業界以公關回擊〉（Plastics Fights Back with PR），《密爾瓦基哨兵報》（Milwaukee Journal Sentinel），二〇〇九年八月二十二日。

業提供了一項最強勁的武器。因為禁用塑膠袋後，超市不可避免地會再度發送紙袋。**在禁用塑膠袋後，舊金山的紙袋消耗量一年高達八千四百萬個，比往常增加了四倍。**[63] 如某些環保人士早已知道的（其他人也很快學會的），**這並不是在幫大自然的忙**。

紙袋更不環保？

在對抗各都市禁用塑膠袋提案的過程中，代表加州塑膠袋業者的灣區律師史蒂芬・喬瑟夫（Stephen Joseph）嚷著：「紙袋實在糟透了，糟透了！」

喬瑟夫實在不太像是塑膠鬥士。他是個「憎恨共和黨」的自由派獨立人士，一位看不起亂丟垃圾舉止的環保人士，過去和塑膠工業也沒有任何瓜葛。他天生是個逆向操作者，專業是律師。但是喬瑟夫說他真正的使命是做個「社會運動家」，說話用詞反映出他在英國長大的教養背景。他解釋：「我喜歡為某種目標而戰。」他或許是個職業打手，可是他強調，他只為自己真誠認同的目標而戰。

現年五十多歲的喬瑟夫給人的印象深刻，頭髮花白、前額高聳、鼻子長，還有一股壓抑不住的好戰氣質。他從過去成功的社會運動中得到許多樂趣，其中最有名的是向使用反式脂肪的食品工業提出挑戰。[64] 他的繼父死於心臟病，當他發現繼父的死因可能是飲食時，他非常震

63 Eskenazi，〈包袱〉。

64 作者於二〇〇八年七月及二〇〇九年六月採訪喬瑟夫。亦參見Luscombe，〈塑膠袋聖徒〉。

驚，因此決定開火作戰。他最天才的一舉是在二〇〇三年提出控訴，阻止卡夫食品（Kraft Foods）販賣奧利奧餅乾（Oreo）給小朋友，因為這種餅乾充滿了會阻塞動脈的反式脂肪。這項控訴引發了許多帶有敵意的頭條新聞；美國脫口秀主持人傑・藍諾（Jay Leno）和大衛・萊特曼（Dave Letterman）嘲笑這條新聞，《華爾街日報》稱他為「餅乾怪獸」。即使如此，他還是贏得最後勝利。喬瑟夫提出告訴兩星期後，卡夫食品就宣布會移除所有問題脂肪。他後來又成功發起運動，使他居住的泰布朗市（Tiburon）的所有餐廳停用反式脂肪。日後全美各城市也跟進此舉。

喬瑟夫的成功吸引了某些加州塑膠袋業者的注意。能在對抗奧利奧餅乾運動中成功地贏得大眾同情心的人，是個知道如何為不受歡迎題材發起運動的人。[65] 但是他們試圖雇用他時，喬瑟夫拒絕了。後來喬瑟夫看到倫敦《泰晤士報》的報導，揭露一則在反對塑膠袋的控訴中最常引用的錯誤，即塑膠袋一年殺害十萬隻海洋動物。[66]《泰晤士報》發現這項數據是對一份加拿大研究的錯誤解讀，該研究指出阿拉斯加海豹的死亡與遺棄的魚網有關，而非塑膠袋。（參見本書p.179）喬瑟夫說：「我開始往下挖，心想如果那是個謊言，還有什麼是謊言？」他研究得愈深入，愈認為在塑膠對紙製品的案例中，塑膠受到了不公平的譴責。這下子，他以新皈依教徒的熱忱開始戰鬥。他以一貫正面敵對爭吵的風格，把這項運動稱為「拯救塑膠袋聯盟」（Save the Plastic Bag Coalition），但以反常的緘默，拒絕說出聯盟的成員為何。

喬瑟夫能夠引用各種研究報告的章節段落，指出塑膠造成的環境影響比紙品更低。研究產品

65 作者採訪彼得・格蘭。

66 Mostrous，〈一連串錯誤〉（Series of Blunders）。

從生到死對環境影響的各種生命週期分析，一致發現和紙袋比起來，製造塑膠袋消耗的能量和水量顯著少許多，運輸的能量也較少，而且製造過程釋放的溫室效應氣體只有紙袋的一半。[67]作者湯姆．羅賓斯（Tom Robbins）說紙袋是「人類文明製造的物品中，唯一在自然中不顯得突兀的產品。」[68]但是這只在你忽視製造紙袋的過程中，為了生產如天然馬鈴薯皮質感的牛皮紙袋，而砍樹、以化學物質造紙漿、強力漂白和大量用水時，他的說法才屬實。事實上，紙袋並不比皺皺的聚乙烯塑膠袋更「自然」多少（不過紙袋通常含有較多回收材料）。假使你最關心的環境議題是節約能量和氣候變遷，那麼塑膠袋毫無疑問是個較綠化的選擇。

不過，生命週期分析未能提供故事的全面詳情。這類分析最適合用來評估與能量相關的影響，但不善處理不易量化的議題，包括廢棄物、海洋垃圾、材料毒性及對野生動物的影響。

或許更準確的說法是，數據上的比較無法闡述我們對這兩種材料的**感受**，即我們對紙袋荒謬的自在感，和對塑膠超自然持久力的不安。塑膠袋出現在不該出現的地方，一個到錯地方的物件，故而令人惱火。當我在二〇〇八年陪同喬瑟夫出席在曼哈頓沙灘（Manhattan Beach）舉辦的一場禁用塑膠袋提案公聽會時，這一點變得再明顯不過。曼哈頓沙灘是洛杉磯市郊一處坐落在丘陵上，俯視壯觀海景的高級社區。小鎮支持民主黨和共和黨的人口相當平均，不過每個人都非常珍愛沙灘，在這裡每戶人家的衝浪人口多過加州的任何地方。

喬瑟夫和我提早到達。雖然我們兩個都穿著正式而且拖著行李，一身打扮並不適合沙灘，喬

67 在歐洲、澳洲、南非及美國，至少有六項關於塑膠袋的生命週期分析報告。關於這些分析的綜合報告及相關可信報告的連結，見Lilienfeld，〈塑膠袋生命週期評估修訂後分析〉，二〇〇八年三月。

68 湯姆．羅賓斯，引述於Diana Twede及Susan E. M. Silke，《紙盒、條板箱和瓦楞紙：紙類與木材包裝技術手冊》（Cartons, Crates and Corrugated Board: Handbook of Paper and Wood Packing Technology）（Lancaster, PA:DEStech Publication: 2005）。

瑟夫還是建議我們到沙灘上看一看。我們邊走，他邊問：「你有看到塑膠袋嗎？」他說得沒錯，我們看到的垃圾大多是菸蒂、汽水罐和紙垃圾。「非常美麗，對吧……塑膠袋在哪兒呢？」喬瑟夫凝視著整齊耙過的白色沙灘，他要不是故意忽視就是不知道，該郡清潔車每天都會把沙灘垃圾耙乾淨。

喬瑟夫和其他護衛塑膠袋的人士一樣，主張**塑膠袋垃圾不是個產品問題，而是行為問題：亂丟垃圾的不是塑膠袋，是人**。他堅持認為因為產品遭到濫用而攻擊產品並不合理。他指著兩個揉成一團丟在人行道旁的披薩盒說：「這下我們也該禁吃披薩嗎？」

可是在當晚擁擠的會議中，喬瑟夫的論點完全施不上力。沒有人在乎塑膠袋對海洋生物的危害比不上廢棄魚網，或者塑膠袋釋出的溫室效應氣體比紙袋少，或者市府員工並未仔細分析改用紙袋會帶來的環境影響。如一位行動人士言：「這關係的不是全球暖化問題，而是聖塔莫尼卡灣（Santa Monica Bay）。」支持這項政策的人有兩項優先考慮事項：保護當地珍貴的海岸線，以及使該市停止使用任何拋棄式購物袋。議會成員說他們從塑膠袋開始執行，但是希望最後也能停用紙袋。「這不是要從塑膠袋改用紙袋。而是要從塑膠袋和紙袋改用重複使用的袋子。」其中一人說：「改變人類的行為需要時間。」

會議中每個成員都贊成禁用塑膠袋。最後一票登錄的那一刻，喬瑟夫轉身對我說：「法律訴訟！」

這項決定會使紙袋成為市內商店必然選擇的事實，使喬瑟夫的訴訟有了堅實的基礎，而且在法庭上具有勝算。他的爭論是：禁用令違反了加州法律對各城市應就可能對環境造成不利影響的提案，提出研究報告的要求。審判法庭及上訴法庭都同意他的說法。一條親環境保護的法規，竟被用來打敗以保護環境為目標的法條，套用一位時事評論家所說，這等於是法界的「因果報應」。[69]

這類訴訟案或提出訴訟的威脅，使整個加州地區的地方性禁用塑膠袋行動緩了下來，迫使至少十二個城市（包括奧克蘭、洛杉磯、聖荷西）撤回禁用提案，甚至撤銷已頒布的法案。[70] 提出一份完整環境影響評估報告需要花費五萬到二十五萬美元，這對於現金窘促的加州各郡市來說，是很高的門檻。但是最後多個城市決定一起出錢，準備一份他們能夠共用的報告。報告在二〇一〇年初完成時，成果證實了喬瑟夫從頭到尾所堅稱的：紙袋對環境造成的衝擊比塑膠袋嚴重。[71]

這項報告成果使某些倡議禁用令的人士感到詫異，這包括委託執行這項報告的加州綠色城市聯盟（Green Cities California）負責人卡蘿．蜜索丁（Carol Misseldine）。[72] 這並未減輕她對塑膠的嫌惡，但是清楚顯示出政治辯論偏離了問題中心。她說，問題並不真的在於用塑膠或紙袋，而是以設計來只使用一次的袋子將日用品及其他商品帶回家的習慣。「一次性物品在生產、加工過程和廢棄上對環境具有強大的衝擊。我們必須回到仰賴耐久性產品的精神上。」

69 「karma's a bitch」，Gene Maddaus，〈塑膠袋繼續存活在曼哈頓沙灘上〉（The Plastic Bag Lives on in Manhattan Beach），《洛杉磯週報》（LA Weekly），二〇一〇年一月二十七日。

70 例如，只有七千人和兩家超市的菲爾法克斯市（Fairfax），在二〇〇七年通過禁用令後遭到訴訟。市府選擇撤銷該提案，也不願上法院或做一份全面性的環境影響報告。但是該市找到另一種方法來禁用塑膠袋，即由公民投票決定禁用提案，這並不需要做同樣的環境影響評估。該市市民於二〇〇八年投票通過提案。

71 加州綠色城市（Green Cities California）環境影響報告，二〇一〇年。

72 作者於二〇一〇年五月採訪卡蘿．蜜索丁。

回收是罪惡感的橡皮擦

美國化學委員會的羅傑・伯恩史坦（Roger Bernstein）打從一開始就了解這一點。他看出塑膠對紙袋的戰爭只是個餘興節目；塑膠工業真正面臨的威脅是反對一次性物品的戰爭，是要以重複使用物品取代拋棄式用品的運動。他不屑地說：禁用令和收費制的動力是來自「零廢棄物的純道德展現，最後的結局是毫無選擇的使用重複使用性購物袋。每樣東西都得能重複使用！」伯恩史坦是美國化學委員會國家及法律事務部副主席，而該委員會已逐漸成為塑膠袋的主要遊說團體。我在該組織遷移到國會大廈附近一棟LEED*授證的先進綠建築之前不久，與伯恩史坦及其他委員會代表在維吉尼亞州阿靈頓市的總部會面。[73]

六十多歲的伯恩史坦五官細緻深刻，一頭濃密灰髮，一副眼鏡放大了棕色的眼睛。他擔任塑膠工業的幕後戰士已有三十多年。做過記者的他先加入了塑膠工業協會，然後換到美國塑膠委員會，最後在美國化學委員會於二〇〇〇年整併塑膠委員會時加入該會。美國化學委員會一直與塑膠袋戰爭保持距離，但是在二〇〇八年初，當塑膠袋製造商在反塑膠袋政策風暴中不知所措時，開始加入這場戰爭。美國化學委員會顯然是要防止社會對塑膠袋的怒潮產生滾雪球效應，擴張成反塑膠行動。[74]

伯恩史坦把塑膠政治分類為「恐懼議題」和「罪惡感議題」。他說，恐懼議題與「環境上的自我保護」有關，或與雙酚A對健康潛在風險的辯論這類安全性問題有關。「你必須拿出所

* 譯注：LEED（Leadership in Energy and Environmental Design），即能源與環境設計先導，一種用來為永續建築評分的分級系統。

73 作者於二〇〇八年十月採訪伯恩史坦，美國化學委員會包裝塑膠部門資深主席Keith Christman，及永續發展及公眾宣傳部資深主席Jennifer Killinger。

74 作者採訪Bazbaz。在美國化學委員會的保護下，原本以進步塑膠袋聯盟（Progressive Bags Alliance）為名的塑膠袋製造商團體有了新的名稱：進步塑膠袋分支機構（Progressive Bags Affiliates）。奇怪的是，塑膠工業協會與塑膠袋戰爭保持了距離。

有〔化學物質〕對安全有影響的資料來應付這類議題。」資料最好來自第三者，這會比由塑膠工業自己提出的資料更具可信度。為了做到這一點，塑膠工業贊助了可疑化學物質的研究，然而其研究結果顯示這些可疑化學物質屬於安全的機率，比獨立研究單位得到同樣結論的機率高出許多。伯恩史坦將之稱為提供資訊；批評人士稱之為挑起質疑。

塑膠袋並不會誘發恐懼，但是如伯恩史坦所意識到的，它們確實會使人對消費和用過即丟的產品所產生的浪費感到罪惡。要解決這個問題，就得讓人們覺得使用一次性物品沒關係，也就是利用公關宣傳，提醒人們塑膠及由塑膠工業贊助之各項法案的好處，和各種提倡回收的計畫，他稱這些計畫為「罪惡感橡皮擦」。回收計畫向人們保證塑膠並非只是個可憎的從屬物件，它也有個有用的來生。他解釋：「他們一開始回收你的產品，就會對塑膠有好感。」也就不會想要禁用塑膠。

伯恩史坦在一九八〇年代末，民眾剛開始強烈抗議塑膠包裝的時期，學到安撫罪惡感的手段。當時人們對掩埋場空間逐漸縮減的恐慌感，引發一波禁用保麗龍外帶盒及其他看得見的塑膠垃圾的請求。

為了回應這波禁用潮，包括杜邦、陶氏、埃克森及美孚等七大主要塑料製造商發起一項伯恩史坦簡稱為「突擊火力」（strike force）的特別行動，強力催生在當時幾乎不存在的塑膠回收作業。該團體投入約四千萬美元發展塑膠回收科技，為想要開始進行資源回收的社區提供技術上的協助與設備。這對資源回收是一大幸事，可惜各公司的誠意有限，一待政治狂潮消退，支援也隨之消散無蹤。

然而他們有更大筆、為期更長的兩億五千萬美元投資，用在長達數十年的報章雜誌和電視廣告上，特別將重點放在自行車安全帽和能防止物件損毀的包裝材料上，強調塑膠能提升人體健康與人身安全。民調顯示「塑膠使這一切變得可能」的宣傳活動，成功地提升了塑膠的支持率。[75]人們還是認為塑膠有嚴重的廢棄問題，但是已經不再吵著要禁用塑膠了。

這個成果還有一部分是基於塑膠工業在提供親塑膠誘因的同時，也使出強硬的手段。塑膠工業積極的遊說工作，成功地擊退或摧毀了數百件限制性法案。[76]伯恩史坦驕傲地說：「基本上，那段時間完全沒有禁用的法令。」透過資源回收計畫、公關宣傳和強硬的遊說動作，「沒有任何一項產品被迫退出市場。」

現在，美國化學委員會又啟用了同樣的劇本，再度展開大量公關宣傳，透過創造臉書專頁Mylecule（至二〇一〇年八月該專頁每月只有七位使用者）、YouTube頻道、Twitter用戶名和部落格等，企圖接觸新千禧年世代，並且贊助了藝術展覽和傳達了「塑膠是新黑色」訊息的服裝秀等。[77]

75 Ronald Yocum及Susan Moore，〈二〇〇〇年的挑戰：使塑膠成為優先材料〉（Challenge 2000: Making Plastic a Preferred Material），於Rosato等之《簡明百科》（Concise Encyclopedia），p. 15。這項宣傳活動是由美國塑膠委員會贊助，由塑膠工業出資的民意調查顯示塑膠的支持率從百分之五十二提升至百分之六十五上下。亦參見Steve Toloken，〈塑膠戰爭〉（The Plastics Wars），《塑膠新聞》，一九九年三月八日。

76 塑膠工業強硬的手段成功防止紐約沙福克郡（Suffolk）執行全美第一道對塑膠包裝的禁令，包括塑膠袋在內。該條例在一九八八年通過後，製造商向法院提出控告，使法條滯留在法院四年。該郡雖然贏得訴訟，但是這段期間資源回收計畫已經在當地展開，民眾對禁令失去興趣，該郡於是決定撤銷禁令。John McQuiston，〈沙福克郡撤回對食品塑膠包裝的禁令〉（Suffolk Legislators Drop a Ban on Plastic Packaging for Foods），《紐約時報》，一九九四年三月九日。

77 關於服裝秀和其他活動的資訊可見於http://www.plasticsmakeitpossible.com。塑膠工業協會同時宣布展開一項一千萬美元的網際網路廣告活動「想像塑膠的可能性」（Imagine the Possibilities with Plastic），用來宣廣塑膠的好處，一方面也反制網路上大量業界認為有錯的塑膠資訊。Mike Verespej，〈採取攻擊姿態〉（Playing Offense），《塑

伯恩史坦則負責指揮政治上的戰鬥，小心翼翼地選擇戰場，將焦點放在受高度矚目的城市和各州，把錢花在刀口上。例如，美國化學委員會在二〇〇七到二〇〇八年的立法會期，也就是塑膠袋爭議最激烈的時期，在加州花了五百七十萬美元；在二〇一〇年立法人員考慮提出全州性禁用法令的幾個月間，花了近百萬美元。[78] 透過強調紙袋對環境造成的影響，美國化學委員會成功地在紐約、費城、芝加哥、安納波里斯、羅得島全州及其他地區，將禁用塑膠袋的行動計畫轉化成商店自願或強制性的安置資源回收計畫。

但是近期的戰鬥迫使美國化學委員會要直接面對重複使用性的議題，這正是個塑膠工業能操弄人們對一次性物品複雜感受的議題。

以西雅圖為例，美國化學委員會展開一項強勢的宣傳活動對抗市議會在二〇〇八年通過的一項法案，要求超市對塑膠袋和紙袋收取〇．二美元，這和舊金山最初採取的方案一樣。這法案若能維持原封不動，將會是當時倡議重複使用行動最大的勝利。你會以為像西雅圖這般生態烏托邦的城市（該市的公共事業部得用山羊而不是除草劑來清除野草），不太可能是塑膠選擇一決勝負之地。然而伯恩史坦和他的同事在看到市府做的一項民意調查後，察覺到他們有勝算的可能。[79] 這項民意調查顯示多數西雅圖人願意接受禁用塑膠袋的法令，可是不願在超市付費使用塑膠袋。也就是說他們寧願不用塑膠袋，也不願意放棄裝雜貨用的免費一次性袋子所帶來的便利。這種矛盾心態（當然不只存在於西雅圖人心中），為美國化學委員會提供了一個機會。

膠新聞》，二〇〇九年六月二十九日。

78 送交加州州務部長辦公室之公開遊說報告。在二〇〇七至二〇〇八年的會期還要討論加州的「綠色化學倡議行動」（Green Chemistry Initiative），這項法案對美國化學委員會影響更大。到二〇一〇年第三季，該委員會宣稱已經在二〇〇九至二〇一〇年會期上花了近一百二十萬美元，但並不是全都花在塑膠袋的議題上。在同一會期，美國化學委員會也在對抗禁用雙酚A的提案。在聯邦層級，美國化學委員會於二〇〇八年花了四百九十萬美元進行遊說，在二〇〇九年花了八百多萬美元。資料來自www.opensecrets.org。

79 作者於二〇〇九年十二月採訪美國化學委員會Keith Christman；於二〇〇九年十二月採訪西雅圖市公共事業部廢棄物防制企業部門經理，也是費用政策籌畫人之一的Dick Lilly。有趣的是，市議會在通過購物袋課稅法案的同時，也頒布了禁止使用發泡聚苯乙烯做為外帶食品包裝的條例。美國化學委員會選擇不挑戰聚苯乙烯禁用令，因為發言人Keith Christman說：「聚苯乙烯沒有同類的資料可用。」不同於塑膠袋議題的是，民眾很能接受這項禁令，因此沒有任何隱藏的矛盾心態可以利用。

為便利付費

美國化學委員會花費超過十八萬美元，成功收集到公民投票所需的簽名以廢除這項禁令，接著又在投票活動上花一百四十萬美元，這是西雅圖十五年來用在任何選舉費用上最高的花費。[80] 委員會雇用了曾經製作有名的「哈利與露易絲」廣告，用以擊退柯林頓時代醫療照護改革行動的公關公司，設計了一套廣告，將這項（市民只要不買購物袋就能不付錢）費用描述為一種強制性遞減稅，廣播廣告這樣描述：

男士：你聽說超市購物袋不論紙袋或塑膠袋都要課稅了吧？

女士：在這種經濟環境下又要加一條稅？……可是大部分的人都已經在回收或重複使用袋子了。

這個宣傳活動聲稱這項費用會使消費者一年多花三百美元，這是假設每位消費者一年會購買一千五百個購物袋，一星期二十八個袋子。姑且不論一個人是否真的會買這麼多袋子，在經濟大蕭條的環境下，這是個很有力且難以反駁的論調。反觀支持這項禁令的一方，並未提出一句簡單的口號，來清楚表達要使隱藏的環境成本浮出檯面的理由。而且提議收費的團體（諸如山岳協會和普吉灣人）募到的捐款，只有美國化學委員會作戰費用的零頭，使他們的運作費用差異達十四比一。[81] 投票結束後，沒有人對選民拒絕付費的結果感到訝異。

80 Mike Verespej，〈西雅圖選民拒絕二十分錢費用〉（Seattle Voters Reject 20-Cent Fee），《西雅圖時報》（Seattle News），二〇〇九年八月十九日；Marc Ramirez，〈紙袋、塑膠袋或者自己帶？〉（Paper or Plastic? Or Neither?）二〇〇九年七月二十一日。在正式聯盟中，還有其他夥伴參與了「阻止西雅圖購物袋稅聯盟」（The Coalition to Stop the Seattle Bag Tax），包括7-Eleven及代表華盛頓州獨立超市的貿易團體。但是主要的資金來源是美國化學委員會。

81 根據西雅圖倫理與選務委員會（Ethics and Election Commission）的資料，環保袋聯盟花了大約九萬八千美元護衛這項費用。

隔年，當加州的立法人士提出限制所有一次性購物袋的提案時，美國化學委員會又啟動類似策略。該提案的設計是要透過禁用塑膠袋，並且要求超市對紙袋至少收取〇．〇五美元費用等做法，引導加州人改用可重複使用的袋子。由於加州對全美國政治具有強大影響力，美國化學委員會及其成員公司，包括埃克森美孚和西萊克斯寶利（Hilex Poly）塑膠垃圾袋公司，使出全力來擊退這項提案，總共花了二百萬美元，用在對關鍵立法人士撤出捐款，並且以報紙和廣播廣告全面攻擊沙加緬度（立法人士居住地），指責這項費用是一種遞減稅，使加州人一年要付出超過十億美元。（美國化學委員會甚至攻擊重複使用的袋子，說那是食源性細菌的溫床。）[82] 美國化學委員會在一個呼籲選民「別當購物袋警察」（Stop the Bag Police）的網站上主張：「與其浪費時間告訴我們該怎麼打包雜貨食材，立法人士應該要去處理真正的問題，包括龐大的預算赤字、房屋止贖法拍和數百萬人失業等問題。」他們這些議論或許並不切題，但是就連支持禁用令的人士，都不禁佩服他們玩弄加州政治氣候的狡猾做法。莫瑞說，他們使對購物袋的關切看起來無關緊要，彷彿那是「管家婆政府才會管的議題」。在加州面臨一百九十億美元赤字，暴怒的州立法人士核定預算日晚了幾個月的時機中，沒有一位立法人士想要被視為只會禁用購物袋，卻無法處理加州財務問題的人。到最後，加州參議院以二十一對十四票否決這項法案。

儘管如此，支持這項法案的聯盟成員，包括環保團體、資源回收團體、公會、加州超商和零售店，乃至州長史瓦辛格本人，為數眾多到史無前例，這顯示購物袋在加州存活的日子有限了。莫瑞和其他策略人士乾脆轉移焦點，將這項議題「帶回地方上」。在接下來幾個月，包

82 這項研究是由相當有聲譽的科學家，包括亞利桑納大學的Chuck Gerba及David Williams，及洛馬琳達大學（Loma Linda University）的Ryan Sinclair所執行，研究發現所有受測試的購物袋中都有「大量細菌」，包括有百分之十二為危險的大腸桿菌。應對之道很簡單：定期清洗購物袋。

括聖荷西、洛杉磯和聖塔莫尼卡等許多城市開始行動，準備限用背心袋的計畫。這些計畫和早期反購物袋政策不同，它們的目標也包括限用紙袋。[83]

加州一直是美國的前導州，一個經常開創潮流讓全美其他地區隨後跟進的州。我們很難得知在塑膠袋的案例中，這是否也將有同樣效果，在加州政壇引起強烈回應的海洋垃圾和廢棄物問題，是否也將對全美其他地區產生相同效果。美國化學委員會或許成功地粉碎了多數禁用塑膠袋的法案[84]，但是它強烈的遊說動作依然未能阻止華盛頓特區市議會通過對塑膠袋徵收〇．〇五美元的政策，這項收入將做為清理特區中充滿垃圾的阿納卡斯蒂亞河（Anacostia River）。[85]這項二〇〇九年的議案是以「省去購物袋，拯救這條河」（Skip the Bag, Save the River）的口號來宣傳。市民最初抱怨不停，但是根據市府官員所言，消費者和商家在將近一年後，開始接受這項政策，並且明顯少用許多塑膠袋。特區的經驗說明如果能夠呈現出真實的代價，人們就會願意為便利付費。

除了政治角力之外，美國化學委員會也持續推動通過時間考驗的罪惡感橡皮擦——資源回收。它領頭發動多項行動鼓勵回收塑膠袋，包括購買數百個資源回收桶放置到加州海灘上，和支援商店資源回收計畫等。在二〇〇九年地球日當天，美國化學委員會宣布更重大的承諾：要開始製造與紙袋資源回收含量比例一樣，含有回收塑膠的塑膠袋。[86]過去少有人以這種袋子變袋子的回收方式製造塑膠袋，因為製造新塑膠袋的成本實在便宜。小量回收的塑膠袋通常都用來製造陽臺和圍籬的塑膠建材。但是美國化

83 根據綠色城市聯盟所言。關於地方性購物袋條例，參見該聯盟網站https://greencitiesca.squarespace.com/zero-waste-1/los-angeles-single-use-bag-ordinance。這些條例把紙袋也含納在內，加上這些市政府現在有了環境影響報告做為武器，意味史蒂芬．喬瑟夫將更難在法律訴訟上獲得勝利。在這期間，舊金山正考慮要將此議案擴張到包括所有塑膠袋類型，只有包裝農產品和報紙的塑膠袋例外。同時間，許多加州塑膠袋製造商開始製造新型塑膠購物袋，也就是較厚因此也較不容易亂丟，且含有回收塑膠的袋子。

84 未能通過禁用提案的地區包括華盛頓州的愛德蒙斯（Edmonds），加州的菲爾法克斯、馬里布（Malibu）、帕羅奧托（Palo Alto）、麥莫瑞堡（Ft. McMurray）、德州布朗斯維爾（Brownsville）、夏威夷毛伊郡、愛荷華州馬歇爾郡（Marshall County），康乃迪克州的西港（Westport）。洛杉磯通過了禁用令，但是遭到喬瑟夫控訴，立法人員同意暫緩施行該法案。

85 Nikita Stewart，〈向消費者收取購物袋費用法案引發爭議〉（Bill to Charge Consumers for Bags Prompts Debate）《華盛頓郵報》，二〇〇九年四月二日；Tim Craig，〈特區塑膠袋稅在一月徵收了十五萬美元做為河川清潔費〉（D.C. Bag Tax Collects $150,000 in January for River Cleanup），《華盛頓郵報》，二〇一〇年三月三十日；Sara Murray及Sudeep Reddy，〈華盛頓首府開徵塑膠袋稅〉（Capital Takes Bag Tax in Stride），《華爾街日報》，二

學委員會承諾，塑膠袋製造商將透過這個新計畫，花數百萬美元更新配備；到二〇一五年，背心袋中百分之四十的原料都將來自回收塑膠袋。委員會估計這項計畫回收的塑膠將上升到二億一千三百萬公斤。

馬克・莫瑞的反應是：「有點太少了，有點太遲了。」[87] 因為就算這項計畫能成功，也只能回收三百六十億個塑膠袋，是美國人目前一年消耗的塑膠袋總量的三分之一而已。莫瑞和其他反對人士一直主張背心袋根本不具備回收的實用性和經濟條件。它們幾乎沒有重量，很難收集到足夠的臨界質量，使塑膠袋的回收具有經濟價值。利用住家回收計畫收集塑膠袋很困難，因為它們很容易飛走，由美國化學委員會推動的商店回收計畫，只將塑膠袋回收率的百分比增加了個位數字。[88]

當然，能回收塑膠袋總比丟掉好。可是回收塑膠袋是否實際的問題，已經偏離正題了。美國化學委員會需要利用資源回收計畫，來舒緩民眾使用塑膠袋時產生的罪惡感。如果能說服我們塑膠袋的生命不止於一趟購物行程，我們或許就不會去思考塑膠袋在實際上與象徵意義上，所浪費的資源了。因此在需要護衛塑膠袋（或任何一次性塑膠產品）時，美國化學委員會的發言人現在會一再重申的新訊息是：「塑膠是很珍貴的資源，珍貴到不該浪費。」

倡導零廢棄物的人士在解釋為何要攻擊塑膠袋時，用的正是這類說詞，這並非巧合。

〇一〇年九月二十日。美國化學委員會也無法阻止德州布朗斯維爾市在二〇一〇年要求超市對購物袋收取有史以來最高費用：一美元。

86 作者於二〇〇九年十二月採訪美國化學委員會塑膠部門總經理Steve Russell。亦見Bruce Horovitz，〈到二〇一五年塑膠袋製造商要以百分之四十回收材料為原料〉（Makers of Plastic Bags to Use 40 Percent Recycled Content by 2015），《今日美國》（USA Today），二〇〇九年四月二十一日。

87 莫瑞被引述於〈塑膠袋製造商將回收目標訂在二〇一五年〉（Bag Makers Set Recycling Goal for 2015），《塑膠新聞》，二〇〇九年四月二十七日。

88 關於這項數字的爭議相當多。美國化學委員會聲稱過去幾年來，塑膠袋回收量大量躍升，各種現有回收計畫目前可收回總塑膠袋產量的百分之十三。但是《塑膠新聞》可信的分析質疑這項數據，顯示美國化學委員會在推動回收的第一年，即二〇〇五年，塑膠袋回收量確實躍升到百分之二十五，但在那之後，回收率幾乎不曾上升。根據《塑膠新聞》，塑膠袋真正的回收率只有約百分之八。見〈新資料顯示塑膠袋、膠膜的回收率停滯〉（New Data Shows Bag, Film Recycling Stall），《塑膠新聞》，二〇一〇年三月二十二日；Mike Verespej，〈膠膜、塑膠袋收集量上升〉（Film, Bag Collections on the Rise），《塑膠新聞》，二〇〇九年三月九日。

對舊金山的勞伯・黑利而言，塑膠袋是浪費的終極範例，把珍貴的非再生資源轉用到微不足道的一日性產品上。黑利說：「塑膠應該是非常珍貴的材料，應該用在耐久的產品上，並且在使用壽命結束後加以回收。開採花了幾百萬年才生成的石油或天然氣，用來製造只使用幾分鐘或幾秒鐘的拋棄式產品，然後把它丟棄，我想這不是運用這種資源最好的方式。」

一旦思考過人們幾千年來，沒有塑膠袋或紙袋也能搬運物品的事實，塑膠袋爭議的荒誕性就顯得清楚了起來。（也很感恩用公牛陰囊當袋子的年代已經過去。）幸運的是，我們不用往回追尋太遠，就能找到未來的袋子。可重複使用的購物袋可以是任何材質，棉、麻、聚酯纖維、尼龍、聚丙烯網、回收寶特瓶，乃至耐用的厚聚乙烯。不論是什麼材質，只要能經常重複使用，都勝過今日的免費贈品。[89]

並非每項一次性物品都能輕易被取代。但是塑膠袋能輕易轉換成永續性替代品的事實，是莫瑞這類環境運動人士之所以要費力投入袋子戰爭的理由之一。莫瑞說，在結帳櫃臺的這項選擇，是促使人們對其行為會造成的環境後果加以思考很重要的第一步。他說：「你若能讓民眾採取行動，帶自己的袋子去購物，這就成為他們在生活中所做出的環境宣言。這是個培養環保心態的方法，我認為這會擴散到民眾可能會願意做的其他事情上。」

89　關於各種重複使用袋子的環境衝擊，又是另一場會使人陷入困境的爭議。如塑膠工業所指出的，常被用來替代背心袋的聚丙烯網袋大都由中國製造，它們被發現含有重金屬，而且不容易回收。就現今世界上的各種選擇，我們會發現最佳選擇也涉及了折衷取捨。

資源回收是社會規範

一如任何曾經試著戒菸、節食或定期運動的人可以證實的，要改變我們的行為模式，去做我們在理論上知道對自己有好處的事，並非易事。那麼，我們要如何鼓勵人們改變行事方法，培養讓環境更健康的習慣？亞利桑納州立大學心理學家勞伯・席迪尼（Robert Cialdini）對於如何以最有效的方式刺激人們採取更具環保責任的行為，有多年的研究。出人意料的是，最好的方式不是要人們內省，而是要他們**朝外**看看同儕。[90] 席迪尼說：「你只是告訴他們社會的規範為何。」民眾不是不知道亂丟垃圾是不對的，或者離開房間時要關燈。但是人會忘記、變得粗心，所以需要提醒，席迪尼說。他在一項研究中發現，鼓勵飯店客人重複使用浴巾最好的方法，是在房間裡留一張卡片，告訴他們別的客人怎麼做。比起告訴客人重複使用浴巾能幫助環境或節省能源，或為飯店省錢因而降低房價的卡片，前一種說法更具影響力。另一個案例是席迪尼協助製作了一個公益廣告，用來鼓勵亞利桑納州居民做資源回收。基本上廣告內容說的是，亞利桑納州居民稱許做回收的人，不稱許不做回收的人。它公開宣布資源回收是社會規範。多數公益廣告只能促使百分之一到二的聽眾採取行動，席迪尼說：「這些公益廣告使回收噸量增加了百分之一百二十五。這是前所未聞的。」

過去三年來觀看袋子戰爭的過程中，令人感到挫折的是看見政黨只取容易的答案，採用無法有效使民眾改變思考方式的政策。收取費用及公共教育能協助培養重複使用物品的社會共通價值觀。反之，禁用會強調並且強化民眾自身對塑膠的厭惡感，但未能鼓勵人們質疑自己對

90　作者於二〇〇九年十二月採訪席迪尼。亦參見勞伯・席迪尼Crafting Normative Messages to Protect the Environment，《當代心理科學趨勢》（Current Directions in Psychological Science），12期，二〇〇三年八月，pp. 105-9；Noah Goldstein等，〈進步空間：透過社會心理學施行飯店環境保育計畫〉（Room for Improvement: A Social Psychological Approach to Hotel Environmental Conservation Programs），《康乃爾飯店及餐廳管理季刊》（Cornell Hotel and Restaurant Administration Quarterly）48期，二〇〇七年，pp. 145-50。

任何一次性袋子的倚賴。至少在我的居住地舊金山所體驗到的經驗似乎是如此。

一位獨立諮詢顧問在二〇〇八年拜訪了舊金山五十四家主要超級市場，發現他們全都在發送紙袋，而且很多時候不論是否有需要，都用雙層紙袋。[91] 紙袋可能的確較容易回收或分解，但是舊金山仍然用掉數千萬個只為了從超市將物品帶回家的一次性袋子。[92] 舊金山市雖然禁用了塑膠袋，市內依然到處是塑膠袋[93]，因為禁用令只限用於大型超市和藥妝店。小型零售鋪、農產品市場、外帶餐廳、服裝店、五金店和其他一堆零售商店還是免費給出背心袋。每天早上不論晴雨，我的報紙還是出現在管狀塑膠套袋中，而且經常是兩層袋子。這三年來我拿回家的塑膠袋相對來說已經很少了，但是貯藏室裡那兩個塑膠袋整理盒總還是爆滿的。

雖然禁用令有很多缺點，至少已使民眾持續討論我們的一次性使用習性。此外，有些令人抱持希望的徵兆顯示用過即丟的心態正在改變。許多製造重複性使用袋的廠商宣稱銷售量大幅增加：鳳凰城一家製造聚丙烯網袋的公司，二〇〇八年的銷售量躍升了百分之一千；加州奇哥袋公司（ChicoBag）售價五元的聚酯纖維袋在那年銷售量攀升三倍。[94] 同時間，有些塑膠袋製造商看見新的市場契機，開始更新設備，生產真的可以重複使用的較厚聚乙烯塑膠袋。

我最近花了一天在舊金山三家不同超市做了一項自認不科學的研究調查。大部分顧客的推車中堆的是紙袋，但有一小部分人，大約十人中有兩人買的東西是用重複使用的袋子裝，有破舊不堪的帆布袋、沉重的塑膠手提包，或是現在各大商店都有賣的一元網狀聚丙烯袋。在這

91 Robert Lilienfeld，〈至舊金山評估塑膠袋禁用令田野報告〉（Report on Field Trip to San Francisco to Assess Plastic Bag Ban），二〇〇八年九月。作者亦於二〇〇八年十一月採訪Lilienfeld。

92 根據作家Joe Eskenazi的估計，舊金山在二〇〇九年用掉至少八千四百萬個紙袋。為此，舊金山市的袋子戰士仍在努力破除民眾使用紙袋的習慣；莫卡瑞米在二〇一〇年提出一條法案，要求超市對紙袋或可分解購物袋收取〇．一美元的費用。

93 舊金山市自己於二〇〇八年進行的街道垃圾調查，發現塑膠袋禁用令對在街上飛掠的塑膠袋量毫無影響，就算有影響，整體袋子數量還略微上升。

94 Ellen Gamerman，〈不便的袋子〉（An Inconvenient Bag），二〇〇八年九月二十六日。

個堅實的少數人群中，幾乎每個人都說自己是在這一年內改用可重複使用的袋子。我請一位推車中有五個袋子的女士停下來請教她。她說她開始帶袋子大約一年了，只是想要「對環境友善」。推車裡的袋子看起來又新又乾淨，我問她是否擁有很多袋子。她回答：「沒有，我大概有五個，一直放在車廂中。我也試著不浪費這些袋子。」

完成資源循環

從寶特瓶談資源的回收與再利用

物件主角：寶特瓶

塑膠主角：聚對鄰苯二甲酸乙二酯（PET）

物件配角：植物寶特瓶、聚酯纖維衣服和地毯

塑膠配角：聚酯纖維（布料）、乙二醇

本章關鍵字：資源回收、國際通用回收編碼、環保3R（減量、回收、再利用）、退瓶法案、瓶罐押金、中國再生塑料、生產者延伸責任＝（EPR）、垃圾變能源、永續包裝聯盟、從搖籃到搖籃（Cradle to Cradle）、瓶到瓶（bottle to bottle）封閉循環再生工廠、植物性塑膠瓶（PlantBottle）

納山尼爾・魏斯（Nathaniel Wyeth）經常用「另一個魏斯」來稱呼自己，以便區隔他那名聞遐邇的繪畫世家成員，包括父親紐威爾・康瓦斯・魏斯（N.C. Wyeth）、大姊亨麗葉・魏斯（Henriette Wyeth）和小弟安德魯・魏斯（Andrew Wyeth）。魏斯從小就知道自己不會成為那個藝術王朝的一分子，因為他著迷的不是墨水與顏料，而是裝置與零件——甚至著迷到在十歲那年，他的父親決定幫他把名字從紐威爾（也就是自己的名字）改成納山尼爾，好讓他跟擔任工程師的叔叔同名。[1] 果然，魏斯長大後成為一名機械工程師，並且於一九三六年加入杜邦公司，為杜邦效命了將近四十年，在塑膠及其他材料的發明上大展長才。只不過令他惱怒的是，化學上的創意得不到與藝術相同的讚賞：一個畫家只需在腦海中想像畫面，然後把它描繪在畫布上就行了，魏斯指出，但一個高分子工程師卻得幻化出全新的分子，賦予它們實體，讓它們發揮作用。[2] 套句他曾經對一位採訪者說的話：「我跟藝術家一樣在搞創意，只不過他們的圈子比較光鮮亮麗罷了。」[3]

這個後來替他在「塑膠名人堂」贏得一席之地的創意行動，始於一九六七年某天的一個問題：「為什麼汽水只能裝在玻璃瓶裡？」他的同事解釋說那是因為碳化作用的壓力會導致塑膠瓶爆炸。魏斯半信半疑，於是他買來塑膠瓶裝的清潔劑，把它全部倒光，再倒入薑汁汽水，然後放進冰箱，結果隔天早上他打開冰箱時，那只瓶子已經鼓脹到他幾乎無法從冰箱隔架裡取出的程度。魏斯很確定可以找到方法解開這個他所謂的「汽水瓶問題」，只要實驗個一萬次就行了。[4]

1 Glenn Fowler，〈寶特瓶發明人魏斯逝世，享年七十八歲〉（N. C. Wyeth, Inventor, Dies at 78; Developed the Plastic Soda Bottle），《紐約時報》，一九九〇年七月七日。

2 分尼薛爾，《塑膠》，p. 316。

3 Fowler，〈寶特瓶發明人魏斯逝世〉。

4 傑克・喬婁納（Jack Challoner），《改變世界的1001件發明》（1001 Inventions That Changed the World），（London: Quintessence, 2009），p.835。

5 魏斯的發明故事可見於分尼薛爾的《塑膠》，pp. 315-16。另參見魏斯榮獲聲譽卓著的Lemelson創新獎時的報導內容，〈納山尼爾・魏斯〉（Nathaniel Wyeth），一九九八年八月，請見http://lemelson.mit.edu/resources/nathaniel-wyeth。魏斯選用的聚合物「PET」，是一九四一年英國化學家雷克斯・溫菲爾德（Rex Whinfield）及詹姆斯・迪克森（James Dickson）以酒精、乙二醇（防凍劑）、對鄰苯二甲酸和對鄰苯二甲酸二甲酯所合成的，他們發現這種分

魏斯知道某些聚合物在遭受縱向拉力時，抗拉強度會增加，不過用於製造汽水瓶的聚合物，縱向抗拉強度和橫向抗拉強度都得增加才行，這項挑戰必須仰賴一種特殊的聚合物和新的製瓶方式[5]，結果他兩樣都找到了——他用一種名為聚對鄰苯二甲酸乙二酯（PET）[6]的聚酯纖維先做出試管形狀的瓶胚，再把它吹成全尺寸的瓶子，這個做法能讓聚合物的分子重新排列，把結構強度提升到全新的水準。

於是，他眼前有個塑膠瓶，不僅韌性強，足以抵擋那些經過加壓便伺機爆發的二氧化碳氣泡；安全性佳，足以符合美國食品藥物管理局的審核標準[7]；而且那薄薄一道可阻絕氧氣以增加保鮮度的瓶壁，跟玻璃一樣透明，卻比玻璃輕，還摔不破。充其量，寶特瓶只不過是另一個卑微地滿足人類強大需求的平凡塑膠製品。

一九七三年，魏斯為杜邦公司取得寶特瓶的專利，可口可樂和百事可樂兩家公司沒多久就引進這種新包裝，然後，正如許多塑膠故事那樣，數也數不清的寶特瓶開始充斥市面。今天在美國售出的二千二百四十億個飲料容器裡，有三分之一用的都是PET，[8]也就是在一九八八年開始採用的塑膠材質分類表裡，編號為1號的聚酯材料。

寶特瓶的驚人成功所帶來的多項改變，是一九九〇年去世的魏斯無法料想得到的。汽水製造商從此可以輕易地生產大瓶裝飲料——跟將近一世紀前讓可口可樂初次打進美國家庭的那種200c.c.單人瓶相比，絕對是天壤之別——不僅單人瓶的容量一下子膨脹到原本的三、四

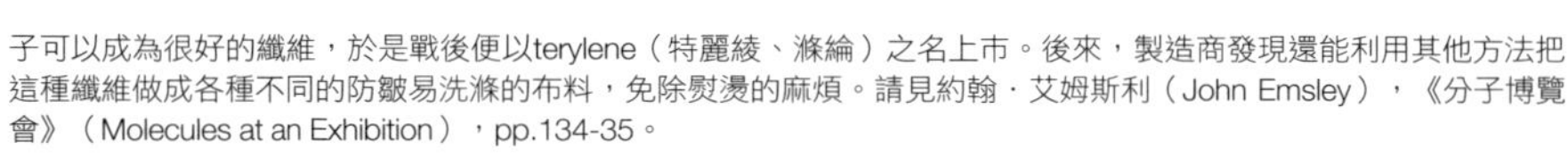
子可以成為很好的纖維，於是戰後便以terylene（特麗綾、滌綸）之名上市。後來，製造商發現還能利用其他方法把這種纖維做成各種不同的防皺易洗滌的布料，免除熨燙的麻煩。請見約翰．艾姆斯利（John Emsley），《分子博覽會》（Molecules at an Exhibition），pp.134-35。

6 PET內含的對苯二酸酯（terephthalate）屬於另一種鄰苯二甲酸酯類，不會像乙烯基那樣干擾荷爾蒙分泌。

7 美國食品藥物管理局先前在發現致癌單體氯乙烯有溶出之虞後，駁回了孟山都生技公司（Monsanto）用PVC製作酒瓶的申請，後來可口可樂與孟山都共同投入一項耗資一億美元的研發案，打算用丙烯腈－苯乙烯（acrylonitrile styrene）製作塑膠汽水瓶，但這項嘗試在一九七七年中止，因為孟山都公司承認微量丙烯腈會溶到飲料中，而且研究發現，持續食用含有聚合物的食物會使大鼠發生癌症和先天畸形問題。請見分尼薛爾，《塑膠》，p. 315。

8 容器回收協會（Container Recycling Institute），〈各類容器銷售量〉（Sales by Container Type），請見http://www.container-recycling.org/index.php/sales-by-container-type。

倍，家庭號也擴張成三公升裝。瓶身加大，代表飲用量也變大，二〇〇〇年，每個美國人一年平均要喝掉一百九十公升的汽水，大約是「前寶特瓶時期」的兩倍，[9] 而隨著飲用量變大，我們的腰圍也愈來愈粗，這是營養專家經追蹤發現汽水飲用量跟肥胖及第二型糖尿病的發生率之間有令人憂心的正相關後，所提到的一大重點。

魏斯的新發明也帶動人們把飲料帶著走的趨勢。從前，啤酒與汽水幾乎只在酒吧和餐廳才喝得到，現在情況不再如此，[10] 想想看，你平常光顧的便利商店或街角熟食店把多少空間讓給了一瓶瓶冰鎮的汽水、果汁、茶飲或礦泉水（難怪飲料業毫不諱言地把這些商店稱為「立即消費通路」[11]）。單人份飲料已經成為飲料業最大的一塊市場，其中成長最快的則是瓶裝水——拜寶特瓶之賜才得以存在的爭議性產物，如果那些名牌瓶裝水採用的是沉重易碎的玻璃瓶，它們還會成為二十一世紀不可或缺的必需品嗎？[12]

魏斯絞盡腦汁解決汽水瓶問題時，大概沒有考慮到汽水喝完以後剩下的瓶子要怎麼辦，畢竟在他那個時候，使用壽命對高分子工程師來說並不是重點。魏斯出生在一個瓶裝商必須定期回收空玻璃瓶以便清洗並重新充填使用的年代，因此等他成功發明出寶特瓶時，飲料業已經準備好要拋棄那種重複使用的模式。這個改變最早可以追溯到第二次世界大戰，當時可口可樂公司和啤酒大廠安海斯·布希公司（Anheuser-Busch）為派駐海外的阿兵哥供應了數十億的瓶裝及罐裝飲料，雖然那些空瓶空罐他們知道永遠回不來，但軍隊的訂單倒是回來了——免退瓶的便利性成功地吸引了他們，並且創造出一波讓啤酒罐得以繼續存在的需求量。除此

9 精確數字隨資料來源有所不同，不過根據美國農業部經濟研究署（Economic Research Service）的資料顯示，一九七〇年代初期，每個美國人一年大約喝掉八十三到九十四公升的汽水，一九九〇年末期，汽水消耗量更飆升到一年兩百公升左右，後來這個數字隨著愈來愈多人轉而飲用茶和果汁而開始下降。請見Judy Putnan及Shirley Gerrior，〈美國人穀類及蔬菜攝取量增加，飽和性脂肪攝取量減少〉（Americans Consuming More Grains and Vegetables, Less Saturated Fat），《食物彙報》（Food Review），一九九七年九月到十二月。

10 目前大約有三分之一的飲料是被人們帶著走的，請見〈什麼是押瓶法〉資料簡報（What Is a Bottle Bill），http://www.bottlebill.org。

11 Jon Mooallem，〈飲水過多的無心後果〉（The Unintended Consequences of Hyperhydration），《紐約時報雜誌》，二〇〇七年五月二十七日。

之外，州際公路的興建也是帶動飲料包裝轉向的主因之一，它們讓業者得以拉長運貨距離，不再需要那麼仰賴地方瓶裝廠，而重量輕、免退瓶的寶特瓶，更使飲料業者改採一次性包裝的趨勢成為定局。[13]

塑膠瓶為這項轉變帶來了嚴重的後果，一種不可分解的垃圾類型開始混進人們隨意丟棄在路邊、海灘或公園，數量有增無減的垃圾裡，同時也混進了人們每週扔掉的家用廢棄品及包裝材料中。廢寶特瓶是整個便利新思潮下必然出現的一個刺眼景物，也是會令你開始對這原本應該充滿樂趣的物我關係產生質疑的一個刺耳音符。

不過日漸擴大的塑膠災難，也使人們對初萌芽的資源回收運動有了敏感度，更重要的是，那些瓶子恰好為資源回收的成長茁壯提供了基本原料。我們現在已經有完善的公共設施和私人企業在處理一次性包裝的回收及再製工作，努力減少大量垃圾對環境造成的負擔，假如資源回收運動要找個代表物，那肯定非寶特瓶莫屬。

這有一部分要歸功於PET分子的活躍性。PET是一種容易重製再生的聚合物，當初可口可樂及百事可樂兩家公司一推出寶特瓶汽水時，第一批空寶特瓶就回收成為打包帶和畫筆刷毛的製造原料，[14]不過老牌的纖維製造廠威爾曼企業（Wellman Industries）卻發現第二種更重要的用途：製成聚酯纖維。威爾曼企業利用不合格的工業廢料製造聚酯纖維已長達多年——一種等於在告訴供應商：「我們喜歡你們犯的錯誤，可以再來一次嗎？」的計策，[15]因此寶特瓶

12　根據容器回收協會的資料，二〇〇六年有一半或三百六十億個左右的寶特瓶用於瓶裝水的包裝。一位行銷顧問告訴《紐約時報》，根據她的研究顯示，人們愛買瓶裝水跟解渴較無關，跟隨身攜帶有備無患的心理因素較有關，「那是他們的安全毯」她說。請見Mooallem，〈飲水過多的無心後果〉。

13　法蘭克．艾克曼（Frank Ackerman），《我們為何要回收？市場、價值與大眾政策》（Why Do We Recycle? Markets, Values and Public Policy），（Washinton, DC: Island Press, 1997），pp.124-35。

14　寶特瓶的回收最早開始於一九七七年。

15　二〇一〇年二月採訪全國PET容器資源協會（National Association for PET Container Resources, NAPCOR）執行長Dennis Sabourin。

的降臨對他們來說簡直是意外之財、天賜甘露；突然間，他們多了好幾百公噸廉價原料可以用來製造家具、衣料和睡袋填充物。一九九〇年代，威爾曼企業開始跟新英格蘭一家歷史悠久的羊毛廠和知名戶外用品製造商巴塔哥尼亞*（Patagonia）聯手合作，利用回收的寶特瓶製造人造刷毛，同時掀起一波嶄新且至今仍蓬勃發展的綠色時尚主張，許多參加二〇一〇年世界盃足球賽的隊伍（至少NIKE贊助的那些隊伍），他們身上的制服就是用回收的寶特瓶做的。

寶特瓶涵蓋了一個成功的資源循環必備的三大要件，使其他任何塑膠製品都望塵莫及。首先，多虧每年數十億支的生產量，它**很容易取得**；其次，它**很容易再加工**；再來，它**有眾多的次市場**。全球製造商都吵著要取得更多的寶特瓶，好讓他們可以製造T恤、地毯和更多的新瓶子，無論是街頭拾荒者還是資金千萬的大企業，對所有從事資源回收的人來說，即使是一支空寶特瓶都有它珍貴的價值在。

儘管如此，大多數的寶特瓶是沒有被回收的。

寶特瓶的回收矛盾

以美國來說，我們回收的寶特瓶只占總數的四分之一而已，[16] 就像在我打字的此刻，我桌上就擱著一支600c.c.的健怡可樂空瓶，像圖騰般彰顯著我的每日罪行，這也是為什麼**在全美生**

* 譯注：參見《任性創業法則》（Let My People Go Surfing: The Education of a Reluctant Businessman），野人文化出版。

16 引述自後消費塑膠回收者協會（Association of Post-Consumer Plastic Recyclers, APR）的〈二〇〇九年全美後消費塑膠瓶回收報告〉（2009 United States National Post-Consumer Plastics Bottle Recycling Report），二〇〇九年的數字是百分之二十八，超過二〇〇七年的百分之二十四。

產的約七百二十億個寶特瓶中，有將近五百五十億個最後都進了垃圾掩埋場或者被隨意丟棄，這是足夠為每個美國人織出三件毛衣的聚酯纖維量，[17] 也是足夠為一百二十萬戶家庭提供一年用電量的能源總和。[18] 無論從什麼標準看，五百五十億個廢棄寶特瓶都是極大的資源浪費。

這是另一個「塑膠的矛盾」，**寶特瓶是資源回收中最成功的故事，卻也是最艱鉅的挑戰。[19]** 我們回收的塑膠材料遠少於任何其他商品材料——相較於玻璃的百分之二十三、金屬的百分之三十四、紙類的百分之五十五，它只占了百分之七而已。[20] 簡單來說，我們正在埋葬自己，要花大錢鑿井、挖礦、炸山才能取得的同一種高能源分子，這如何說得過去呢？塑膠袋評論家勞伯．黑利（Robert Haley）曾經指出，當我們把珍貴的分子放到用途最簡單的產品裡，我們無可避免地會忽略掉它們的價值。我們忘了像廢寶特瓶這樣的東西其實是值得留住的資源，並不是用完即丟的垃圾，然而我們要怎麼做才能扭轉這種心態，讓人們重新珍惜塑膠，而不只是把它當成一夜情？

二十世紀以前，垃圾並不是什麼大問題，資源分類桶和回收標誌或許是摩登的新玩意兒，但人類自古以來一直都在回收和重製物品。英國在發生工業革命以前，十分投入衣服、金屬、石材等資源的回收及再生工作，以至於有位歷史學家把那段時間稱為「資源回收的黃金時期」；十九世紀中葉以前，紙製品完全是用我們今天所謂「後消費物品」也就是破布所做的，因此在美國南北戰爭期間，由於布料供給嚴重短缺，造紙商甚至得從埃及進口木乃伊以

17　根據NAPCOR的資料，製作一件毛衣需要用掉六十三個600c.c.的寶特瓶，所以總共可以做出八億七千萬件以上的毛衣。

18　引述自容器回收協會，〈二〇〇五年廢飲料容器的能源浪費換算量〉（Energy Impacts of Replacing Beverage Containers Wasted in 2005），請見http://www.container-recycling.org/index.php/62-issues/zero-waste/273-energy-impacts-of-replacing-beverage-containers-wasted-in-2005-estimated-。

19　根據美國環保署〈二〇〇八年都市固體廢棄物製造量〉報告（Municipal Solid Waste Generation, 2008），二〇〇八年高密度聚乙烯（常用於牛奶桶和清潔劑包裝瓶的 2 號塑膠材質）的回收率為百分之二十九，略高於PET，但若以噸數計，則遠低於PET。

20　出處同上。

取得它們身上的亞麻裹布——這肯定是史上最長的一個回收再生循環。[21]

在美國大半個歷史裡，人們製造的垃圾相對少得多，今天在廢棄物來源裡占最大比例的包裝材料，過去幾乎不存在，大部分的食物與貨物都以散裝形式出售，所以很少人有資源可以浪費，歷史學家蘇珊．史特拉瑟（Susan Strasser）在她那本探討垃圾社會史的著作《你丟我撿》（Waste and Want）中如此說道。重複使用是一種日常生活習慣：人們會將剩菜煮成湯，要不然就拿去餵食當時大多數家庭都會飼養的家禽家畜；衣服如果舊了，人們會一補再補，要不然就把它拆開來拼成布料，再做成新衣；東西如果壞了，人們會一修再修，要不然就把它拆開來取得零件，或者賣給收破銅爛鐵的流動小販，讓他們繼續拆解成金屬、玻璃、布料、皮革等材料，再回賣給製造商。[22] 窮人家的孩子會到處撿拾任何可以換錢的廢棄物，就跟今天開發中國家的孩子所做的事一樣，那些完全不能使用的物料則會成為燃料，在貧窮人家尤其如此，「**垃圾溫暖了房間，也煮熟了晚飯。**」史特拉瑟在書中寫道。這種持續不斷的回收再生循環，不僅讓家家戶戶得以溫飽，也為工業化初期提供了極重要的原料。[23]

二十世紀初，日常形式的資源回收系統漸漸消失，一方面是因為人們取得的非回收商品和包裝材料愈來愈多，另一方面，那些來自「進步主義年代」，主張把髒亂趕出新舊世紀交接的擁擠城市以免滋生流行病的改革者們，也成功說服地方政府設置廢棄物收集系統和垃圾掩埋場。從那時候起，美國人日常生活中各種有增無減的廢棄商品和材料，最後就只有一個地方可去，那就是垃圾桶。垃圾不再代表潛在的價值與機會，它成了問題，而人們的解決方法不

21 艾克曼，《我們為何要回收》，p.14。

22 史特拉瑟，《你丟我撿》，pp.11-13。該書針對美國人處理及丟棄垃圾的歷史，提供了翔實的資料。

23 出處同上，p.13。

是在地上挖個洞把它埋掉，就是蓋個焚化爐把它燒掉，垃圾的價值完全只能靠垃圾處理費來衡量。

一九六〇年代末期，拜新崛起的環保運動之賜，情勢開始出現反轉。環保人士對那些從缺乏管制的掩埋場流出的化學物質以及與日俱增的垃圾量感到憂心忡忡，並且深信我們正在以驚人的速度耗盡地球的資源。為了喚起過去重複使用的精神，一九七〇年，就在第一屆「地球日」舉辦的前後幾個月，有數千個自發性、草根性的資源回收計畫如雨後春筍般出現，[24]不過這項運動直到一九八〇年代末期才真正發展成氣候。一九八七年，從紐約出發的垃圾船Mobro 4000花了數週時間在美國東岸來回航行，一直找不到傾倒地點，這讓美國開始相信自己正面臨掩埋場不足的嚴重問題。[25]結果，Mobro遇到的困境其實跟老闆的財務危機比較有關係。無論如何，在這場令人印象深刻的垃圾流浪記結束之後，現代資源回收運動正式起飛了。一九九〇年代中期，美國大多數的州都已經採用相當周延的資源回收法，也宣布減少垃圾掩埋量所需要達到的回收目標，許多社區開始將資源分類桶和資源回收站納入固體廢棄物計畫中，垃圾運輸業者開始建造數百座俗稱MRF的資源回收細分類廠（Material Recovery Facility），專門經營資源回收業務的新公司也紛紛出現。

在此同時，美國塑膠工業協會於一九八八年引進了一套編碼系統，幫助製造商及回收商辨識塑膠包裝的種類，現在你在塑膠瓶、塑膠罐底部或其他塑膠包裝材料上看到的迷你號碼就是這麼來的。那些號碼存在的目的不是保證該商品會被回收，但消費者一般都會這麼理解，因

24 史特拉瑟的《你丟我撿》和艾克曼的《我們為何要回收》是了解美國資源回收史很好的資料來源。

25 艾克曼，《我們為何要回收》，p.12。

為那些號碼外面通常圍了三個順時針方向的循環箭頭——也就是國際通用的回收標誌，然而塑膠製品回收率如此之低，這樣的誤解實在令回收專家為之抓狂。

這套編碼系統涵蓋商品包裝所用的六大塑膠材質：1號代表聚對鄰苯二甲酸乙二酯（PET）；2號代表高密度聚乙烯（HDPE），也就是牛奶桶、果汁瓶和背心袋所使用的塑膠材質；3號代表聚氯乙烯（PVC），也就是某些果汁瓶、電子產品的罩板包裝和某些保鮮膜會用到的塑膠材質；4號代表低密度聚乙烯（LDPE），也就是冷凍食品包裝袋、擠壓瓶、某些保鮮膜和彈性杯蓋所使用的塑膠材質；5號是聚丙烯（PP），也就是優酪乳瓶、人造奶油盒、瓶蓋和微波器皿所使用的塑膠材質；6號代表聚苯乙烯（PS），它包含兩種類型，發泡PS（譯注：即保麗龍）常用於蛋盒及免洗餐具，堅硬透明的未發泡PS則常用於農產品、消費性物品和外帶食品所用塑膠盒；最後一類的7號則囊括所有其他的塑膠材質。最近幾年，7號跟含雙酚A的聚碳酸酯容器如塑膠水壺之間的關聯性，已經引起消費者的疑慮，也讓其他類塑料遭到汙名化，沒有一個製造商希望自家產品有個7號印在上面。

這套編碼系統雖然很難反映現在五花八門的塑膠包裝材質（它們通常都被草率地歸類為7號），而且專家們正在努力修訂並增加材質分類，[26]但在一九八〇和九〇年代，這套編碼為當時快速成形的資源回收架構提供了寶貴的共通語言。今天，由於地方政府的承諾搖擺不定，民眾的環保理念仍然停留在以為把垃圾丟進回收桶就能減少垃圾量的模糊階段，我們的資源回收系統已經變得跟塑膠分類號碼一樣難以信賴。[27]

26 負責制訂標準的美國材料試驗協會（ATSM, Inc.）正在進行塑膠分類編碼的更新工作，其中一項可能是增加新的類別。請見Mike Verespej，〈聚碳酸酯類及聚乳酸製品預計納入新版塑膠分類編碼計畫〉（Changes Planned for Resin Identification Codes Include Categories for PC, PLA），《塑膠新聞》（Plastics News），二〇〇九年十月二十六日。

27 艾克曼，《我們為何要回收》，pp.18-19。

大多數美國人現在都有管道可以做回收（雖然不見得透過住家回收系統），[28]資源回收已經成為最普遍的環保運動，但這麼做有用嗎？雖然我每週都勤快地把空可樂瓶丟進我的藍色回收桶裡，但我真的不知道它們的下場是什麼。後來我才明白，我的可樂瓶會展開一段史詩般的旅程，帶我來到我從未造訪過的舊金山角落、穿越全世界，然後進入一個古老同時又後現代的經濟體系。

低科技分類

那是星期二早上八點二十分，我可以聽見液壓混合動力回收車在路口發出的運轉聲響，於是我快步走出去，跟回收車司機比爾・邦吉（Bill Bongi）會合，他先前答應我要讓我跟車。

我所居住的舊金山市，很可能會誇耀自己擁有全國首屈一指的市立回收計畫，因為為了將全市廢棄物盡可能地從掩埋場轉移到他處，舊金山已經強制進行資源回收，並且要求市民利用廚餘和庭院廢棄物製作堆肥。雖然市府官員承認他們沒有資源可以切實執行這項法律，但為了達成那個大目標，他們還是鼓勵市民把幾乎各種類型的塑膠製品都丟進回收桶——從1號到7號統統包括在內，這表示除了最常被回收的飲料瓶和牛奶桶以外，還包括優酪盒、舊玩具、花盆、牙刷、CD盒、免洗杯，以及社區回收計畫比較不常納入的其他非包裝類塑膠

28　美國化學委員會估計十分之八的美國人都有回收管道，但有些專家認為這個數字過高。容器回收協會執行長Susan Collins就指出，美國人有百分之四十都居住於缺乏住家回收計畫的多家戶住宅（multifamily housing），而其「回收管道」可能只是指某人住在一個有資源回收站的州而已。二〇一〇年七月與Collins女士的電子郵件往來。

製品。所以只有少數幾種塑膠製品我不能丟進回收桶：塑膠袋和保鮮膜，因為會絞進回收廠的機器設備裡；保麗龍，因為它的再利用性很低；還有生物可分解及可堆肥的塑膠製品，因為它們是用來堆肥而不是用來回收的。

五十多歲的邦吉從高中畢業後，就在舊金山的垃圾處理公司瑞卡羅基（Recology）任職，他跟其他幾位同事一樣來自一個以收垃圾為業的家庭，他是跟著父親和祖父踏進這行的，當我問到他的孩子是否也會走同樣的路，他斬釘截鐵地說：「不，不，不，他們都去念大學了。」我一邊走在人行道上，一邊看他緩慢地開車沿街前進，每隔兩戶就停車跳下來清空回收桶（他懷念以前那段清潔隊員共同出車的日子，現在只有當居民出來跟他打招呼或者請教問題時，他才有跟人交談的機會）。這些桶子包括資源回收專用的藍色桶、專門收集庭院廢棄物、堆肥廚餘及披薩盒等食物包裝紙盒，以便運往大規模堆肥工廠的綠色桶，以及收集其他不屬於前兩類廢棄物的黑色桶。這套三色分類系統是舊金山市野心勃勃的零廢棄政策（zero-waste policy）當中很重要的一部分，因為要求市民進行垃圾分類，可以強迫他們思考垃圾裡的哪些部分可以回收再利用，只要他們放進綠色桶和藍色桶裡的垃圾愈多，垃圾處理費繳的就愈少，這就是專家說可以幫助提高資源回收率的「隨量徵收」（pay-as-you-throw）收費方式。

然而，就跟任何住家回收計畫一樣，這套做法究竟能回收多少垃圾其實也有內在的限制。比方說，通常配合度較差的就是大多數舊金山市民所居住的公寓住宅，因為公寓住宅的垃圾管理責任比獨棟住宅還要難界定，房東很難去檢查（更別說確保）每位房客有沒有把可回收垃圾丟進藍色桶裡，況且住家回收系統顧名思義就是去收取某個定點製造出來的垃圾，而不是去收集那些隨喝隨丟，數量不斷增加的飲料瓶。有個塑膠回收商就告訴我，只要去看看加油站的垃圾桶，就會發現它們永遠都塞滿了空瓶。

那天早上，我已經確認過自己將累積了一週份量的健怡可樂瓶丟進藍色桶裡，但在邦吉清空的其他藍色桶中，塑膠瓶的數量少得驚人，反而都是報紙、紙盒和玻璃罐。這跟加州的押瓶法有很大的關係：在加州，空的飲料瓶和飲料罐是可以換錢的，所以經常有人把回收桶一掃而空，邦吉說：「那些瓶瓶罐罐都是流浪漢偷走的。」雖然它們還是進入回收流程，但透過的是州政府的退瓶計畫，而非市政府的回收計畫。

我對空瓶空罐的消失其實不該感到驚訝。幾個月前，我花了一個早上貼身觀察一位名叫尚的街友，他是整個舊金山地下回收經濟體系裡許許多多小配角之一。尚每天都會循著一條穿越我家附近四十個街區的固定路線徒步前進，查看每個藍色回收桶裡有沒有任何空瓶空罐可以供他拿到分布於全市十八處的退瓶站換錢。那些飲料退瓶站會按照州政府制定的每磅單價來收購，而這個單價會隨著國際廢料市場的變化有所波動，像我去找尚的那天，一磅寶特瓶可以換到〇．九六美元，價錢雖然遠低於鋁，稍低於玻璃，但仍比其他種類的塑膠材料要高。

尚是個年近七十，有著澄澈的藍眼睛、蓄著白鬍子、沒剩幾顆牙、嗜啤酒如命、從業報輪迴的觀點看待自己的流浪人生的和善老翁。他受過良好的教育，而且除了在描述外星人如何改造他的身體，讓他變得更強壯、更能夠應付街頭生活的時候外，他的頭腦也很清楚，儘管如此，當他提到過去二十三年露宿街頭的生活都是出於自己的選擇時，我並沒有任何懷疑，在他的想法裡，這一切都是為了自己也得回歸自然的那一刻做好準備。

我問：「你不想要有個家嗎？」

他說：「不想，因為佛教有講，你捨得愈多，來世得到的就愈多。」他發現無論他需要什麼，最後他都能得到，不管那是一臺購物手推車、一個吃剩的三明治，或是一條新褲子，「我在街上找到它的，你看，這裡還有成堆的鞋子，」他指著某戶垃圾桶裡的一個袋子說，「我的衣服都只穿一天，等我穿完以後，我會把它們放在一個地方，讓其他人可以回收。」

尚說，幾年前他靠退瓶一天賺個十五、二十美元完全沒問題，但是現在，就跟其他靠資源回收桶謀生的邊緣人一樣，他發現那些空瓶空罐早已經被趕在像邦吉這種正式編制的回收人員抵達前，趁著清晨時分偷偷摸摸在街頭巷尾徘徊的卡車全部載走了。尚在退瓶站裡，羨慕地看著一對中國老夫妻，把他們數十個垃圾袋裡滿滿的空瓶空罐全部倒出來，退瓶站的主任告訴我，他們的戰利品很可能不是來自路邊的藍色回收桶，而是跟他們私下談好條件的當地中國餐館及酒吧。那對夫妻光是那天就賺了六十美元，尚只賺了五．四一美元——還不夠他搭公車和買啤酒。

押瓶法所帶來的金錢誘因是利弊互見的。一方面，它能提高資源回收率，確保會有更多空瓶進入回收流程，像加州的寶特瓶回收率就逼近四分之三，[29]這是未實施押瓶法的其他州平均值的六倍；[30]然而另一方面，民眾專挑有利物品做回收的習慣，將會剝奪城市實行廢棄物收集及回收再生計畫所迫切需要的收入來源，根據舊金山市的估計，那些一次可出動多達十部卡車的職業盜瓶者，每年都會讓市政府損失高達五百萬美元[31]（導致經費流入州政府的口袋，而非市政府）。有時候邦吉沿線回收時會撞見民眾在翻回收桶，雖然他們這麼做是違法的，但他覺得自己沒有什麼能力可以阻止。

邦吉巡完他負責的回收路線以後，便開著車穿過大半個市區，前往舊金山的資源回收細分類廠「Recycle Central」，也就是我那些空可樂瓶落腳的第一站。資源回收細分類廠是個將收集自全縣或全市的混亂廢棄物進行分類處理和捆包出售的地方，舊金山的資源回收細分類廠啟用於二〇〇四年，它是一座造價三千八百萬美元，占地一萬八千六百平方公尺，座落在碼頭旁的龐然大物（就跟其他與廢棄物扯上關係的設施一樣，它的所在地是舊金山市一個最貧窮、居民以非裔美國人為主的社區）。[32]在我跟車的那天，邦吉隨同其他幾輛卡車駛進這座大倉庫之後，就按下一個按鈕，讓車斗開始傾斜，然後靜靜地坐在車上，凝視遠方，等待回收物全部卸除到一個傾斜平臺上，每天他和其他司機都會在平臺上留下平均七百公噸堆積如山的回收物。等到卡車一駛離，幾部推土機就會在轟隆聲中緩慢駛近，從外圍開挖這座小山，並且將成堆廢棄物鏟到多條輸送帶上，讓它們爬升到一個由輸送帶、斜槽和巨大吸塵器共同組成的高塔，在那裡完成分類。

29　引述自加州資源回收管理局（California Department of Resource and Recovery），〈飲料容器銷售、退瓶及回收率半年報〉（Biannual Report of Beverage Container Sales, Returns, Redemptions and Recycling Rates），二〇一〇年五月。

30　根據容器回收協會（CRI）的資料，未實施押瓶法的州只有百分之十三．六的回收率，實施押瓶法的州則能回收百分之七十一的汽水瓶及百分之三十五的非碳酸飲料瓶。更新資料請見CRI網站http://www.container-recycling.org/index.php/publications/2013-bottled-up-report。

31　二〇一〇年五月與Recology發言人Robert Reed的電子郵件往來。

32　為了在當地設廠，市政府承諾居民可優先取得進入該廠工作的機會，並比照法定工資計薪。

舊金山素以資源回收聞名，因此我早有預料會看到難以置信的高科技系統，而這裡確實也有令人嘖嘖稱奇的自動化設備：巨大的磁鐵會吸附鐵製湯品罐頭；一種名為渦電流分選機（eddy-current separator）的設備會迫使鋁罐和銅罐彈開，落進不同的回收桶裡；由渦旋轉盤組成的陡峭斜道，會將廢紙等較輕的物質不斷往上推送，同時讓較重的物質落到下方輸送帶上。

但如果講到塑膠分類，這套系統就出乎意料地低科技。塑膠是資源回收細分類廠的一大難題，它們的聚合物種類繁多，每種聚合物都有各自的化學及物理特性，都有各自的熔點，也都有各自的次市場，後消費塑膠回收者協會（Association of Post-Consumer Plastic Recyclers）執行長史帝夫・亞歷山大（Steve Alexander）說：「人們以為塑膠就是塑膠，但一個塑膠牛奶桶跟一個塑膠汽水瓶是不同的東西，就像一個鋁罐跟一張紙是不同的東西一樣。」[33] **大部分塑膠製品都不能混在一起回收，但由於外觀非常接近，因此很難加以分類。**以PET為例，它很容易跟PVC混淆——兩者都是透明材質，包裝用途也有重疊，然而一捆半公噸重的PET瓶只要混進了幾個PVC瓶，整批就會遭到汙染無法再利用，反之亦然。不僅如此，即使某些塑膠製品是以相同的聚合物為基材，它們也不該混在一起回收，像一個吹製成型的PET瓶，它的熔點就跟一個擠出成型的PET餅乾托盤不同，如果把兩者混在一起，最後得到的會是一團無法利用的黏糊物質。雖然我們也可以用光學掃描儀、特殊分光計、雷射儀這些機器設備來區分不同的聚合物，但它們都十分昂貴，而且過於稀少，只有在規模最大的區域性資源回收細分類

33　二〇〇八年十二月採訪後消費塑膠回收者協會執行長史帝夫・亞歷山大。

廠才看得到，所以這代表塑膠分類必須以人工方式進行——雖然創造了就業機會，但也提高了營運成本。

當然，當你一天有七百公噸的東西要分類，作業程序就不可能嚴謹到哪兒去，因為輸送帶移動得相當快，進行分類作業的工人很難仔細檢查每樣物品，更別說去查看塑膠分類碼，所以他們充其量只是在找瓶子而已。他們會挑出用PET和HDPE做成的容器，前者就像我那天早上丟進藍色回收桶裡的空可樂瓶，後者就像盛裝牛奶、果汁、清潔劑和機油的瓶子；他們也會根據顏色來分類HDPE瓶，因為無色瓶的再生可能性比較高，所以它們的價格也會比亮黃色、草綠色和黑色的瓶子要好（塑膠製品的顏色無法在重製過程中移除，而且任何一點深色色料都會使回收塑膠的色調變灰，這還是最理想的狀況）。

廢塑膠的流向

那麼，其他被樂於配合政策的舊金山市民們丟進回收桶的塑膠製品呢？那些我在Recycle Central回收分類廠親眼目睹，隨著輸送帶快速前進的優格盒、莓果盒、油膩膩的生鮮和烤雞托盤、剩一半沒吃完的鷹嘴豆泥盒，還有黏答答的花生醬罐子呢？工人們根本不想去分類那堆雜七雜八的東西，問題並不是出在又油又髒的食物殘渣——就算再油膩的罐子也能靠再生設備恢復乾淨——問題在於那些塑膠製品在廢料市場上的價錢很低，不值得時薪十七塊美金的分類工人花時間去處理。[34] 這些塑膠製品引發的問題其實帶有某種「先有雞還是先有蛋」的弔詭性；由於它們缺乏強固的終端市場，因此大多數的市立回收計畫都把它們排除在外，但如果這類塑料的供應來源不穩定，終端市場就更發展不起來。Recology公司對這個問題的解答是，把3號到7號塑膠製品全部捆在一起，然後以混合塑膠的形式賣出去，讓下游工廠進行分類，幫助它們重獲生機。[35]

我繞到倉庫後方，看著各式各樣壓縮成型的巨大塑料方塊出現在分類塔末端，有些PET捆包已經靠牆堆疊起來，不遠處，則有幾個較小的有色混合塑膠捆包以及一個還沒有被2號有色塑料捆包給填滿的集裝箱。

直到這裡，我所看到的是在任何資源回收細分類廠都十分典型的景象，但接下來的程序可能就大不相同了，它取決於你的居住地和牽涉到的塑膠種類。比方說，如果我住在美國中西部或美國東岸，當地的資源回收細分類廠可能會把裝有我那些可樂瓶的捆包賣給州內的PET再生處理廠，再生處理廠會予以清洗、脫標和攪碎，然後讓塑膠碎片通過浮除槽，分離出瓶身的PET碎片和瓶蓋碎片（PET碎片會沉在水裡，瓶蓋碎片會浮起來）。接下來，瓶蓋碎片（通常是聚丙烯或高密度聚乙烯）會被撈起，賣給製造廠做成新的瓶蓋或其他商品，PET碎片則會接受進一步的清洗和處理，最後以片狀或粒狀的形式賣給製造廠做成新的PET產品，例如聚酯纖維、打包帶、其他包裝材料，甚至新的汽水瓶等等。除此之外，我那些可樂瓶最後落腳的另一個地點，還可能會是每年用數千萬公斤回收PET製成地毯的喬治亞州地毯大廠——莫霍克

34 二〇一〇年七月與Robert Reed的電子郵件往來。

35 這個問題促使波士頓商人Eric Hudson成立Preserve公司，投入聚丙烯（5號塑膠材質）的再生工作，他希望能藉此刺激塑膠回收的市場。該公司推出的第一項商品是以優酪乳瓶製作並可寄回給公司進行再生處理的牙刷，包裝盒還上印有「沒有浪費，只有收穫」（Nothing Wasted, Everything Gained）的口號。該公司曾與健全食品超市（Whole Foods Market）聯合舉辦「給我五號瓶」（Gimme Five）的活動，鼓勵顧客將家中的優酪乳瓶帶到超市回收，結果第一年回收了四萬五千磅的廢棄聚丙烯，但這還只是滄海一粟而已。作者於二〇一〇年二月採訪Preserve公司發言人C. A. Webb。

工業集團（Mohawk Industries）。但如果我住在美國西岸，我那些可樂瓶（其實是我所丟進回收桶的大部分塑膠製品）就只有一個目的地可去：中國大陸。

中國大陸？

沒錯，就是中國大陸。多年來，對舊金山等美國西岸城市來說，花兩星期把廢塑膠海運到中國大陸一直是比用卡車運到州內回收處理廠還要划算的做法，事實上，就連美國東岸、歐洲和拉丁美洲的港口城市也都把廢塑膠運往中國。原因是貨輪的承載噸數遠遠超過卡車，燃料成本也比較低廉，而且美國對中國的貿易向來是進口大於出口，貨輪經常滿載而來、空手而返，所以亞洲航運公司從以前就很樂意壓低運費提供服務，這樣至少可以利用回程這一趟多賺點錢。[36] 令人驚訝的是，一些分析還指出，將廢塑膠運往中國對環境也有好處，因為那些廢塑膠可以減少中國本身的塑膠原料製造量，而這代表當地燃煤工廠的溫室氣體排放量也會跟著降低。[37]

目前全球有百分之七十的廢塑膠都流向中國大陸[38]（印度也占有不小的比例，是另一個新崛起的塑膠強國），其中大部分是廢寶特瓶，而且幾乎都會被中國人做成聚酯纖維[39]——為十幾億人提供衣服絕對需要很多纖維。中國的回收業者之所以能提出比西方國家業者更高的收購價，是因為他們享有跟中國塑膠製造商一樣的優勢：便宜的勞工成本。

36 二〇〇九年九月採訪Recology公司的產品經理Leno Bellomo。

37 二〇一〇年二月採訪奧勒岡州環境品質部固體廢棄物計畫的政策分析師David Allaway。

38 引述自Nina Ying Sun，〈中國商人林東亮暢談回收與改變〉（China's Lam Talks Up Recycling and Change），《塑膠新聞》，二〇〇八年四月七日。

39 事實上，這些瓶子必須先切碎才會被中國接受，不過中國已經在重新思考這項實行已久的政策。如果這項政策遭到廢除，美國回收業者擔心會有更多寶特瓶輸出到海外。請見Steve Toloken，〈中國可望接受完整的寶特瓶〉（China to Accept Whole PET Bottles），《塑膠新聞》，二〇〇九年十二月十四日。

這是我來到廣東省一個快速發展的工業重鎮東莞，採訪當地一間回收工廠時所學到的事。我曾經聯繫過其他回收業者，他們都怯於接受採訪，但這間工廠的老闆，同時也是中國塑膠加工工業協會塑膠再生委員會主席林東亮先生（Toland Lam），卻親切愉悅地與我談話，並且很希望藉此證明西方國家輸出的廢棄物，並不全都是在有毒、非法的環境下由貧窮的婦女及兒童進行分類及拆卸，不是都像美國新聞節目《六十分鐘》（Sixty Minutes）在二〇〇八年某一集當中所報導的那樣。當年，該節目跟著一批廢電腦螢幕從丹佛的一家回收公司來到廣東的一個鄉下地方貴嶼，[40]結果發現那裡的居民每天都跟電子廢棄物內含的有毒金屬接觸，導致大多數的孩童鉛中毒（在一場資源回收會議上，兩位參與回收計畫的公司主管向我坦承，這樣的揭發舉動確實警惕他們加強追蹤自家廢棄物的流向，「我可不想上《六十分鐘》。」其中一人說。）

林是早期投入中國大陸資源回收業的企業家之一，[41]一九八〇年代，他在洛杉磯的阿科石油及天然氣公司（Arco Oil & Gas）擔任石油工程師，當時有些香港友人聯絡他，請他協助接洽需要委外處理塑膠廢料的美國公司，於是他看到了一個可以回故鄉大展鴻圖的好機會。在那個時候，他說：「沒有人知道怎麼做，〔廢料〕都是免費的，所以在早期是個很賺錢的行業，但現在的市場愈來愈競爭了。」

現在他擁有好幾間工廠，包括東莞這間占地遼闊，處理許多來自美國企業的後工業塑膠廢料（包括被淘汰的原物料、收縮膜等包裝材料及工廠礦渣）的再生處理工廠。那些倉庫——坦白說只是把隔間打通的大棚子——儼然是大而無當的建築代表，當我走在滿坑滿谷的廢料堆裡，

40　美國CBS電視臺《六十分鐘》節目於二〇〇八年十一月播出的〈電子廢墟〉（The Electronic Wasteland）。
41　二〇〇九年三月採訪林東亮。

我感覺自己就好像六〇年代電視節目《星球歷險記》（Land of the Giants）裡渺小的地球人一樣。我穿過許多堆積如山，可能來自大型連鎖零售店的數位影音光碟盒、一捆至少高三公尺半，不知為何還沒有切割成袋的奇多（Cheetos）零嘴包裝紙、堆成像浮冰一樣的壓縮收縮膜，以及免洗紙尿褲的殘餘剪屑。林說，在任何情況下，美國製造商把這些廢料整批運來中國交由他處理，絕對會比自己回收處理還要省錢。

當我們走進處理分類作業的工作棚，道理就更不言可喻了。那裡有幾位穿著圍裙的婦女，正從跟她們一樣高的巨大袋子裡拖出整堆塑膠膜，有些人正細心地剪掉上面的紙標籤，這是塑膠膜在清洗和重製成塑膠粒或塑膠片之前必經的程序，「在中國，這類勞工很便宜，人手又多，」林說，「在美國是好幾百塊的事情，你在美國能用兩百塊美金請到一個工人嗎？」

「你是指一個月兩百塊嗎？」我問。

「對，那是我們付薪水的方式，在美國，一天薪水就要兩百塊……不值得花那麼多錢請人做分類，但在中國，我們可以這麼做。」

在這裡工作的都是外地人，他們有員工宿舍可住，有員工餐廳可以解決三餐，而且工廠蓋在經人工綠化造景的土地上。工作棚雖然乾淨、通風良好，但仍然充斥著熱塑膠的氣味，以及高科技的機器在清洗、攪碎廢料，重製成塑膠料或塑膠片的運轉聲。大多數工人都戴上安全頭盔，少數幾個戴了面罩，但我沒看到任何人使用耳塞或其他的安全裝備。當我問林先生他怎麼知道他處理的是哪種塑料——這是西方回收業者必須仰賴電子儀器才能解決的一道難題——他說他通常可以憑自己的多年經驗分辨出來，但如果有需要，他還是會做個簡單的實驗：用火燃燒樣本，從火焰的顏色和亮度來判斷聚合物的種類。

我在另一棟建築物裡，看到一個男人站在一部大機器上面，把成堆的塑料鏟進去。那些塑料會迅速熔化，像灰色義大利麵一樣從機器的另一頭擠出來，經過一道冷卻水槽，然後切成塑膠粒，等待林把它們運回去給美國的製造商。[42]

降級回收

從宏觀的角度來看，你可以說像林這樣的生意人正在扭轉全世界的單向廢棄物流，讓它成為一個生產循環，套句澳洲再生科技專家艾德華．科肖爾（Edward Kosior）的話：「企業界已經找到了解決辦法。」[43] 一百年前幫人們處理破銅爛鐵的流動小販，現在已經躍上一個更大的舞臺；雖然舊金山市的零廢棄政策激勵了我把壞掉的原子筆、用過的野餐杯和裂開的水桶丟進資源回收桶，但中國對那些廢棄物的飢渴需求，才是保證它們重獲生機的主要原因。[44] 然而，有個垃圾清運公司的業務員告訴我，如果我住在芝加哥，故事的發展就會截然不同，那些廢棄物會被直接送進掩埋場，因為把大捆大捆的混合塑膠從芝加哥經由海路運到中國並不

42 不是所有回收業者都如此嚴謹，像我所參觀的另一間回收工廠，就將不同的塑膠材料混在一起處理，因此最後得到的再生塑膠材料品質比較差，只能用來製造花盆或掛衣架等低階產品，而該工廠的客戶大部分都是中國製造商。

43 二〇一〇年一月採訪艾德華．科肖爾。科肖爾是Nextek Pty Ltd.總經理，也是為全世界設計封閉循環模式的再生技術專家。

44 直到最近，3號到7號的廢塑膠大量輸往海外的情況才逐漸緩和下來。由於全球陷入金融風暴，海運費率不斷升高，因此對Recology公司來說，比較划算的做法是在當地尋找願意收購廉價塑膠的再生業者。

45 全國PET容器資源協會，〈二〇〇九年後消費PET容器回收活動報告〉（2009 Report on Postconsumer PET Container Recycling Activity）。

46 二〇〇八年秋，全球爆發金融風暴後，美國的回收計畫因為過度仰賴中國而遭到重創。由於各類廢料行情暴跌，尤

經濟，他解釋道，況且以目前來說，「它們在美國中西部沒有市場。」

為什麼市場發展不起來？中國對美國廢塑膠的強烈渴望至少提供了部分答案。那一箱箱運往亞洲的貨櫃，都在暗示美國正錯過塑膠經濟裡的一個重要階段：塑料的再生。過去十年來，隨著廢寶特瓶的回收量一直穩定成長，中國的收購量也在持續增加，換句話說，他們正拿走愈來愈多美國回收再生業者原本可以取得的廢寶特瓶。二〇〇九年，美國人總共回收了四億七千三百五十五萬公斤的寶特瓶，逼近歷史紀錄，但它們大部分都被賣到海外，尤其是中國大陸。美國再生業者只收購了百分之四十四，或者二億九千一百二十萬公斤，跟十年前比起來並沒有增加多少，[45]後消費塑膠回收者協會執行長亞歷山大就說，廢塑料的長期短缺已經對美國的回收業形成「創新及投資上的扼殺」，它讓那些能提高效率及利潤的分類與再生技術，得不到發展和運用的機會。

儘管美國回收計畫的成效不彰跟中國有很大的關係，[46]但它並不是唯一的因素，從一九九〇年代開始，美國的資源回收率就一直往下掉，連寶特瓶也不例外，[47]專家認為這個問題牽涉到市立回收計畫的弱點。住家回收和資源回收站的成效基本上取決於人們的回收意願，就像某位分析者說的：「我們是憑感覺在號召民眾，而那個感覺只能帶來二十五個百分點（回收率）。」[48]很顯然，許多人都感覺不值得費力做回收。

為了引誘更多民眾參與回收計畫，很多城市已經採用「單流式」（single-stream）的回收方

以塑膠最為嚴重，因此中國停止收購所有廢料，導致美國的回收基礎建設也隨之停擺，回收業者只好賠本出售、拒收不易回收的塑膠、租借倉庫來存放他們無法搬運的廢塑膠，甚至在一些更極端的例子裡，把廢塑膠掩埋起來，有幾個城市則乾脆決定中止回收計畫。請見Philip Sherwell，〈垃圾危機讓美國回收物堆積如山〉（Crash in Trash Creates Mountains of Unwanted Recyclables in the U.S.），英國電報網站（UK Telegraph），二〇〇八年十二月十三日。

47 美國整體回收率從二〇〇〇年的百分之四十一下降到二〇〇八年的百分之三十四，比一九九二年歷史新高的百分之五十四整整少了百分之二十。請見容器回收協會，〈二〇〇八年廢棄物與回收趨勢〉，p.4，http://www.container-recycling.org/assets/pdfs/reports/2008-BMDA-conclusions.pdf。

48 美國化工市場聯合公司（Chemical Market Associates, Inc.）分析師Chase Willett於二〇一〇年三月在德州奧斯汀市塑膠回收會議的演講內容。

式，也就是把所有廢棄物全丟進一個回收桶裡，這樣人們就不必再去區分紙、玻璃、塑膠和罐頭，配合實行住家回收計畫的意願會更高。[49] 然而，對於資源回收細分類廠來說，那些雜七雜八的廢棄物——混在紙或塑膠裡的碎玻璃、被油膩膩的廚餘給弄髒的紙張——代表了處理難度和處理成本都會跟著增加。儘管這種「垃圾進，垃圾出」的做法已經蔚為主流，但研究顯示，來到資源回收細分類廠的廢料內容愈繁雜，資源分類的品質和數量就會愈低。例如透過單流回收計畫分類完成的寶特瓶捆包，就經常遭到紙類、碎玻璃和扁罐頭汙染，導致轉賣價格下降（有個回收專家就告訴我，她曾經拆開一捆運到中國大陸的混合塑膠，結果發現裡面有臺吸塵器）。[50] 這種品質和數量之間的取捨，已經折損了市立回收計畫的成效。

不僅如此，它還會使廢塑膠瓶再生為新塑膠瓶這種「封閉循環」（closed-loop）式的回收系統無法順利發展。封閉循環系統代表了最具環保效益的回收模式，[51] 因為用舊塑膠瓶製造新塑膠瓶可以抵消原生塑膠的需求，最終減少我們製造物品時需要用到的資源，但是美國食品藥物管理局對於用來製造食品級產品的回收塑膠訂有嚴格的規定，導致住家回收計畫收集來的塑膠瓶很少符合標準，所以它們多半只能重製為聚酯纖維或打包帶，批評者把這個過程稱作「降級回收」（downcycling），因為那些再生產品的材料已經不是最初的原生塑膠。許多進入回收流程的其他塑膠製品也共同面臨了降級回收的命運，例如塑膠購物袋最後會重製成塑化木材、牛奶桶最後會再生為庭院棧板等等，這些產品或許有其價值（塑化木材就有很多優點），但無論透過什麼方式，它們都不能減少原生塑膠日漸增加的產量——這也是廢塑膠不斷淹沒我們的原因所在。

49 Peter Schworm，〈回收方案改變不了老習慣〉（Recycling Efforts Fail to Change Old Habits），《波士頓環球報》（Boston Globe），二〇一〇年三月十四日。關於單流式回收系統的問題探討，可參見Clarissa Morawski於二〇〇九年十二月為容器回收協會所做的報告〈單流式回收系統對經濟與環境之衝擊〉（Understanding Economic and Environmental Impacts of Single-Stream Collection Systems）。

50 二〇〇八年十二月採訪摩爾顧問公司（Moore Consultants）的Patty Moore。

51 封閉循環所產生的上游環保效益，據估計是降級回收或丟棄產品的十到二十倍。參見Morawski，〈單流式回收系統對經濟與環境之衝擊〉，p.8。

押瓶法攻防戰

瑪莉．伍德（Mary Wood）很確定有個方法可以改善塑膠瓶的回收與再生，她一直極力支持押瓶法，也就是目前已經在加州和其他九個州實施的同樣法案。[52] 二〇一〇年初，我在德州奧斯汀市的塑膠回收會議貿易展上遇到她，其實你很難錯過她——或至少她的攤位，因為一條寫著「塑膠汙染德州」的巨大橫幅，讓它在滿是親塑膠回收業者的參展大廳裡顯得格外引人矚目。[53] 無庸置疑地，那裡只有這個攤位在呼籲人們重視回收失敗的後果：一面牆貼滿了廢塑膠瓶堵住溪流的照片，另一張圖片呈現的是一隻鵜鶘的頭骨和牠卡在塑膠瓶裡的鳥喙。伍德與攤位夥伴佩西．吉爾漢（Patsy Gillham）正在全美資源回收率吊車尾的德州，積極遊說一項針對所有飲料瓶罐收取〇．一美元的押瓶回收法案。

她們的遊說行動才展開幾個月而已，吉爾漢說。這位留著一頭濃密鬈髮，微笑時露出齒縫，個性活潑開朗的六十多歲女士，是透過一位長期為一條橫跨休士頓市區的河流擔任看守志工的朋友，才開始投入這場環保運動。那位朋友堅信唯一能阻止河川垃圾繼續堆積的方式就是實施押瓶法，於是他邀請吉爾漢參加遊說行動，「他知道我有顆綠色的心。」她解釋道。後來吉爾漢找來了她的朋友伍德，不久兩人就決定辭掉工作，全力從事押瓶法的遊說工作。

同樣也是六十出頭的伍德女士，對政治運動相當陌生，雖然她是知名環保團體「山巒俱樂部」（Sierra Club）的長期支持者，也積極參與當地的草原復育及動物救援計畫，但她從來沒

52 一九七一年，奧勒岡州通過全美第一個押瓶法，接下來的十五年有十個州陸續響應，後來押瓶法的立法推動工作就陷入停擺。二〇一〇年，德拉瓦州廢除實施了二十八年的〇．〇五美元押瓶政策，該州的立法者認為由於大多數的商店都拒絕繳回空瓶，回收率並未提高，因此改為收取一筆不可退還的〇．〇四美元費用，當作廢棄物運輸業者成立住家回收計畫的開辦基金。參見Mike Verespej，〈德拉瓦州以爭議性費用取代押瓶費〉（Delaware Replaces Bottle Deposits with Controversial Fee），《塑膠新聞》，二〇一〇年五月十七日。

53 這個組織是由休士頓的一位反水汙染運動人士Mike Garvey所創立。作者於二〇一〇年三月採訪瑪莉．伍德與佩西．吉爾漢。

有參與過公開的遊說行動，然而一想到押瓶法似乎是解決塑膠廢棄問題最直截了當的辦法，她只好放手一搏。

儘管押瓶法的實施細節每州都不一樣，但它的運作機制大致相同。比方說，店家每進一瓶可口可樂，就會付一筆押瓶費給可口可樂經銷商，如果我在一個有實施押瓶法的州買了一瓶可口可樂，我必須先付一筆押瓶費給店家（通常是〇．〇五或〇．一美元），等到飲料喝光了，我就可以拿空瓶去換取我的押瓶費，然後店家再向可口可樂經銷商收取那筆押瓶費，以及〇．〇一到〇．〇三美元不等的空瓶處理手續費。在某些州，空瓶會由店家收集，但在其他州，可能會透過退瓶站或者附退瓶機的自動販賣機來收集。[54]

伍德說，這類法案之所以能奏效，是因為它們合乎情理，「押瓶法已經證明哪裡有金錢誘因，哪裡就有人做回收。」。接著她開始搬出一些統計數字：資源回收率在已實施押瓶法的州是未實施押瓶法的州的兩倍以上，[55]例如退瓶費高達〇．一美元（美國最高額度）的密西根州，就回收了超過九成的寶特瓶，[56]而且它的垃圾成長率也是全美最低。當你賦予那個空瓶金錢價值，人們自然會把它撿起來拿去退掉，她強調，否則它進入回收流程的機會就很渺茫。

我連那個舉行會議的飯店大廳都不必走出去就能明白她的意思。我坐在咖啡館裡，看見一位與會者勤快地把空果汁瓶交給女服務生，顯然心裡認為她會把它丟進回收桶裡，女服務生笑

54　採訪Collins女士；另參見〈什麼是押瓶法〉（What Is a Bottle Bill），http://www.bottlebill.org/about/whatis.htm。

55　容器回收協會網站。

56　出處同上。在實施押瓶法的州，飲料瓶在垃圾裡所占的比例減少了百分之六十九到百分之八十四。

容可掬地接過瓶子，結果等他走遠以後，她立刻把果汁瓶扔進了垃圾桶。雖然附近的資源回收站跟飯店只隔一條街而已，但這家咖啡館還是沒有回收空瓶。在鄰近伍德家的休士頓市，住家回收計畫的成敗完全取決於鄰里居民的配合度，而且因為缺乏資金，資源回收桶還得候補才等得到（舊金山有位環保運動人士得知資源回收桶還得候補之後，舉辦了一場募款活動，最後捐贈了兩百個桶子）。由於伍德所住的那個郊區完全沒有住家回收服務，因此她和她丈夫每次都得開二十幾公里的車，把空汽水瓶送到休士頓市的資源回收站，她說：「不是所有人都願意這麼做。」

伍德與吉爾漢為了爭取支持，努力向參觀者說明這項法案不但具有環保上的效益，更具有經濟上的效益——為德州創造更多的工作機會和財富，她們已經在會場遊說了一整天，希望能夠爭取業界的認同。

她們來對地方了，因為貫穿整場會議的其中一個主題，就是回收業者抱怨難以取得乾淨穩定的寶特瓶供應來源。這些業者高度仰賴實施押瓶法的州，事實上全美大多數的回收塑膠瓶，尤其是再生處理業者所收購的瓶子，都來自那些州。然而正如我從與會的回收業者口中得知的，國內的供給量並不夠，因為太多塑膠瓶被賣到中國大陸，所以美國回收業者經常必須轉向墨西哥、拉丁美洲和歐洲收購，好讓工廠可以繼續運轉。乾淨廢塑膠瓶的市場「實在太成熟了，」吉爾漢說，「我們唯一要做的就是收集它們，那些業者隨時準備全買下來。」

儘管如此，兩人都知道一場激烈的政治攻防戰是免不了的。美國除了最初在一九八六年通過押瓶法的那九個州以外，至今只在二〇〇二年新增了夏威夷州通過該法案，此外就再也沒有新的州成功通過這項法案，而且要求廢除現有法案的聲音始終都沒停過，[57]其中反對最激烈的就是飲料業者，因為他們得負擔從商店和退瓶站回收空瓶及後續處理的成本。飲料業者抱怨這項法案似乎只針對他們，把其他製造商排除在外，再說押瓶費也會對銷售量造成衝擊（雖然並無證據顯示飲料銷售量在實施押瓶法的州有偏低的現象）。雜貨店也反對這項法案，理由是他們不想為空瓶的處理和保管這種麻煩事負責。有趣的是，在一片跟押瓶法有關的辯論中，塑膠業者始終保持沉默：他們既沒有公開反對法案，也沒有表示支持。

的確，塑膠業從以前就不像紙業、鋼鐵業和鋁業那樣配合回收政策，除非當它面臨了政治上的壓力，就像最近關於塑膠袋的爭議一樣，長期擔任塑膠業顧問的哈沃德．拉帕波（Howard Rappaport）解釋了原因。[58]塑膠業唯一會投入大筆資金做回收的是塑料樹脂製造商，也就是那些知名的石油及化工大廠，拉帕波說，不過他們的優先考量是「生產並銷售原生塑膠」，所以只要石油及天然氣的價格保持合理穩定，就沒有經濟誘因能夠吸引陶氏化學、杜邦、埃克森美孚石油這類業者投入回收工作，當然他們也不會想疏遠跟他們購買原料然後製造塑膠瓶的飲料商。另一方面，那些我們預期應該樂於使用再生材料的塑膠產品製造商，在共同推動資源回收方面也像是一盤散沙，拉帕波說：「做垃圾袋的跟做塑膠瓶的毫不相干，跟做玩具的也毫不相干，他們太各自為政了，以至於沒有人能匯集足夠的產量與資金投入資源回收方面的基礎建設。」鋁業、鋼鐵業和紙業由於已經朝向垂直整合的方向發展，因此實行資源

57　二〇〇七年十月採訪Collins女士和前任執行長Betty McLaughlin。另參見Mooallem，〈飲水過多的無心後果〉，有關把瓶裝水也納入押瓶法適用範圍的爭議部分。

58　採訪拉帕波。

回收對他們來說比較容易，也比較具有經濟誘因，這些材料的回收率會高達塑膠的三到八倍，也就毫不令人意外。至於構築起塑膠業的那種毫無目的四處蔓延的網路，拉帕波說：「不是給資源回收用的。」

生產者延伸責任

無論被回收或丟棄，一支空的可樂瓶都只是冰山一角而已，它離問題的上游還很遙遠。在廢棄循環裡，人們經常指出的一件事是，我們每丟一公斤垃圾出去，工廠在生產過程中就製造出七十公斤垃圾。[59]

如果要讓垃圾真正減量，美國環保署說，**你一開始就要避免製造它**。這聽起來再簡單也不過了，但當我們急切地想要減輕垃圾掩埋場的壓力，我們已經把重點轉移到如何解決產品的報廢問題（處理那些已經被視為垃圾的東西），而不是從源頭解決它們的生產問題。長久以來，固體廢棄物管理強調的七字箴言一直是「減量、回收、再利用」（Reduce, Recycle, Reuse），但事實上我們都把大部分的力氣投入於回收，以至於原料基本上從工廠到垃圾桶的單向流並沒有任何改變。

「資源回收運動只注意小處，忽略了大處，」長期從事回收及零廢棄運動的比爾・席漢

59 Brenda Platt等人，〈停止垃圾我們的氣候〉（Stop Trashing the Climate），（Washington, DC: Institute for Local Self-Reliance, 2008），p.19。

（Bill Sheehan）說，[60]「所以在市場裡流動的原料一直不斷增加、增加、再增加。」這在環保署每年針對全國垃圾丟棄習慣所整理出來的報告中，就能夠得到佐證。一九七〇年，美國人每天平均製造一點五公斤的垃圾，其中有一點三六公斤會進入掩埋場，到了二〇〇八年，美國人每天平均製造兩公斤的垃圾，其中有一公斤會進入掩埋場，[61] 雖然我們的資源回收量增加了，但還不足以抵消持續成長的消耗量。不僅如此，在資源回收計畫實施四十年後的今天，美國的塑膠包裝製造量打破了以往紀錄，丟棄量也幾乎一樣多，[62] 因此有些批評者抱怨資源回收計畫已經名存實亡，它只不過是「彌補貪婪之過的一種贖罪儀式」，一九九六年《紐約時報雜誌》記者約翰·提爾尼（John Tierney）在他一篇著名的反回收激烈論述中如此寫道。[63]

席漢認為資源回收還是可以奏效，我們只需要把責任從消費者轉移到生產者身上，所以他目前正協助推動一套政策，期望能嚴加規範「生產者延伸責任」（Extended Producer Responsibility, EPR）。EPR的基本概念很簡單，它要求生產者必須為產品在整個生命週期中對環境造成的影響負起全責，不只是產品的使用，還包括後續的處置問題，正如一位EPR專家扼要地指出：「你製造它，你就得處理它。」[64]

席漢很堅持這個概念完全合乎邏輯，只要看看廢棄物流在過去一百年來如何改變就可以理解了。在都市資源回收系統建立之初，大部分的垃圾都來自廚餘和鍋爐及壁爐的燃料灰燼，只

60 二〇一〇年二月採訪產品政策研究中心（Product Policy Institute）執行長比爾．席漢。

61 美國環保署，〈都市固體廢棄物〉報告，二〇〇八年，p.9。

62 根據草根資源回收網路（The Grassroots Recycling Network）的〈二〇〇〇年美國廢棄與回收報告〉（Wasting and Recycling in the U.S. 2000）指出，一九九〇到一九九七年間，塑膠包裝量的成長速度比回收塑膠快了五倍；引述自Jim Motavalli，〈零廢棄〉（Zero Waste），《E雜誌》（E Magazine），二〇〇一年三／四月號。

63 約翰．提爾尼，〈資源回收無用論〉（Recycling is Garbage），《紐約時報雜誌》（New York Times Magazine），一九九六年六月三十日。

64 安大略省管理計畫（Stewardship Ontario）政策及計畫副總裁，同時也是該省一項EPR計畫負責人的Lyle Clarke，於二〇一〇年三月在德州奧斯汀市塑膠回收會議上所作的演講。

有一小部分是紙張、碎布料、瓶子等製成品，今天，超過四分之三的都市廢棄物都是像寶特瓶這樣的製成品，因此要求納稅人負擔數千萬公斤廢棄物的處理成本，是一種權責極不對等，強制推行卻不給經費的工作，席漢說：「這等於在促使生產者或者鼓勵生產者，盡量製造用完即丟的產品。」

席漢和其他EPR擁護者都認為，現在該是私人企業開始負擔那些產品的收集、處理和再生成本的時候，而且要求生產者為產品的整個生命週期負起經濟上的責任，可以誘使他們從一開始就減少浪費，席漢解釋道。一旦他們必須花錢回收產品，他們就更可能去設計更具回收效益、更符合現有回收流程的產品，[65] 這種制度將能創造市立回收計畫根本做不到的一種正向循環。

有些部分得回到未來，例如那些隨著寶特瓶問世而消失的可重複充填瓶。它們是EPR的雛形，另外，由於押瓶法需要業者負責空瓶的回收工作，因此它也是加強生產者延伸責任的做法之一。生產者延伸責任是一九九一年德國首度實施《包裝廢棄物減量條例》（Ordinance on the Avoidance of Packaging Waste）這項EPR法案時就開始推行的一項運動，它要求製造商及商標所有人負責處理產品包裝的回收與再生工作。當時，德國垃圾掩埋場的負荷量已經接近滿載（包裝廢棄物是主要禍首），不得不開始將垃圾輸出到鄰近國家，於是政府訂定了雄心勃勃的目標，例如要求包裝材料的回收率達百分之六十四到七十二，但業者可自行決定如何執行。

---

65 完整討論可見於Helen Spiegelman與比爾．席漢的研究報告〈無心後果：都市固體廢棄物管理與拋棄型社會〉（Unintended Consequences: Municipal Solid Waste Management and the Throwaway Society），（Athens: GA: Product Policy Institute, 二〇〇五年三月）。另參見Melinda Burns，〈悶燒中的垃圾起義〉（The Smoldering Trash Revolt），《Miller-McCune雜誌》（Miller-McCune Magazine），二〇一〇年一月二十一日。

其結果就是德國雙軌制度公司（Duales System Deutschland）和它那已成為全世界處理包裝廢棄物典範的綠點計畫（Green Dot）。在這項計畫中，廠商需要付費給一個非營利機構取得授權，以便在他們產品的外包裝貼上著名的綠點標誌，這個標誌將會告訴消費者他們可以將這些包裝丟進回收桶，那筆授權費也能幫助營利機構分擔那些綠點廢棄物的收集、分類、回收及再生成本。

目前德國有超過百分七十五的包裝材料都貼有綠點標誌，當然也包括寶特瓶在內，[66] 而且這項計畫也已經擴展到全歐洲，現在歐洲銷售的數千萬件包裝材料都貼有綠點標誌，跟我們的塑膠分類編碼系統不同的是，這個標誌名符其實地保證了那些材料將會被回收。

這項法案不僅達成了大部分的目標，而且超乎預期——包裝廢棄物的回收率突破百分之七十六，廢塑膠的回收率大幅提高到百分之六十，有幾年數字甚至更高，[67] 它也刺激了分類及再生新技術的發展，進一步幫助德國達成那些目標。有了德國法案的示範，歐洲議會在一九九四年也通過了一項類似的法案，在制定回收目標的同時，也允許各會員國自行決定如何執行，雖然每個國家有不同的政府與民間計畫，但大致上是殊途同歸，即使在消耗量持續成長的狀況下，進入垃圾掩埋場的包裝廢棄物依然在逐漸減少。

整體而言，歐洲目前已有半數以上的後消費塑膠廢棄物從掩埋場分流出來，而且塑膠包裝的回收率也達到百分之二十九，這聽起來或許沒什麼，但如果你考慮到這個平均數字不僅包括

---

66 有關德國資源回收制度的訊息，可見Imhoff，《紙或塑膠》（Paper or Plastic），pp.46-53；乾淨生產行動組織，〈德國包裝回收法重點整理〉（Summary of Germany's Packaging Takeback Law），二〇〇三年九月。相關資訊請見https://www.cleanproduction.org/。關於綠點計畫的概況介紹，可參考Betty Fishbein，〈EPR：它是什麼？它將何去何從？〉（EPR: What Does It Mean? Where Is It Headed?），《汙染防治評論》第八期（Pollution Prevention Review 8），一九九八年，pp.43。

67 〈利潤預警：德國的綠點為何有賣點？〉（Profit Warning: Why Germany's Green Dot Is Selling UP?），Let's Recycle環保新聞網站，二〇〇四年十一月二十五日，https://www.letsrecycle.com/news/latest-news/profits-warning-why-germanys-green-dot-is-selling-up/。

68 歐洲塑膠貿易協會（PlasticsEurope），〈二〇〇九年引人注目的塑膠事實〉（Compelling Facts About Plastic, 2009），https://www.plasticseurope.org/en/resources/publications/180-compelling-facts-about-plastics-2009。

德國、丹麥這些回收率接近百分之百的國家，還包括了希臘這些回收率幾乎不到百分之十，紀錄不甚光彩的國家，你的想法就會改觀了。另外，瑞典幸虧有一套等同於全國押瓶法的實施辦法，他們的寶特瓶回收率也高達百分之八十。[68]

值得注意的是，歐洲國家回收的塑膠廢棄物有一大部分用於電力及熱能的生產，也就是所謂的「**垃圾轉能源**」（waste-to-energy）技術。目前大約有四百座垃圾轉能源工廠遍布於歐洲各地，而歐盟也把它們所做的工作算在資源回收的範圍內，這就是為什麼許多歐洲國家擁有令人羨慕的高回收率，不過由於歐洲極度缺乏掩埋場，因此伴隨這些工廠而來的環保疑慮並沒有引發太多政治關注。至於在美國（可以說，因為還有繼續辯論下去的空間），目前只有八十七座垃圾轉能源工廠，大部分都集中在東岸，而且自從一九九〇年代中期開始就沒有再建造新的工廠，然而由於塑膠包裝持續遭到強烈批評，塑膠業界已經有人帶頭投入這類技術，解決塑膠廢棄物的處理問題。[69]

EPR法案不僅帶動了資源回收，也激勵了製造商及商標所有人，讓他們勇於大幅改變產品的包裝方式。現在許多業者已經開始減少不必要的包裝，例如不再把牙膏裝入紙盒、避免採用PVC等不常回收的包裝材料，或者生產補充包和濃縮產品等等。除此以外，那些研究顯示對環境的衝擊最為輕微，可重複充填使用的玻璃瓶及寶特瓶，也開始獲得廣泛運用。[70]綠點計畫在實施的頭四年，就幫德國減少了百分之七的包裝消耗量，然而在同一時期，美國的包裝消耗量卻增加了百分之十三。[71]

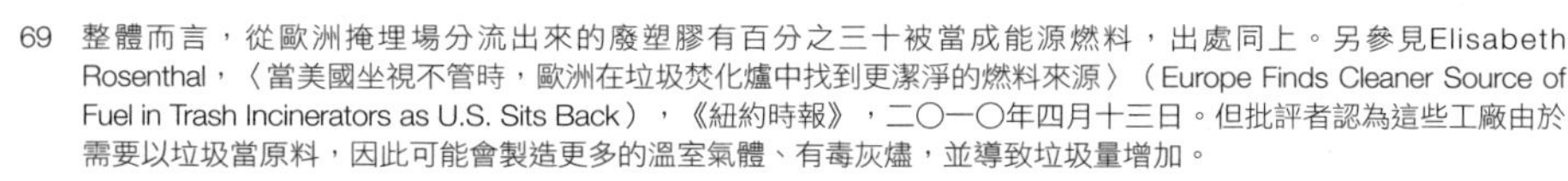

69　整體而言，從歐洲掩埋場分流出來的廢塑膠有百分之三十被當成能源燃料，出處同上。另參見Elisabeth Rosenthal，〈當美國坐視不管時，歐洲在垃圾焚化爐中找到更潔淨的燃料來源〉（Europe Finds Cleaner Source of Fuel in Trash Incinerators as U.S. Sits Back），《紐約時報》，二〇一〇年四月十三日。但批評者認為這些工廠由於需要以垃圾當原料，因此可能會製造更多的溫室氣體、有毒灰燼，並導致垃圾量增加。

70　採訪Collins女士。

71　Fishbein，〈EPR〉。加州自然資源保育局（California Department of Conservation）在一項最新的報告裡指出，二〇〇〇年至今，包裝廢棄物數量一直穩定維持在一千五百一十萬公噸到一千五百五十萬公噸之間，顯示回收政策已經成功切斷經濟成長與垃圾量增加之間的關係；參見R3顧問公司與Clarissa Morawski，〈加州飲料容器生命週期管理系統評估〉（Evaluating End-of-Life Beverage Container Management Systems for California），加州自然資源保育局，二〇〇九年五月。

EPR的概念正在開枝散葉中。全世界有三十個以上的國家通過了包裝回收法，[72] 而且他們多半都遵循歐洲的例子，在法案中要求生產者為有害物質（例如汞）以及某些產品（例如電子產品和汽車）負起責任。長久以來，美國對於規範生產者延伸責任始終採取抗拒的態度，但這個現象已經有所改變，目前至少有二十四個州實施了涵蓋電子廢棄物的生產者延伸責任法，佛羅里達州、明尼蘇達州、印第安那州和緬因州也開始研擬法案，要求生產者必須挺身而出，扛起處理廢棄藥品、含汞的溫度計、恆溫器和檯燈等產品的責任。在加州、佛蒙特州、奧勒岡州和羅德島，EPR的概念更被欣然納入廢棄物政策中，成為一個普遍的指導原則。[73] 由席漢主持的環保機構「產品政策研究中心」（Product Policy Institute）在加州、奧勒岡州、華盛頓州、佛蒙特州、紐約州及德州（還有英屬哥倫比亞）都成立了產品管理委員會，藉由結合政策制定者、環保運動人士和商人的力量，共同推動EPR的政策及法案，席漢說：「不僅州議員紛紛響應，產業界也很認真看待這件事。」

從搖籃到搖籃

即使沒有EPR法案的激勵，現在也有愈來愈多企業在尋找方法減少自家產品的包裝足跡，因為很多人已經明白，只要對地球有好處，對企業本身也會有好處。永續包裝聯盟（Sustainable Packaging Coalition）在這方面向來不遺餘力，它是建築師威廉・麥唐諾（William McDonough）為了實現自己在二〇〇二年提出的工業改革宣言《從搖籃到搖籃》（Cradle to Cradle*）所創立的

72 加州海洋保育委員會（California Ocean Protection Council），〈加州海洋保育委員會海洋垃圾減量及防治決議實施策略〉（An Implementation Strategy for the California Ocean Protection Council Resolution to Reduce and Prevent Ocean Litter），二〇〇八年十一月二十日，p.11。

73 產品政策研究中心網站；加州產品管理委員會網站。

* 譯注：《從搖籃到搖籃》，野人文化出版。

一個機構。麥唐諾與合著者麥克．布朗嘉（Michael Braungart）在該書中指出，廢棄物象徵的是一種本質上的非永續性，「大自然以新陳代謝的方式不斷運行，在過程中不存在所謂廢棄物。」另外，他們也舉一棵櫻桃樹為例。櫻桃樹會開花結果，雖然那些花果會散落到地上，但絕不是無謂的浪費，它們會為微生物、昆蟲和鳥提供食物，同時滋養土壤；在大自然裡，「廢物即食物……幾百萬年來，這種周而復始的、從搖籃到搖籃的生態系統滋養出我們這個生機勃勃、物種繁多的星球。」[74] 他們也主張，人類的製造業應該按照相同的方式運作，這樣所有的產品及其衍生出來的副產品，才能重新回到工業或大自然的新陳代謝循環中。

這個原則正是永續包裝聯盟的積極精神。永續包裝聯盟由全世界一百多個原料製造商、包裝商、消費產品製造商、零售商和廢棄物運送業者所組成，成員包括陶氏化學、可口可樂公司、百事可樂公司、蘋果公司、戴爾公司、星巴克公司、寶僑公司，當然也包括實施包裝廢棄物減量措施之後，震撼全球供應鏈的知名零售商沃爾瑪公司。該聯盟每季都會舉辦會議，讓成員互相分享觀念、策略以及設計「從搖籃到搖籃」產品包裝時所遇到的挑戰。

我曾經參與其中一場會議，而在觀察演講者的正式簡報和與會者的走廊對談後，我終於明白他們的目標有多麼複雜。首先，考量產品包裝的各種目的：保持食物鮮度、避免產品毀損、預防偷竊，當然，還有提高賣相等等，因此當你開始改變產品的包裝方式，那些因素全都可能受到影響，英國大型連鎖零售店瑪莎百貨（Marks & Spencer）的海倫．羅勃茲（Helen Roberts）就在某場討論會中說：「我可以拿走所有的食物包裝，但不用一個月我就會看到廚餘量暴增

74　威廉．麥唐諾與麥克．布朗嘉，《從搖籃到搖籃：綠色經濟的設計提案》（New York: North Point Press, 2002），p.92。

一倍。」因為食物會腐敗。或者，就像寶僑公司代表在另一場討論會裡所觀察到的，消費者可能無法理解或支持企業的目標，例如該公司認同小瓶裝濃縮產品對環境有益，但它們很難賣，因為消費者還是抱持著「大就是好」的原始觀念。在另一場討論會上，美國最大的有機蔬菜供應商地球農場（Earthbound Farm）說明了他們在採用跟產品一樣對地球友善的包裝上所做的努力。該公司一直很盡力確保那些用來保護運往全國各地途中，容易受損的生鮮食品的包裝材料，都是用可回收再生的PET做的，但有個顯然不是產品包裝專家的女士，還是從後方站起來，把他們的代表罵得滿頭包，那位女士說：「我要讓你們知道，我已經決定不買你們的萵苣了，因為它們是裝在塑膠袋裡的！」[75]

就連永續性的環保措施都很難面面俱到。就拿一九九〇年代開始在貨架上出現用來裝果汁或湯品的鋁箔包來說好了，[76]這些包裝盒從能源的角度來看相當有效率，它們耗用的材料比較少，比罐頭或甚至塑膠瓶還輕，在裝箱運貨時比較省空間，而且可以在貨架上擺得比較久，絕對符合永續包裝聯盟對永續產品包裝所設定的某些條件，但因為鋁箔包夾雜了塑膠、鋁箔、紙等多層材質，回收不易，所以又跟永續性的另一個條件有所牴觸。在今天這個世界，沒有什麼選擇是完美的，我們唯一能做的就是權衡利弊得失，如同永續發展聯盟的專案經理安．畢達夫（Anne Bedarf）所說的：「只有在提升永續性的旅程上不斷前進。」

現在我桌上這個600c.c.空可樂瓶，在很多方面都反映了這趟旅程和它所帶來的挑戰。數十年來，可口可樂公司一直關切產品包裝對環境帶來的衝擊，該公司永續包裝指導大師史考特．

75 永續包裝聯盟季會，舊金山市，二〇〇八年四月。

76 二〇〇八年三月採訪永續包裝聯盟主任Anne Johnson。

維特斯（Scott Vitters）說。[77] 這位從一九九七年就任職於可口可樂的環保策士，話語中經常充滿令人難以理解的永續性詞彙：「我們的目標是藉由杜絕或減少整個產品價值鏈的廢棄物，在產品包裝上為經濟、環境和社會的永續性做出最大的貢獻。」講得白話一點：包裝廢棄物會賠上可口可樂公司的錢途跟聲譽，所以他們不斷想辦法減少包裝材料用量，確保包裝不會被浪費。為了達成這個目標，維特斯說，可口可樂公司長久以來一直把環保3R「減量、回收、再利用」奉為圭臬。事實上，該公司已經公開承諾要達到零廢棄的目標。

相較於納山尼爾・魏斯當初的發明，今天可口可樂公司和其他飲料製造商所使用的寶特瓶，瓶身明顯輕薄，而且富有流線型，因為減少瓶壁的厚度，就能減少三分之一的塑膠用量；原本用高密度聚乙烯做成的扁平底座，現在也已經從家庭號身上消失，因為它很不容易回收；瓶身上的標籤已經縮小，而且使用較易撕除的黏著劑，以便增加回收程度；甚至連瓶蓋都縮短了，讓塑膠量又減少了百分之五，等於一年可以節省一千八百萬公斤的塑膠用量，「這個數字累積得很快。」維特斯說。我面前所放的這個600c.c.健怡可樂瓶，是市面上最輕的汽水寶特瓶，[78] 至於其他包裝，例如可口可樂瓶裝水Dasani的包裝瓶，也已大幅減輕重量，一年大約可以減少四千五百萬公斤的塑膠用量。[79]

事實上Dasani的包裝瓶是維特斯最自豪的成就之一，原本可口可樂公司的設計人員打算推出瓶身為深藍色的Dasani瓶裝水，但維特斯提到深色瓶會造成回收不易，因為PET再生業者需要的是無色塑料，於是設計人員決定改用更淺的色調，除此以外，它的瓶蓋也採用了更易於

---

77 關於可口可樂公司的多項措施，是根據二〇一〇年三月採訪當時擔任永續包裝、環境及水資源部門總監的史考特・維特斯，以及同年八月與他互通電子郵件時所得到的訊息。另參見可口可樂新聞稿〈我們對環境責任的承諾〉（Our Commitment to Environmental Stewardship）；Marc Gunther，〈可口可樂的綠色先鋒〉（Coca-Cola's Green Crusader），《財星雜誌》（Fortune），二〇〇八年四月二十八日；Marc Gunther，〈可口可樂的新植物瓶為綠色包裝鋪路〉（Coca-Cola's New PlantBottle Sows Path to Greener Packaging），Greenbiz網站（Greenbiz.com），二〇〇九年十二月一日。

78 Amy Galland，〈廢棄物與機會：二〇〇八年美國飲料容器總報告〉（Waste and Opportunity: U.S. Beverage Container Scorecard and Report, 2008）。這份為看守組織As You Sow所作的報告，按照產源減量、再生及回收材質的使用等評分標準，幫可口可樂打了個C，很顯然這是任何飲料製造商所能拿到的最高分。

79 Betsy McKay，〈飲料瓶裡的訊息：資源回收〉（Message in the Drink Bottle: Recycle），《華爾街日報》，二〇〇七年八月三十日。

回收的做法，他說：「那個包裝瓶每個層面都考慮到生命週期。」另一個幫可口可樂打出漂亮一仗的是日本分公司，他們不久前推出了超輕量包裝的「I LOHAS天然水」（以樂活為訴求點），它的瓶子輕薄到可以用手擰成一條僅重十二公克的麻花，這個重量差不多是其他礦泉水瓶的一半。[80] 當然，我們不太清楚究竟裝在那個羽量級瓶子裡的產品是否真的符合樂活精神，尤其考慮到製造商必須耗費能源來充填、販賣一種大多數消費者只要轉開家中水龍頭，不必花多少錢就能享用的東西（更別提可口可樂主打商品的樂活程度了），這就是永續包裝的矛盾。

一九九一年，可口可樂公司在全球首創用回收材質製造寶特瓶的新方法，不過它在美國以外的國家落實程度比較高，尤其是那些嚴格遵循EPR法案的國家。以全球來說，可口可樂公司一直試圖確保用來製造包裝瓶的塑料樹脂，至少要含有百分之十的回收材質，但在許多地方，這個回收材質比例可以高達百分之二十五甚至百分之五十。儘管他們在一九九〇年代初期曾經作出承諾，但在美國銷售的可口可樂飲料瓶，回收材質含量最多都不超過百分之五到百分之十（這些比例是指用於製造瓶子的塑料樹脂含量，不是每個瓶子裡回收材質的含量）。維特斯說，美國可樂瓶的回收材質含量偏低的原因之一，就是廢塑膠瓶的收集不易（這正是可以透過更多押瓶法案獲得解決的問題）。[81]

最近可口可樂公司已經設定目標，打算要求未來在全美銷售的自家產品百分之百都可以回收，這代表他們將繼續開發廢寶特瓶的新用途，例如目前利用舊可樂瓶製作出來的T恤和椅

---

80 Ariel Schwartz，〈可口可樂日本分公司販售易於壓扁回收的瓶裝水，但這會是漂綠嗎？〉（Coca-Cola Japan Sells Easy-Crush Water Bottles to Save Plastic, But Is It Greenwashing?），《高速企業》（Fast Company）雜誌，二〇〇九年六月九日。

81 二〇一〇年八月與維特斯的電子郵件往來。

子等。但更為重要的是，它代表了擴大再生基礎建設的投資，而其中最大手筆的投資，就是他們在二〇〇七年耗資四千五百萬美元，在南卡羅來納州斯巴坦堡市（Spartanburg）建造全球規模最大的瓶到瓶（bottle-to-bottle）再生工廠（可口可樂已經在澳洲、墨西哥、瑞士和菲律賓建造了類似的封閉循環再生工廠）。這間位於南卡羅來納州的工廠，預計一年可以處理四千五百萬公斤的回收寶特瓶，相當於二十億個600c.c.的可口可樂瓶。[82] 一旦工廠開始全面運作，可口可樂公司希望將來銷售於美國的寶特瓶，都能含有百分之二十五的回收材質（可口可樂公司還可以把比例拉得更高，但無法超過百分之五十；專家表示如果超過這個上限，塑料樹脂的品質就會開始變差，顏色也會變深[83]）。

所以這是真的嗎？有些人對可口可樂的承諾提出質疑，因為長久以來，它一直堅決抵抗一項已經證實可以提高回收率、減少塑膠廢棄量的生產者延伸責任措施：押瓶法，而可口可樂及其他飲料大廠的雄厚資金，正是我們之所以那麼欠缺押瓶法的主要原因。維特斯堅稱他們反對的不是EPR法案，而是衝著飲料業者而來的法案，他在對歐洲EPR包裝制度表示肯定時說：「我們需要把焦點放在所有包裝及印刷材料上，然後再來要求業者負擔回收成本。」維特斯言之有理，但如果這真的是可口可樂的立場，為什麼它遲遲不肯跟EPR擁護者積極合作研擬法案，反而一再打擊每個押瓶法提案？

二〇一〇年初，可口可樂公司揭曉了他們朝永續性目標所邁出的最新一步：植物性塑膠瓶（PlantBottle）。植物性塑膠瓶是一種以植物取代部分原料，並不是完全用石油或天然氣做成

82 Mike Verespej，〈可口可樂準備在美國興建PET回收工廠〉（Coke Planning U.S. PET Recycling Plant），《塑膠新聞》，二〇〇七年八月三十一日；社論，〈可口可樂的PET承諾：真進步還是假公關？〉（Coke's PET Pledge: Real Progress or PR?），《塑膠新聞》，二〇〇七年九月二十四日。

83 採訪科肖爾。

的寶特瓶。可口可樂公司用巴西的甘蔗提煉出在寶特瓶原料中占有部分比例的乙二醇（monoethylene glycol），但另一項主要原料對苯二甲酸（terephthalic acid），則仍需靠石化燃料加工才能取得，維特斯說：「目前這個瓶子大約有三分之一是植物原料，但我們正在努力朝百分之百的替代率前進。」植物性塑膠瓶雖然採用的是新式原料，但它還是完全適用於現有的寶特瓶回收流程，對維特斯而言，這個瓶子是「從搖籃到搖籃」概念的終極展現，也是可口可樂公司零廢棄目標的具體實踐，套句他的話：「植物性塑膠瓶讓一切都連結起來了。」

像植物性塑膠瓶這類以植物為基礎的塑膠製品，真的能為我們帶來一個永續的世界，一個可以讓空塑膠瓶像散落的櫻花那樣滋養萬物，而非毫無價值只能丟棄的世界嗎？這是個撫慰人心的想像，但在我們與塑膠之間混亂而漫長的關係裡，或許尋求這種撫慰是可以獲得原諒的。很顯然，生物塑膠製品是整個產業界努力邁進的目標，但就像每個接受過婚姻諮詢的人所知道的，想像一個更健康的未來是一回事，化領悟為行動才是困難的開始。

綠色的定義

從信用卡談塑膠的未來

物件主角：信用卡

塑膠主角：聚氯乙烯

物件配角：會員卡、現金卡

塑膠配角：生質塑膠聚乳酸（PLA）、甘蔗乙醇、英吉爾（Ingeo）天然塑膠、聚羥基烷酯（PHA）、Mirel生質塑膠

本章關鍵字：大來卡、生質塑膠、生命週期思考法、環保女士（生活一年不碰塑膠）

故事是這樣流傳的，一九五一年某個夜晚，紐約企業家法蘭克．麥納瑪拉（Frank McNamara）和朋友外出用餐。帳單送達時，麥納瑪拉才懊惱地發現皮夾留在家裡。這個磨人的經驗使他發明了用餐者俱樂部卡（Diners Club card，即大來卡），使會員在參與的餐廳用餐時能記帳，月底才付清帳單。顯然他並不是唯一經歷過沒帶現金窘境的人，因為一年內就有二萬人申請加入大來卡。卡片本身沒什麼特別之處，只是一張能放進皮夾的方形紙板，但是一段信用卡歷史沿革的敘述如此說道：「它所隱含的概念，即由第三者提供『現在買，以後付費』的程序，相當具革命性。」[1] 錢的意象變得單薄，現金與信用之間的分隔線變得模糊不清。錢的新身分嵌入了一張象徵性的卡片中，使你不用拿出法定貨幣就能付帳。錢於是有了全新的可塑性。

幾年後，美國運通於一九五八年推出第一張塑膠信用卡，錢便真的與塑膠結合在一起，成為二十世紀中期能轉變潮流的塑膠物品中，另一項美國人欣然接受的產品。美國運通廣告說塑膠卡片比當時流行的輕薄紙卡更上一層樓，並且保證塑膠卡片「更禁得起每天使用」。[2] 這暗示的是，卡片不單是便於偶爾外出用餐使用，而且也是一項日常生活工具。我們不必再受到銀行營業時間的限制，或者要等貸款人員點頭，就可以在任何日子、任何時間購買想要的東西，而且日後才付錢。到了一九六〇年代中期，有別於過去的卡片，美國運通、萬事達和其他卡片開始提供循環信用，允許客戶將每月的信用餘額轉移到下個月。信用當然並不是什麼新概念，但是這種即時可用性卻非常新穎。從此，我們真的完全不受實體紙鈔的限制，購買的習慣也不再受限於「手上的現金」。不管是否負擔得起，我們都可以自由地消費。

---

1 Caitlin McDevitt，〈塑膠回顧：信用卡的象徵性意義〉（Plastics Flashback: A Visual History of the Credit Card），《大亨》（Big Money），二〇〇九年五月二十八日；線上資訊http://www.thebigmoney.com/slideshow/plastic-flashback#。

2 同上。大約同一時期，克里夫蘭一家公司開始製造塑膠簽帳卡，以卡片可以成為發行簽帳卡的公司的「皮夾廣告」來促銷。許多大型汽油公司、商家和銀行很快就接納了這個想法；見「塑膠信用卡」，《現代塑膠》，一九五七年十一月。

怪不得再過十年左右，信用卡已經司空見慣到使「塑膠」一詞成為錢的同義字，逐漸取代使人想起實體現金質感的各種說詞，譬如有金屬響聲的「兩個銅板」（two-bits，指〇．二五美元），或砂紙質感的「鋸木架」（sawbucks，指十元紙鈔，因為十在羅馬數字為X，形狀像鋸木架）。當小說家丹．傑肯斯（Dan Jenkins）在一九七五年的小說《無懈可擊》（Dead Solid Perfect）中，第一次在紙本上寫出：「她整個皮包裡都是塑膠」時，每位讀者都知道他是什麼意思。[3]

到今日，塑膠卡片已經成為商業交易的主要通用貨幣。或者如某卡片製造商在網站上誇張的說詞：「塑膠卡片是連結人類與文明的實體物件。」[4]美國成年人每四人有三人擁有信用卡，而且其中大都擁有三張以上。但是信用卡並不是唯一在一般人的皮夾中取代現金的塑膠。每五個美國人中有四人擁有現金卡，每六人中有一人擁有加油、打電話或一般消費用的預付卡。[5]塑膠卡片也逐漸成為禮物的替代品[6]，尤其當收禮的人是你不熟悉的人，譬如門房警衛、同事或遠房親戚時更是如此。禮儀小姐（Miss Manners）*可能會抱怨這種毫無人情味的禮物卡剝奪了送禮的「誠意」，然而禮物卡提供的是如此方便又無壓力的感恩方式，乃至於美國一年要生產一百億張禮物卡。[7]誰想得到我們竟會如此利他？

在演化的過程中，這些小小的乙烯塑料方塊也變成了行銷目標和人文思想的畫布。卡片發行公司利用以色彩分類的奢華卡片操弄人們的身分意識，這麼做的包括了美國運通的第一張金

3 《牛津英語字典》；作者與Geoffrey Nunberg的電子郵件往來，二〇一〇年四月。

4 這段話出現在一家主要塑膠卡片製造商Teraco的網頁上。

5 〈消費者付費選擇調查〉（The Survey of Consumer Payment Choice），波士頓聯邦儲備銀行，二〇一〇年一月；線上資訊www.creditcard.com。

6 Tracie Rozhon，〈本季疲倦的佳節購物者送的是塑膠卡片〉（The Weary Holiday Shopper is Giving Plastic This Season），《紐約時報》，二〇〇二年十二月九日。

* 譯注：美國作家茱蒂絲．馬丁（Judith Martin），筆名為Miss Manners，禮儀小姐，是位禮儀專家。

7 Cindy Waxer，〈環保行動專注於禮券卡〉（Eco-friendly Initiatives Focus on Gift Cards），Creditcards.com；線上資訊http://www.creditcards.com/credit-card-news/eco-friendly-green-gift-cards-plastic-1273.php。

卡，和威士卡（Visa）廣受歡迎的奧斯丁・包威（Austin Powers）白金卡，該卡以「這是白金的，寶貝！」做為宣傳口號。[8] 二〇〇九年電影《型男飛行日誌》（Up in the Air）中，由喬治・克隆尼扮演主角，他渴望的是一張不易獲得的碳黑色百萬里程飛行卡。此外，銀行也利用聯名卡來訴求情感上的連結，最早是威士卡在一九八九年和美國足球聯盟合作發行而大受歡迎的聯名卡。如今，從美國步槍協會（National Rifle Association）到人道對待動物協會（People for the Ethical Treatment of Animals）在內，任何你關心的主題，都有一張聯名卡存在。或者至少我可以選擇以我所關切的事物為主題封面，不論那是小狗、母校、最愛的樂團或自己的家人。

但是卡片本身的條款或上面的修飾圖案，並非唯一具有時代精神的要件，卡片本身的材質，那片五公克重的塑膠也是。在這個人們愈來愈關切塑膠對環境傷害問題的時代，卡片也開始接受全面性改革。這些促進消費的工具也開始綠化。

綠色塑膠

我手上拿著新的發現卡（Discover card）。它看起來和一般塑膠信用卡無異，不過我被告知這張卡片用的是在丟棄後可無害分解的聚氯乙烯所製成。卡片背面是棕土的大地色，並且印有**可生物降解**（biodegradable）字樣。我透過電話訂這張卡片時，客服人員說明我有幾個封面選擇：純灰色、美國國旗、北極熊、貓熊、山景和沙灘。這些和塑膠汙染問題都沒有特別關

8 McDevitt，〈塑膠回顧〉。

聯，但是想到太平洋中的漩渦，我選擇了沙灘，沒想到我拿到的畫面，竟然具有地中海俱樂部宣傳單上那種超飽和又不真實的景象。我把卡片拿給丈夫看時，他說：「這是張**發現**卡，他們要妳花錢去發現世界。」

發現卡在二〇〇八年底推出這些新的「環境友善」卡，剛好趕上聖誕節購物潮。當時該公司發言人說：「我們希望這會吸引想要生活得更環保的人士。」公司不肯透露有多少環保客戶選用了這張卡，只說：「目前的成果已經超過預期，這使我們備受鼓舞。」[9]

你若還記得，環保人士對聚氯乙烯的憎惡遠超過其他任何塑膠，這在綠色和平組織的圈子裡被稱為「有毒塑膠」。自從美國運通首度推出信用卡以來，幾乎所有信用卡、禮物卡和現金卡，都是用聚氯乙烯製成。卡片製造商喜歡使用聚氯乙烯，因為它很容易處理，具有恰當的硬度和彈性，而且夠耐用，禁得起信用卡三到五年效期的使用。[10]

雖然在與信用卡有關的各種危害中，環境議題遠不如信債問題，而且環保人士在警告關於聚氯乙烯的危險時，指出的產品通常也不會是信用卡，但是在塑膠村中，即使是信用卡這樣小的物件都會積少成多。有一項估計值顯示**全美國有超過十億五千萬張卡片在流通**。**《紐約時報》計算出這些卡片疊起來後，能聳入天際達一百一十二公里；相當於十三座聖母峰相疊那麼高**。[11]然而即使是能將大山剷平的風化與腐蝕的自然法則，也幾乎無法使這聚合物之峰略有凹陷。單一張聚氯乙烯卡就算無法存留百年，也能存續數十年，而我們每年丟棄的卡片就

9 作者與發現卡公司媒體關係Mai Lee之電子郵件往來，二〇一〇年四月。

10 作者於二〇一〇年五月採訪完美塑膠卡片公司（Perfect Plastic Cards）研發部經理John Kiekhaefer。

11 Laura Shin，〈對掩埋場友善的信用卡〉（Making Credit Cards Landfill Friendly），《紐約時報》綠色部落格（Green blog），http://green.blogs.nytimes.com/2009/02/23/making-credit-cards-landfill-friendly/。

超過七千五百萬張。[12]而且這還只是信用卡，這些數字並不包括為數更多的禮物卡、預付卡、飯店鑰匙卡，及其他各式各樣在現今生活中用來交易的卡片。

憂慮那些塑膠卡片會在掩埋場累積，激發了保羅・卡普斯（Paul Kappus），給他動機尋找到製造發現卡選用的那張據說是環保卡片的塑膠。[13]這位內華達州商人在二十年來，專門銷售聚氯乙烯給信用卡製造商，他總是覺得應該有什麼方法可以分解用過的卡片。他花了許多年和科學家及化學家討論，尋找某種使聚氯乙烯能壽終正寢的化學物質。「我試過各種物質，像是能吃掉地板上貓尿的酵素。你很難想像我試過了哪些東西。但那些全都失敗得很慘。」直到有一天他意外發現一種費解的科技，結果卻很有效。

卡普斯模糊帶過細節，說他的生物聚氯乙烯（BioPVC）的配方是個商業祕密。他只肯說聚氯乙烯需要混入一種特殊添加物，做為在環境及掩埋場中無所不在的微生物的誘餌。這種添加物並不影響卡片使用時的持久性，卡片仍禁得起多年刷卡和塞在皮夾的歲月。但是，根據卡普斯的說法，將這卡片丟到掩埋場或堆肥堆或類似的「肥沃環境」後，會吸引成群的微生物來分解它。他說：「牠們真的會吃掉它，信不信由你。」他還說就算只是一張掉在地上的卡片也會被吃掉，而且不會留下聚合物有毒的前身——聚氯乙烯。他說這種卡片能在十年內完全降解，這樣的時程相對於一般的聚氯乙烯卡來說，簡直是一眨眼之間。

這一切聽起來真的很棒，直到我開始和生物降解專家討論時為止。

12 根據位於俄亥俄州索隆一家專門收集回收塑膠卡片的大地工作系統公司（Earthwroks Systems）負責人Rodd Gilbert的估計。作者於二〇一〇年四月採訪Gilbert。

13 作者於二〇一〇年四月採訪保羅・卡普斯。

麻州永續性顧問提姆．葛萊諾（Tim Greiner）的反應是：「一堆胡扯。」[14] 他和其他專家一樣，懷疑聚氯乙烯能無害地溶解。就算有用，葛萊諾也質疑這麼做的需求。生物降解對街上的垃圾是很好的解決之道。可是信用卡通常不會被隨便亂丟。那麼，「這張卡片解決了什麼問題？」葛萊諾問道。

確實，解決了什麼問題？

在我開始蹚入「綠色塑膠」叢林時，這是個值得記得的有用問題。在尋找綠色塑膠的過程中，我找到的是各種製造商宣稱對環境和人體健康更安全的塑料，或包裝在塑料中的產品，不但種類繁多，有時也令人感到困惑，包括薯片包裝袋、水瓶、手機、BB槍塑膠子彈、尿布、地毯、餐具、原子筆、襪子、化妝品包裝、花盆、復活節彩蛋提籃內的青草、夾腳拖鞋和「有良心」的垃圾袋。有些和發現卡一樣是在傳統材料加上某種環保花招。有些則是以替代性的「生物基礎」（biobased）聚合物製成，例如我女兒最近收到的生日禮物，蘋果電腦的iTunes，用的就是以玉米為基礎製成的塑膠。

綠色塑膠聽起來像個矛盾用辭，然而這是塑膠工業成長最快速的領域之一。生物基礎聚合物的產量，正以一年百分之八到十的速率擴增，並且預期來年成長速度會更快。[15] 大家對生質塑膠（bioplastic）的興致勃勃，使人忍不住想要將它們的興起描述為一場潮流。但是當我對

14 作者於二〇一〇年四月採訪純策略顧問公司（Pure Strategies）合夥人提姆．葛萊諾。

15 Li Shen等，〈產品概要〉（Product Overview）。根據這份關於未來生質塑膠的報告，在二〇〇三到二〇〇七年間，全球平均年成長率為百分之三十八，在歐洲更高達百分之四十八。其他對生質塑膠的預測值有二〇一一年達百分之十五到二十，未來幾年年成長率為百分之十二到四十不等，視新塑料及新市場的發展速度而定。見Mike Verespej，〈不論新原料為何，塑料仍是塑料〉（Despite New Feedstocks, Resins Will Be Resins），《塑膠新聞》，二〇一〇年八月十六日。

美國頂尖的生物聚合物專家拉瑪米・納拉揚（Ramani Narayan）說出這個生質塑膠潮的用詞時，他提醒我以生物為基礎的塑膠仍然只是塑料桶中的一小滴，占全球塑膠產量不到百分之一。[16] 這個領域仍在起步階段，在科技上還有很陡峭的學習路程要走。即使如此，最近一份研究估計生質塑膠有一天會取代百分之九十的現有塑膠。[17] 納拉揚說：「這是塑膠的未來。」

不難理解生質塑膠為何會是塑膠的未來。在和塑膠戀愛了一世紀後，我們開始發現這不是一段健康的關係。塑膠確實是個很好的供應者，但是伴隨這份恩惠而來的，是我們在最初的熱戀中從來沒想過的代價。塑膠使用的是有限的石化燃料，在環境中耐久不退，又充滿了有害化學物質，在掩埋場中不斷累積，也未能有效回收。簡單來說，它們是我們對人造材料的長期影響缺乏遠見的範例，也代表了無法永續的資源浪費。環保人士多年來強調的正是這一點。如今就連塑膠工業界也得到相同的結論。如陶氏化學一位高階主管對《商業週刊》（Business Week）所說：「**整個塑膠工業界都同意，塑膠必須更永續。**」[18]

無論如何，我們都無法和塑膠分手了事。塑膠是建立現代生活的基本材料之一，就許多方面而言，這是件好事。我們想要有太陽能發電板、自行車安全帽、心律調節器、防彈背心、節能車和節能飛機，而且沒錯，我們也想要保有多數的塑膠包裝材料。如它們在十九世紀末所扮演的角色，塑膠在這個自然資源逐漸萎縮的世界一樣扮演了重要角色，而且在我們與氣候變遷搏鬥的未來數十年間，將更是如此。我們要如何蓋房子、往來兩地、包裝物件，愈來愈

---

16 作者於二〇一〇年五月採訪密西根州立大學藍新分校化學教授拉瑪米・納拉揚。在二〇〇七年，全球生質塑膠的產量為三十六萬五千公噸，只占全球塑膠產量的百分之〇・三。Jon Evans，〈生質塑膠成長中〉（Bioplastics Get Growing），《塑膠工程》（Plastic Engineering），二〇一〇年二月，p. 16。

17 Li Shen等，〈產品概要〉，p. 2。

18 陶氏化學公司替代性原料部主管Mauro Gregorio，引述於Joshua Schneyer，〈巴西的「有機」塑膠〉，《商業週刊》，二〇〇八年六月二十四日。

多的決定都將取決於碳足跡的計算。就這點來看，輕量、節能的塑膠提供的是驚人的機會。

但是要和塑膠和平共處，我們必須改變相處的條件。我們需要發展出對人體和地球更健康的塑膠，在運用塑膠時也須更加負責。這意味著每位塑膠村的居民都要擔負起改變的責任，包括製造信用卡等塑膠製品的製造商，和使用產品的消費者。

生命週期思考練習

何謂綠色塑膠？雖然其定義不乏爭議，但多數人都同意使用可再生原料是個起點，諷刺的是，這項追尋讓塑膠工業兜了一整圈，才回到塑膠最早起源，即自植物中取得材料。還記得賽璐珞嗎？這並非唯一以植物為基礎的聚合物。二十世紀的上半葉，人們對於利用玉米、豆科植物或大豆等農業作物製作不同類型塑膠很感興趣。事實上，農業界與初萌芽的石化工業激烈競爭著聚合物的市場。[19]

急著想為過剩作物找到工業用途的亨利．福特（Henry Ford），把賭注放在大豆上。他經常說大豆幾乎可以長出一整輛車。為此，他種植了成千上萬畝的大豆，並且把位在底特律胭脂河（River Rouge）的一家工廠改為大豆塑膠生產廠。一九三六年出廠的典型福特汽車，在方向盤、變速排檔的球形把手、窗框和其他零件上，計有四．五到六．八公斤的大豆塑膠。

19　Nonny de la Pena，〈生質塑膠將垃圾從廢物堆中挖出〉（Bioplastics Lifts Garbage Out of the Trash Heap），《紐約時報》，二〇〇八年六月二十四日。

一九四〇年，福特做出一項著名之舉，邀請記者前來觀看「**農場栽培**」的汽車。基於愛表演的本性，這位七十多歲的老人家舉起斧頭，朝客製汽車的後方砍了下去。結果鑲板不僅沒有凹陷垮下，還反彈回原來的形狀。或者如《時代》雜誌的記者所說：「這種太空科技材料製成的防護……像個不慌不忙的橡膠球……在撞擊後彈回原狀。」[20]

可是福特只製造了一輛塑膠汽車，二次世界大戰就開戰了。在那時，即使是亨利．福特也無法對抗石油化學所具備的優勢，石油既便宜，產量又豐富，而且不像大豆或其他作物一樣，得仰賴生長季節。此外，以石化燃料製成的塑膠比大豆塑膠更防水，而且功能更多變。[21]只有少數幾樣以植物為基礎的聚合物在與石化工業的競賽中存活了下來，包括玻璃紙、賽璐珞、紡織業的人造絲以及黏膠。[22]

如今，隨著便宜石化燃料的年代告終，以石油為基礎的塑料製造商開始搜尋自然界，尋找新的組成材料。他們將目光放在農業作物上，如玉米、甘蔗、甜菜、米和馬鈴薯，也開始探索過去人類不曾使用過的碳來源，如柳枝稷（switch grass，又稱風傾草）、樹木及藻類。一位生質塑膠專家這麼形容：「碳就是碳，不論是從一億年前的油田中擠出來的，還是六個月前在愛荷華州的玉米田中長出來的都一樣。」[23]結果，事實並非完全如此。

目前塑膠業界將許多的力氣花在舊瓶新裝，用新的植物原料來製造各種傳統的聚合物。譬如巴西的石化巨頭布萊斯肯（Braskem），正在建造一座具二億公斤承載量的工廠來製造以甘蔗

20　福特對大豆感興趣的故事出現在麥克歐的《美國塑膠》，pp. 155-56，及蓋斯的《材料之要》，pp. 260-61。《時代》雜誌的引言來自麥克歐《美國塑膠》，p. 156。在一九四六年上映的電影《風雲人物》（It's a Wonderful Life）中，喬治．貝利的朋友山姆試著要他投資大豆塑膠的生意。喬治拒絕了，繼續在貝福特福斯小鎮當個銀行家，他的好友則為航空公司製造大豆壓克力氣泡而賺大錢。同上，p. 159。

21　De la Pena，〈生質塑膠〉。

22　在一九八〇及九〇年代，為了回應掩埋場被塑膠填滿的顧慮，製造商創造出多樣假生物聚合物，在傳統塑料中混入植物澱粉，理論上這能進行生物降解。但事實上，只有澱粉部分能被分解，留下石化聚合物。這不僅對塑膠造成的廢棄物議題毫無幫助，而且因為這類塑膠很容易破裂，因而在那段時間敗壞了生質塑膠的領域。這使人回想起二次大戰後幾年的劣質貨也使早期熱塑性塑膠的名聲遭玷汙。

23　Kerry Dolan，〈加速轉動自然的引擎〉（Revving Up Nature's Engines），《富比世》（Forbes），二〇〇六年七月二十四日。

為基礎的聚乙烯，這也是可口可樂用在其植物性塑膠瓶的材料。[24]（為了宣傳這項新舉，布萊斯肯和玩具製造商結合，生產一組巴西版的大富翁遊戲，稱為「永續大富翁」，這或許是為了誘發資本家內在的環保主義，或者環保人士內在的資本主義。）[25]巴西多數汽車都已使用甘蔗乙醇為燃料，巴西也希望境內廣大的甘蔗田能使他們成為全球的甘蔗塑膠中心。陶氏化學趕忙利用這項連結，與當地乙醇製造廠克萊斯托斯夫（Crystalsev）合作，在巴西境內建造自己的甘蔗塑膠工廠。

同樣地，各塑料公司也找到用糖來製造聚丙烯和PET、用甜菜製造尼龍、用大豆製造聚氨酯的方式。最後一項方法給福特另一個機會完成創辦人的夢想：福特汽車已經在超過一百五十萬輛汽車中使用大豆聚丙烯的坐墊和軟墊，並且計畫所有福特汽車的塑膠零件都要使用各種可分解的植物性塑膠。[26]在這同時間，全球最大的乙烯製造廠蘇威（Solvay），也正探索植物資源，用來製造聚氯乙烯所需的乙烯氣。

這些生質塑膠或許可以，又或許無法成為石化塑膠親戚改良版。它們的碳足跡肯定少很多，因為它們使用的是再生原料。某些生質塑膠在理論上可以回收，有些則可以製成堆肥。但這並不能保證它們在製造過程中使用較少的有害化學物質，或者含有較少令人擔憂的添加物。例如，一張以植物為基礎的聚氯乙烯信用卡還是含有有毒的氯乙烯。以波士頓為根據地的環保及研究人士馬克・羅西（Mark Rossi）指出：「以生質為基礎並不表示就是綠色的。」羅西在職業生涯中花了很多力氣思考，如何在人類和塑膠之間打造更健康的關係。多年來，這是個相當孤獨的探索。但最近他發現自己有很多夥伴。我們會面喝咖啡時，他說：「有一次我

24 Frank Esposito，〈生物聚合物開始打造市場〉（Biopolymers Building Muscle in Market），《塑膠新聞》，二〇一〇年三月二十二日。

25 Rosalie Morales等，〈巴西生質塑膠革命〉（Brazilian Bioplastics Revolution），一份發表於華爾頓企管學院網站Knowledge@Wharton的論文，線上資訊http://www.wharton.universia.net/index.cfm?fa=viewArticle&id=1704&language=english Wharton study。

26 福特汽車也利用從福特Escape及Escape Hybrid回收的布料來製作座椅布料。二〇一〇年，福特Flex的置物櫃是以麥稈強化塑膠製成。福特的目標是最後所有汽車的塑膠零件都要以可分解材料製成。Rhoda Miel，〈用於汽車零件的天然纖維擴增〉（Natural Fiber Use in Auto Parts Expands），《塑膠新聞》，二〇〇九年十二月四日；Candace Lombardi，〈福特說：我們的汽車百分之八十五可回收〉（Our Cars Are 85 Percent Recyclable, Ford says），《CNET新聞》，二〇一〇年四月二十二日。

從芝加哥或底特律還是哪裡飛回來時，和鄰座一位做了媽媽的女士聊了起來。她完全支持這類物品，像是不含雙酚A的塑膠瓶。五年前，多數人對此根本一無所知。」[27]

羅西在一九八〇年代末期，在美國民眾強烈抗議廢棄物危機期間，開始對聚合物感興趣。當時的麥當勞正因為使用保麗龍餐盒盛裝漢堡而遭受抨擊，羅西記得麥當勞提議在店裡安裝「小麥克焚化爐」來處理垃圾。在這麼多年後，他一想到這有多荒謬，還是咯咯笑地說：「這就是他們的解決之道。」這項爭議使他以「聚丙烯包裝材料生命週期評估」，做為環境科學碩士學位論文的主題。接著他又在一九九二年進行了一項相當有影響的研究，結果出乎每個人的意料，包括他自己，研究顯示塑膠包裝並不像大家常預設的那樣，是個徹底的環境大患。這項研究發現包裝材料最重大的環境影響在於重量問題。**塑膠使包裝變得更輕小，而且比起製造玻璃、紙品或其他材料，塑膠所需的能量和資源也少很多**。羅西接著開始檢驗化學添加物的問題，最後更與「無害醫療保健」組織一起運作，要將聚氯乙烯趕出醫院。如今，他是清潔生產行動（Clean Production Action）組織研究部主任，這個組織透過與企業和政府合作，促進廠商在生產過程中使用的安全化學物質及永續性材料。

這些經歷使羅西學到一些事情，其中一項是「並非所有塑膠都生而平等。」有些比其他產品環保，有些則有更環保的潛能。這對生物聚合物及以石油為基礎的塑膠來說都一樣。羅西學到的是，在塑膠生命週期的每一階段，每一決策都能決定它對健康及環境的影響，從選擇原料、該如何加工或栽培，到要生產與加工哪種聚合物，以及如何使用產品等，乃至在使用效

27 作者於二〇〇九年十月採訪馬克・羅西。

期結束後各種去處的選擇。

考慮過生命週期階段的架構後，羅西發展出用來評估塑膠的兩種評分卡，一種適用於一般塑膠，另一種是專為以生物為基礎的聚合物而設計。[28] 這是還在發展中的評分卡，設計用來協助製造商、商店採購人員及政府單位評估他們所購買的塑料或產品的環保性質。例如，一家飲料公司可以使用評分卡，來衡量要選用玉米塑膠瓶或甘蔗製成的聚乙烯塑膠瓶來裝水。大型連鎖店的採購人員也可以使用評分卡，決定購買以聚丙烯或聚氯乙烯包裝的產品。

每張評分卡透過提出這類的問題：生質塑膠使用的作物為何，是如何栽培的？在製造某一聚合物時，使用哪些催化劑？含有哪些添加物？在回收過程中會釋放出哪些化學物質？是否用在一次性產品上？塑膠中還有多少回收材料？深度探討了塑膠產品的所有具體細節。這些評分卡做的並非生命週期分析，因為生命週期分析通常專注於製造產品時所需的能量，但是對於化學物質的影響等評估性議題並不非常有效。評分卡提供的是羅西所謂**「生命週期思考」練習**。

有時候，生命週期思考會給人出乎意料的答案。譬如，塑膠不一定要以生物為基礎，就能很綠色。我們能製造出不含大量有害化學物質的聚丙烯，含有高比例回收材料的聚丙烯包裝材料的評分，可能會高過以植物為基礎的塑膠。同樣的，假使用來製造植物性聚合物的作物是基因改良作物，或者噴灑了農藥，或在製造過程中使用有害化學物質，評分一樣會很低。有

28 兩種評分卡可透過清潔生產行動網站取得線上資料，cleanprouction.org，及永續生質材料協作組織（Sustainable Biomaterials Collaborative），www.susutainablebiomaterials.org。

些塑膠，尤其是聚氯乙烯，天生就問題大。即使是生物性聚氯乙烯，還是會因為聚合鏈中含有氯，對塑膠的整個生命產生麻煩的漣漪效應而評分不及格。

在此刻，任何塑膠都很難得到滿分，和羅西一起發展基本塑膠評分卡的葛萊諾承認。他和羅西刻意將標準訂高，試著鼓勵更好的塑膠及塑膠產品設計。他們呼籲塑膠業界開始對塑膠進行生命週期的思考，這是數十年前這新穎的材料初入世時，我們沒做到的事。葛萊諾說：「我們想要把〔業界應該前進的〕方向——正北方定義出來，並且把羅盤交給人們。」

「培養」塑膠

有人會說正北方位在內布拉斯加州的布萊爾（Blair），即自然效力（NatureWorks®）的所在地，該公司是製造以植物衍生而成的一種嶄新塑膠的最大廠。自然效力製造的是以玉米為基礎的聚合物，稱為聚乳酸（polylactic acid）或簡稱PLA。[29] 而且你可能已經見過這種塑膠的品牌名英吉爾（Ingeo™）。它現在已經用在數千種包裝及消費性物品上，包括沃爾瑪用來包裝水果蔬菜的「容器」、豐田Prius環保車的地毯、富士通與NEC的電腦外殼、保羅紐曼獨家沙拉醬的瓶子，及多種廠牌的瓶裝水瓶、肯德基的汽水杯，還有許多零售商發行的禮物卡，像是我女兒的蘋果電腦iTunes卡片。自然效力的發言人史帝夫．戴維斯表示，禮物卡和信用卡具有很大的市場潛力，而且卡片市場是由發行商推動的，而非自然效力。他解釋：「大家都

29 聚乳酸其實最早在一百五十年前就被合成生成了，但是直到一九六〇年代才找到應用聚乳酸的方式，人們發現這個物質能無害地溶解於人體內，所以可以運用在醫療上。但直到一九八〇年代末，包括杜邦、Coors及Cargill等各家公司才開始探索如何增大產量，使它成為大宗塑膠；見Li Shen等，〈產品概要〉，p. 57。關於自然效力及聚乳酸的背景資料來自作者於二〇一〇年四月採訪該公司發言人史帝夫．戴維斯（Steve Davies），資料也取自Elizabeth Royte，〈玉米塑膠來救援〉（Corn Plastic to the Rescue），《史密森尼期刊》，二〇〇六年八月。

想避開聚氯乙烯。」威士卡及萬事達卡都同意以英吉爾來製作信用卡，他說，現在「就等銀行採用。」（改變有時候是棘手的事，如零食大廠菲多利公司（Frito-Lay）所發現的。[30] 該公司很驕傲地宣布使用聚乳酸袋包裝陽光多穀片（SunChips）的可分解包裝袋，可是不到一年就換回傳統塑膠包裝，因為消費者抱怨聚乳酸袋製造的噪音「比噴射機的駕駛艙」還吵，一位空軍飛行員在一段以「毀壞聽力的洋芋片科技」為題的影片部落格中如此抱怨。他測試了袋子，宣稱袋子噪音高達九十五分貝，和反鏟挖土機或除草機一樣吵。另一位消費者對《華爾街日報》說：「在抱怨時會感到很愧疚，因為他們是為了環境做好事。但是你會想要安靜的吃點心，不想讓全家人都知道你在吃洋芋片。」）

聚乳酸的組成元素是乳酸，一種自然效力從玉米澱粉中萃取出的醣類。你不需要用玉米來製造乳酸，任何一種澱粉植物都行，包括甜菜、小麥、米或馬鈴薯。另一家全球聚乳酸大廠普拉克（Purac）的主要廠房在泰國，使用的是木薯或甘蔗原料。但是自然效力部分股份屬於嘉吉公司（Cargill），全球最大的玉米供應商，因此該公司的第一座工廠是以玉米為基礎。一點也不誇張。工廠就坐落在嘉吉所屬的玉米田中。但是戴維斯堅稱就原料的潛力而言，公司抱持不可知論主義，打算在其他地方建造工廠時，會採用任何最合理的作物。

不論來源為何，乳酸要先轉換為乳酸交酯（lactide，或稱丙交酯）的單體。這些分子接著又被串聯成聚合物，即聚乳酸。聚乳酸是個相當多功能的塑膠，能夠執行許多現有石化塑膠具有的功能，也能製造出相同類型的設備。它和PET一樣，可以模塑成透明堅硬的形狀，非常適用於包裝。它和聚丙烯一樣，能射出形成用在尿布和紙巾上的不織布，它也和尼龍及聚酯纖維

30 Suzanne Vranica，〈點心攻擊：洋芋片食用者抱怨包裝袋太吵鬧〉（Sanck Attack: Chip Eaters Make Noise About a Crunchy Bag），《華爾街日報》，二〇一〇年十月五日。

一樣，能被紡成製作地毯和衣料的纖維。然而它的缺點之一是融化溫度低，因此放在炙熱的車內太久會變形。[31] 而且它無法像PET那樣留住二氧化碳，以至於不適合用在廣大的汽水瓶市場上。

聚乳酸是最早打入市場的生物聚合物之一。不過其他類型的生物聚合物也上路了，運用各種不同的科技來爭取市場，其中最令人好奇的是運用微生物來製造全新類型的生物聚合物。杜邦徵召了**大腸桿菌**（E. coli）來製造以生物為基礎的合成紡織原料，並以Sorona®為商標名；位於麻州劍橋的生物科技公司美塔波利斯（Metabolix）則利用了另一種細菌，來製造該公司宣稱能徹底永續的一種生物聚合物，稱為Mirel™。[32]

美塔波利斯用的可不是一般的細菌，而是一群不尋常的微生物，牠們不是以脂肪型態儲存能量，而是將能量儲存為名為聚羥基烷酯（polyhydroxyalkanoate），簡稱PHA的天然聚合物。由於這種微生物無所不在，存在於土壤、空氣、海洋乃至人體內，所以PHA也一樣無所不在。美塔波利斯的創辦人奧利佛．匹柏斯（Oliver Peoples）於一九八〇年代末在麻省理工學院剛完成博士後研究而拿到化學學位時，得知這種微生物的存在。他將牠們視為一種能生產以生物為基礎聚合物的工具，一種有一天甚至能透過植物生養塑膠的工具。他花了十幾年時間，終於成功利用基因工程使這些微生物成為PHA的「超級生產者」，讓牠們在大缸的玉米葡萄糖中發酵，製造大量的聚合物。如今這些微生物傻傻地用糖塞飽自己，以至於牠們將糖轉化為PHA的效率之高，高到其體重的百分之八十都是PHA。這種蓬鬆的白色聚合物經萃取、乾燥

31 由於聚乳酸在多功能上的限制，一家名為Cereplast的公司正在打造一個健康的事業，用聚乳酸混合傳統石化塑膠，用來延展生物聚合物的用途。

32 美塔波利斯（Metabolix）的背景資料取自作者於二〇〇九年七月採訪該公司發言人Brian Igoe及創辦人奧利佛．匹柏斯（Oliver Peoples）。亦參見Mara Der Hovanesian，〈我有四個字想對你說：生質塑膠〉《商業週刊》，二〇〇八年六月十九日。

後，被製成Mirel塑膠粒。最近某個夏日，我拜訪了美塔波利斯位於劍橋的辦公室，發言人布萊恩．伊格爾（Brian Igoe）帶我參觀了培養Mirel的實驗室。在不鏽鋼大桶中發酵的黃色微生物濃湯散發出一股輕微酵母味。伊格爾把這過程比喻為釀造啤酒。「不過這會是你嘗過最高科技的啤酒。」

但是廊道另一端鎖著的溫室裡，才是匹柏斯終極夢想的所在。在屋頂上的一片小空間中，一個小型草原在一排排日光燈的照射下發芽生長。這裡有數十盆經基因改造用來在細胞中生產PHA的柳枝稷。伊格爾握著一片葉子要我看，他說：「你看看這柳枝稷的葉片和莖，上面有一層白色覆蓋物。」那層白色物質就是PHA，占了植物組織的百分之六左右。一旁還有幾盆也在生長PHA的菸草。（菸草的DNA很容易操控，使它相當於是植物學上基因科技的實驗老鼠。）該公司希望這類植物有一天能成為有用的塑膠來源。植物經採收及乾燥後，萃取出PHA製成Mirel，剩下的生物質量則可燃燒生產能量。[33]

匹柏斯並非唯一看出那些微小塑膠生產者的潛力的人。英國皇家化學公司的科學家在一九八〇年代試著將這項科技商業化，但並未成功，因此交棒給孟山都（Monsanto）。孟山都於一九九〇年代末宣布成功創造出一種PHA塑膠，一家信用卡製造公司也宣布要以這種新聚合物發行一張「綠色地球」信用卡。[34]但是就在這一切即將付諸實行之前，孟山都決定終止整個生質塑膠部門。以植物為基礎的塑膠在當時比石化燃料製成的塑膠昂貴太多，孟山都不認為市場願意為了走向綠色而多付費。

33　匹柏斯於二〇一〇年說公司「在商業作物上還有一兩年田野試驗期」，這是朝商業化的下一步。

34　Evans，〈生質塑膠成長中〉，p. 17。

可是匹柏斯很肯定他們能設法做好數字管理，也確定市場正急切地等待著綠色塑膠的問世。穀物巨人阿徹丹尼爾斯米德蘭公司（Archer Daniels Midland，簡稱ADM）接受了匹柏斯的願景。ADM在二〇〇四年和美塔波利斯合資，開始大規模生產Mirel。幾經拖延，位於愛荷華州柯林頓市的合資工廠終於在二〇一〇年初開始運轉。

生質塑膠確實比石化塑膠昂貴，PLA貴出兩到三倍，但戴維斯表示當油價一旦超過每桶八十美元，價差就會逐漸消失。Mirel的價格更昂貴，但是匹柏斯聲稱他並不想和傳統塑膠或PLA競爭。他將Mirel定位為「優質產品」，一種能被製成膠膜、發泡塑膠或堅硬材料的聚合物，而且它還有一項勝於石化塑膠的強大優勢：可生物降解。匹柏斯靠著這項優勢來攻克少數幾個謹慎挑選的消費市場，包括包裝、農業應用及消費性產品，如禮物卡。果然，美塔波利斯在二〇〇八年與目標玩具連鎖店達成交易，要在當年提供足夠的Mirel製造數百萬張因應聖誕節假期的禮物卡。這些卡片能給目標玩具連鎖店穩固其綠色形象的機會，也為美塔波利斯提供有能見度的舞臺，向世界介紹這種新塑膠。

可生物降解

（一般譯為「可生物分解」，本書根據biodegradable專業意涵譯為「可生物降解」）

Mirel和英吉爾還要一段時間才能成為家喻戶曉的品牌。就算自然效力位於內布拉斯加的工廠達到全產能，一年仍然只能製造十五億八千多萬公斤的生質塑膠，而美塔波利斯只能有它的三分之一產量。即使把其他各種現有或正在研發的生物聚合物算進去，總量仍然無法在充斥著石化塑膠的世界中受到注意。

即便如此，生質塑膠還是引發了許多對話，因為人們認為它們握有解決諸多塑膠災難的答案，這位經過勒戒改良的夥伴，將改善我們所陷入的這段問題關係。但是在將自己全心投入另一群聚合物之前，值得再問一次提姆．葛萊諾提出的問題：生質塑膠解決了什麼問題？

我向密西根大學聚合物化學家納拉揚提出這問題時，他只有一個答案：岌岌可危的氣候變遷問題。由於生物聚合物是以「可再生碳資源」（一般人稱為「植物」）製成，它們能減少我們送進大氣層中的暖化氣體二氧化碳。生質塑膠在生命週期結束後釋放的二氧化碳，會被下一季生長的新植物重新吸收。生質塑膠將我們帶回天然碳循環的保護性迴路中，也就是自古以來使地球生命得以存在的二氧化碳釋出與吸收的精巧平衡上。納拉揚說，即使是會立即被丟到掩埋場的一次性使用禮物卡，只要是用生質塑膠製成，也能留存在自然循環之內。[35] 反過來看，石化塑膠存在於這個循環之外，這就是為何它們釋放的二氧化碳能危及氣候的原因。

納拉揚描述的好處，經過相當複雜的碳計算後得到量化。在石化塑膠中，每生產一公斤聚合物，會釋放出約二到九公克二氧化碳。植物性塑膠產生的二氧化碳量則少很多，即便在納入所有用來施肥、栽培和收成作物所需的石油後也一樣。以PLA來說，每生產一公斤聚合物只

35　作者採訪納拉揚。有些批評者質疑生質塑膠的利益是否真有那麼大，至少就美塔波利斯的案例而言。一位曾職任於美塔波利斯的科學家爭論說，將玉米糖轉化為PHA所需的能量超過製造傳統聚乙烯所需能量，要從柳枝稷或其他非食用性作物中萃取PHA也是一樣。而且他認為由於這是可製成堆肥的材料，所以會釋放甲烷，而不可生物降解的石化塑膠則會長期握住碳。在考慮過所有要素之後，達爾茅斯學院的工程師Tillman Gerngross說Mirel「並不永續」。作者於二〇一〇年四月採訪Gerngross。納拉揚聲稱Gerngross在分析中，對於使用再生原料的初始節碳所得，給予的比重不足。

產生一・三公克二氧化碳。[36] Mirel製造的碳量比較高，因為它使用的能量較多，即使如此，納拉揚仍然認為這還是勝過傳統塑膠。

納拉揚花了數十年發展玉米塑膠。但他並不執著於非用玉米做為原料不可，任何以植物為基礎的原料都具有相同效益，他說。不過農業作物，尤其是基因改造作物，可能並非最佳的原料來源。反對人士指出在一個充滿飢餓人口的世界中，栽培食物作物來做塑膠實在有悖常理，何況這還需要以大量的土地、水和石油為基礎的肥料來栽培。有個更永續且更經濟的原料來源是廢棄物，由人類及整個自然界生產的大量廢棄物。畢竟，傳統塑膠是衍生自煉油過程中所產生的廢棄物；能聰明地運用那個廢棄物，正是使塑膠取得經濟優勢的首要因素。

生質塑膠製造商已經開始探索不同的可能性，包括森林中倒塌的樹木、製造紙和紙漿過程的剩餘物（這是為數驚人的纖維素來源），還有修枝除草後的庭院廢棄物，及作物收成後的殘餘，如玉米乾草或甘蔗渣等。據估計，這些資源加起來一年可達三億五千萬公噸，足以大幅填補石化原料的不足。[37] 但此外，還有我們每天製造的廢料，包括我們的垃圾和排泄物。世界各地的科學家都正往垃圾車裡尋找能做為塑膠原料的廢棄材料，探索雞毛、橘子皮、馬鈴薯皮、二氧化碳的可能性；甚至從掩埋場滲出的甲烷現在都有可能轉化為能量。

史丹佛大學化學家克雷格・科瑞多（Craig Criddle）正在研究以甲烷為食的微生物，這種微生物與美塔波利斯採用的微生物屬於同一族類。他發現這些微生物在吞食甲烷後，能大量製造

---

36 E.T.H. Vink等，〈自然效力現有及即將問世之聚乳酸製程的生態特性說明書〉（The Eco-profiles for Current and Near-future NatureWorks Polylactide (PLA) Production），《工業生物科技》（Industrial Biotechnology）3期，二〇〇七年，pp. 58-81。

37 蓋斯，《材料之要》，p. 331。

出類似PHA的聚合物，而且這種聚合物可生物降解回甲烷。這項科技雖然仍在萌芽初期，但有希望為我們提供一個有序的封閉循環＊。[38] 康乃爾大學化學家傑夫．考茲（Geoff Coates）找到方法收集發電廠裝置滌氣器（scrubber）＊釋放出來的二氧化碳，將之轉變為可生物降解的聚碳酸丙烯酯（polypropylene carbonate）塑膠，現在已經開始進行小量商業生產。[39] 這當中的任何一項產品都無法單獨取代石化燃料在塑膠中的用量，但我們也沒理由認為我們只需要一種替代品。石油神奇之處也在於它有如此多的用途。在生產塑膠上（姑且不論能量的生產）更具永續性的做法是，必須根據在地可取得的資源及可行性，發展出多重資源。評估成功與否的標準之一，是檢視生質塑膠產品，例如以生物聚合物做成的信用卡等，如何減少個人的碳足跡。

不過生物聚合物能解決的塑膠問題不只這個。它們能提供更安全的化學履歷表（chemical profile），肯定比用在信用卡中的聚氯乙烯更安全。織就一段PLA或Mirel長鏈並不需要任何有害化合物質。如羅西所說的：「我寧願住在自然效力的廠房旁，也不要和煉油廠為鄰。」身為綠色塑膠的生產者，確保下游廠商如何使用或加工其塑料，對自然效力和美塔波利斯來說是在保護既得利益。「這聽起來或許很自私，但是外界對我們的要求較高。」戴維斯說：「從一開始，我們就得遵守生產者延伸責任的典範，不能不知道產品會到哪裡去、會發生什麼事，就把產品行銷到市場上。」

自然效力和美塔波利斯都表態會避免下游加工者添加有害化學物質，並且要成為萌芽中的

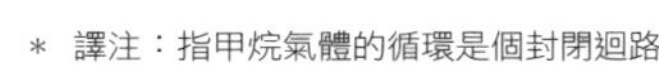

＊ 譯注：指甲烷氣體的循環是個封閉迴路。

38 作者於二〇一〇年五月採訪史丹佛大學克雷格．科瑞多。

＊ 譯注：主要用於發電廠、工廠及焚化爐，用來過濾移除製程中產生的廢氣。

39 Stacey Shackford，〈綺色佳塑膠公司得到一千八百四十萬聯邦資金〉（Ithaca Plastics Company Gets $18.4 Million Federal Grant），《綺色佳日報》（Ithaca Journal），二〇一〇年七月二十二日。考茲透過獲得超過二千萬美元聯邦資金的私人公司商業化其研究成果。

「綠色化學」（green chemistry）科學的實踐者。（綠色化學的目標包括盡可能減少以有毒物質和加工程序來製造合成化學物質、將廢棄物量降到最低，及生產不會在環境中持久不壞的合成物質。）[40]譬如，自然效力就要求使用該公司塑料的製造商遵守「禁用物質清單」，禁止使用多種已知的持久性有機汙染物、內分泌干擾素、重金屬、致癌物及其他危險化學物質。[41]

在瀏覽上架的生質塑膠產品時，會發現它們最常說自己能解決的問題是塑膠頑固的持久性。一家野餐叉子製造商誇耀說：「去吧，把它丟掉！不用丟到堆肥裡！」暗示一旦丟棄了，它們就會這麼溶解消失。叉子不見了，問題解決了。但是廣告（即使是最綠色的廣告）很少說出整個實情。

我以為我知道**可生物降解**（biodegradable）是什麼意思，但是和專家談過後，才發現比起我以為東西會「分解」（break down）的模糊概念，這其實是個更複雜的過程。這個名詞在科學上有個嚴格的定義：**可生物降解**在此脈絡中，意謂著聚合物分子要能完全被微生物消化還原成二氧化碳、甲烷、水及其他天然物質複合物。[42]納拉揚提醒：「關鍵字在於**完全**。」假使只有一部分聚合物能被消化，就不算是生物降解。

這項差別正是納拉揚為何要批評我那張據稱能生物降解的發現卡的原因。[43]他的研究顯示，雖然那張卡具有聚氯乙烯微生物餌，但那些微生物只能消化掉百分之十三的卡片；在那之後進展就呈停滯狀態。這也是號稱可**「氧化式生物降解」**（oxo-biodegradable）的塑

40 自一九六〇年代初期起，科學家愈來愈擔心傳統化學工法對環境的衝擊。但是綠色化學要到一九八〇年代末期才開始自成一個領域，當時兩位重要科學家John Warner及Paul Anastas為此領域規畫出一組指導原則。這些原則在一開始就先宣告「預防廢棄物的產生比在廢棄物產生後才來處理或清除更好。」然後繼續強調更多友善環境的做法，包括盡可能減少溶劑、分離劑和其他輔助性物質的使用；在科技和經濟條件許可下，可能使用再生原料；設計產品時，使它們不會在環境中永存不懷，而能夠分解成無害的副產品；選擇造成化學意外機會最小物質及工序。J.A. Linthorst，〈An Overview: Origins and Development of Green Chemistry〉，《化學基礎期刊》（Foundations of Chemistry）12期，二〇一〇年，pp. 55-68。

41 這份清單上並不包括雙酚A或鄰苯二甲酸鹽，但隨著PLA的應用範圍愈來愈廣，戴維斯表示公司正在考慮是否要明文規定禁用這兩種物質。

42 作者於二〇一〇年四月及五月採訪納拉揚及可生物降解產品協會（Biodegradable Products Institute）執行長史帝夫．莫侯（Steve Mojo）。亦參見納拉揚，〈持續成長的新興生質塑膠工業界誤導性聲明及對標準的誤用〉（Misleading Claims and Misuse of Standards Continues to Proliferate in the Nascent BioPlatics Industry Space），《生質塑膠》雜誌（Bioplastics），二〇一〇年一月二日；Brenda Platt，〈生物降解塑膠：是真是假，是好是

膠袋潮惹爭議的重點。[44]這些物件是在傳統塑膠中混入添加物，使之能在暴露於陽光後分解。這種袋子確實很快就分裂為碎片，但是幾乎沒有證據顯示殘留的塑膠碎片能被微生物完全消化。批評人士認為，這反而會使它們變成微小塑膠碎片，散亂各地。

還有一項障礙會影響產品的生物降解力，在於降解過程會隨材質、環境及環境中既有的微生物不同，而以不同方式展開。一棵倒木在充滿蕈類和微生物的溫暖雨林中，幾個月內就會被啃食得一乾二淨。然而它若是在缺乏微生物的炎熱乾燥沙漠中倒下，在它能被消化之前早已先石化了。假使它沉到缺氧的河床裡，就會被保存幾百年，因為消化樹木的微生物需要氧氣才能工作。塑膠本來就比樹木更難分解，不過它們的生物降解能力依據的是聚合物的化學結構，而非其初始材料。有些以石化燃料為基礎的塑膠可生物降解（通常用來製造可製成堆肥的塑膠袋和膠膜）[45]，也有以植物為基礎的塑膠並無法生物降解。

理論上，PLA和Mirel都能夠生物降解。實際上，Mirel較容易生物降解。我可以把一張用過的Mirel禮物卡丟到後院的堆肥桶中，讓微生物消化它，並在幾個月後創造出肥沃可愛的深色腐殖質（humus）。假使我在公園弄丟了卡片，或者讓它掉到海洋中，同樣的過程還是會發生，只是速度較慢。Mirel是目前現有塑膠（不論是石化或植物基礎）中，唯一能在海洋環境中分解的塑膠。你當然不會想用Mirel來搭棧橋，不過它是很棒的塑膠包裝材料，尤其是那些設計在船上使用的食物與用品包裝。實際上，美國海軍正在探索採用Mirel製的刀叉、餐盤和杯子的可能性。[46]

壞？〉（Biodegradable Plastics: True or False, Good or Bad?），線上資訊https://sustainableplastics.org/biodegradable-plastics-true-or-false-good-or-bad/。若要聲稱一項產品可生物降解，製造商必須提出產品在何種情況下要花費多少時間分解的詳細資料。這些議題是業界對生物降解性標準的關鍵。

43 作者採訪納拉揚。

44 作者採訪莫侯。加州整合廢棄物管理委員會的一項對氧化式生物降解塑膠袋的研究發現沒有任何生物降解證據，這導致加州通過一項法律，限制將可堆肥化生物降解（compostable biodegradable）、可降解（degradable）及可於海洋中降解（marine degradable）等名詞用在塑膠袋上。

45 例如巴斯夫的Ecoflex塑膠是一種石化燃料基礎塑膠，它可生物降解，也可製成堆肥，被用來製造可堆肥化的塑膠袋。

46 不過購買Mirel製餐具的計畫全都得暫緩，因為美國受限於Marpol條約，該條約禁止將廢棄物倒入海洋中。根據作者與美塔波利斯發言人Brian Ruby於二〇一〇年八月的電子郵件往來，目前有人正在努力修改條約，以「支持可於海洋降解的塑膠」。

PLA則麻煩些。它可以生物降解，但只在最佳堆肥環境中才辦得到，這是一般人很難達成的挑戰。就我家後院那種一般常見的堆肥桶來說，我猜我若把PLA製的iTunes禮物卡丟進去，它可能會完整無缺的待上好一段時間。要發動那些能夠解開PLA長鏈聚合物的微生物，需要的是處於平衡狀態的氧氣、濕度和空氣流通性，而且溫度要維持在攝氏四十九度到六十度之間，簡言之，這是只有在工業性堆肥場才有的環境條件。可惜，全美國大約只有兩百到三百座能處理消費性食物廢棄物的設施，更少有社區會去收集居民的廚餘來做堆肥。這些設施大都位在加州及華盛頓州。[47]

任何新科技問世後，都需要一段時間才能發展出後援的基礎建設。自然效力希望PLA產品最後能透過化學作用來回收，透過化學過程將PLA分解為初始的乳酸成分。但直到二〇一〇年為止，全世界只有一處設施具備這種能力。而此刻，在全力處理傳統塑膠的資源回收界系統中，PLA正在製造一個迷你危機。愈來愈多食物包裝材料使用PLA，但許多消費者並不知道PLA瓶不可以丟到回收桶中。舊金山瑞卡羅基（Recology）資源回收公司的藍諾・貝爾羅莫（Leno Bellomo）拿起一個PLA製水瓶說：「這些瓶子使我們很焦慮。」它們看起來和PET製的水瓶一模一樣，但是會汙染一整批回收的PET。有些杯子製造商開始使用綠色或棕色商標來標示杯子是以PLA製成，因為目前還沒有區隔生物聚合物的標準分類系統。[48]

生物降解力具有的誘惑並不難理解。（不過，看著它取代耐久性塑膠曾經占有的市場位置，令人感到有些諷刺。我無法想像現在會有任何塑膠製造商採用那個八〇年代的廣告：「塑膠恆久遠……而且比鑽石更

47 Rhodes Yepsen，〈美國住宅廚餘回收與堆肥〉（U.S. Residential Food Waste Collection and Composting），《生物循環》（BioCycle），二〇〇九年十二月，p. 35。

48 根據《時代》雜誌，某些堆肥中心有個總括策略，所有塑膠一律丟棄。位於加州Petalum的堆肥場，索諾瑪堆肥公司的合夥人暨土壤科學家Will Bakx說：「我告訴工人撿出他們無法辨別為生質塑膠的塑膠。」Kristina Dell，〈生質塑膠帶來的希望與陷阱〉（The Promise and Pitfalls of Bioplastic），《時代》雜誌，二〇一〇年五月三日。

便宜。」）[49] 然而，不管是對環境汙染，或對所有廢棄塑膠製品的處置來說，生物降解能力都不是一帖萬靈藥。

拿發現卡這類宣稱能在掩埋場分解的各種產品來說，生物降解是一個神話也是個錯誤的希望寄託，史帝夫．莫侯（Steve Mojo）說。莫侯是可生物降解產品協會（Biodegradable Products Institute）的執行長，該協會是負責監督聚合物世界的商業團體，為通過國際堆肥及生物降解標準的產品認證。[50] 莫侯解釋道，理想上沒有東西該在掩埋場中生物降解。掩埋場的設計是要盡可能阻止生物降解過程，因為這會產生溫室效應氣體。想到我們的垃圾會比自己乃至曾孫存在得更久，就覺得很噁心。事實上，比起長存久住來說，垃圾能分解並釋放出效力最強的溫室效應氣體甲烷，是更好的選擇。聽著莫侯描述掩埋場的運作方式，我想到有許多可生物降解的塑膠袋是賣來收集狗大便，許多人會直接將它丟到垃圾桶中。這些立意良好的人可能是希望不用一般塑膠袋而用可生物降解袋，可使小狗的大便容易分解。但是就和倒入垃圾掩埋場的所有東西一樣，「它將被保留下來。」莫侯說：「所以〔未來〕世代在掩埋場挖掘時，就會知道我們養了很多狗。」

合理的做法是將生物降解性運用在與食品或有機廢棄物（那種可以安全製成堆肥的，而不是狗大便）有關的產品上，如拋棄式餐盤、杯子、刀叉、零嘴包裝袋或速食餐盒等。這些都是目前不常被回收的一次性物品，尤其是用膠膜製成的產品。（生物降解性也可運用在農夫於每個生長季節用來防止雜草生長於作物之間、多達幾百萬公斤的農業用塑膠膜上，目前尚無法經濟有效地回收這些塑

---

49 引述自麥克歐，《美國塑膠》，p. 9。

50 美國聯邦貿易委員會（Federal Trade Commission，簡稱FTC）認為宣稱塑膠產品能在掩埋場中生物降解是不合法的行為。「問題在於他們還沒把夠多如此宣稱的人送去坐牢。」莫侯說。不過，新的FTC準則將使公司更難做出不永續的綠色宣言。廣告若要聲稱一項產品對生態友善，必須提出證據和特定的支援字句，例如「依其資源回收能力」等。Jack Neff，〈FTC關注不具體的環保宣言〉（FTC Goes After Broad Environmental Claims），《廣告時代》（Advertising Age），二〇一〇年十月六日。

膠膜。）用可生物降解的生質塑膠來製造這類產品，不僅為包裝材料的廢棄找到解決之道，也有助於倡導將食品廢棄物製成堆肥，因為這在垃圾流量中占的比例遠比塑膠高出許多。美國人一年要丟棄超過三千萬噸食品廢棄物，而且多半最後都流落到垃圾掩埋場中。[51]零廢棄物倡導者就將可製成堆肥的塑膠包裝視為一物兩用的解決之道。

但是生物降解性也能解決替代現金的塑膠卡片所造成的垃圾問題嗎？或許吧。但何不重新設計卡片，使加值更容易，讓卡片可以重複使用？這樣就可以少做些新卡片。至於信用卡，何不減少以新卡換舊卡的頻率？或者擴展目前少之又少的卡對卡回收計畫？或者以不如聚氯乙烯那麼有毒的塑膠製作卡片，使它們容易回收？這是某些歐洲銀行已經採取的途徑，當想為香港市場發行對環境更友善的信用卡時，就選擇這種方式。[52]匯豐銀行在二〇〇八年推出的綠色卡片就是以最可回收的塑膠PET製成，並發行數位帳單來提供更具體的生態利益，因為這降低了紙品垃圾，而且匯豐銀行還宣誓所有消費的部分金額，將會捐給地方環保計畫。

製造商長久以來是根據價格及功能來為產品選擇所使用的聚合物。但要和塑膠建立更永續的關係，我們必須變得更聰明些。我們必須對自己創造與使用的產品的整個生命週期深思熟慮。當所有環境因素都納入考量後，就會發現適用於某種應用方式的綠色塑膠，可能不適用於另一種應用。**生物降解不見得永遠是最好的答案。**

以《紐約時報》最近一則報導為例，某些家具及家用品設計師煞費苦心地確保他們的產品可

51 美國環保署，〈二〇〇八年都市廢棄物〉。

52 〈DiCapro推銷綠色信用卡〉（DiCapro Promotes Green Credit Cards），《赫芬頓郵報》（Huffington Post），二〇〇八年三月二十四日。

生物降解。在某一程度而言，這對「從搖籃到搖籃」思考模式來說是值得讚賞的運用。例如蒙托克沙發（Montauk Sofa）設計了一系列長沙發，材料全是以有機、無毒、可生物降解的材料製成。該公司的執行長告訴《時報》：「最初的整個構想是要將對環境的影響降到最低。後來我開始思考，若能完全沒有影響豈不更好？結果最後我想的是，嘿！如果在用完後，整張沙發可以消失的話呢？」[53]

姑且不論這個目標是否真的可行，這對我們的文化又說明了什麼？可生物降解的沙發象徵的是更永續的心態嗎？或者這只是那買了就丟的老習慣的綠化版？傳統上，耐用與長壽能使物件增值，曾祖父母留下的核桃木斗櫃並不單是個擺放衣服的地方；隨時間流轉，它會變成傳家寶，保存下來的是我們與過去的連結。買一張價值兩千美元、設計來免除丟棄罪惡感的沙發，和買一個也是設計來用過就丟的〇．九九美元打火機，兩者間有種令人不安的相似感。衝擊最低的沙發不是應該是要在設計和購買時，就期待能安全使用它達數十年的時間嗎？

科技變成定義現代生活的元素，我們熱愛非常厲害的科技解決方案，連科技自己創造出來的問題，都用科技來解決。在墨西哥灣漏油事件中，對於承諾能將我們從人類自己創造的複雜問題中解救出來的高科技防噴器（或稱封井器）及其他科技成就，使我們為之迷戀，也因此削弱了我們對漏油事件的憤怒。但是要綠化塑膠村，需要的不只是科技解決方案。我們也必須面對在塑膠及塑膠貨幣問世時，所啟動的草率乃至貪婪的消費習慣，一種沒有比刷爆的信用卡更能代表的狀態。這表示我們得與歷史學家傑佛瑞．麥克歐所謂的「通貨膨脹文化」搏

53 Penelope Green，〈可生物降解的家具系列，隨時可以腐爛消失〉（Biodegradable Home Lines, Ready to Rot），《紐約時報》，二〇〇八年五月八日。

鬥，在這種文化中，我們投資了比以往更多的心理健康來購物，同時卻又認為這些物品的價值低到「要鼓勵替換它們、拋棄它們、快速且全面性的消費它們」。[54]

沒有塑膠的生活

如果能離棄這樣的文化，或者至少離棄其中涉及到塑膠的部分，會是怎樣的景況？我大概可以前往賓州的蘭卡斯特，和某個阿米西家庭生活一段時間來了解。不過，我改用電話聯絡了貝絲・泰瑞（Beth Terry），這位住在加州奧克蘭年約四十多歲的兼職會計師，在二〇〇七年決定開始將塑膠清出她的生活，並且在她命名為《我的無塑膠生活》（My Plastic-Free Life）部落格上，寫下她的經驗。

泰瑞說了她的故事，當初她因為切除子宮在家休養，聽到了廣播報導了柯林・比萬（Colin Beavan），也就是知名的「摩登原始人」（No Impact Man）*，一位宣誓要過一整年「和氦氣一樣輕盈」生活的紐約客。泰瑞受他的故事感動，於是上網瀏覽他的部落格。從他的部落格上，她又點閱了一連串連結，第一次造訪了「環保女士」（Envirowoman）部落格（目前已不存在），這位加拿大女士花了一年時間將塑膠從生活中清出，接著泰瑞讀到塑膠漩渦的紀錄，然後看見一張她說改變了她的生活的照片：一隻黑背信天翁的屍體內塞滿塑膠垃圾的畫面。那個影像烙印在泰瑞的腦海中，從此改變了她對世界的觀點。她說：「那隻鳥體內充滿了我

54　麥克歐，《美國塑膠》，p. 176。

＊ 譯注：No Impact Man，繁體中文版《環保一年不會死：不用衛生紙的紐約客零碳生活實驗，連包尿布的小孩和狗都在做的永續溫柔革命！》，《摩登原始人》為簡體中文版書名，中文版紀錄片譯為《熟男減碳日記》。

會用的東西，有瓶蓋、牙刷和小塑膠碎片。」目睹那張照片使她察覺到物件一旦離開她的手，她就完全沒有掌控力。她說事後看來，這或許是因為切除子宮後休養復原的過程，使她了解到自己永遠不會有小孩，因此有了想要照顧某種事物，譬如……地球的念頭。不論是什麼理由，她感到一股要將內心的戰慄轉化為行動的迫切需求。

我們約在奧克蘭一家餐廳見面，好邊吃午餐邊告訴我她的故事。[55]當我看見一位有深色鬈髮、戴著無框眼鏡、穿著得體的女士推開前門，握著一個布袋，上面印著「我用帆布，因為塑膠跟不上流行」（Canvas Because Plastics Is So Last Year）標語時，我就知道那是泰瑞。她的袋子裡裝了一些她隨身攜帶以減少塑膠用量的物品，包括用來裝她大量購買的穀物和農產品的布袋，以及外食時的餐具，有木製的叉子和湯匙，還有一把刀，以防餐廳提供的是塑膠餐具；兩根玻璃吸管，還有餐巾布。那天她還背了一口不鏽鋼鍋，稍後我們到對街肉販攤為她的貓買火雞絞肉時，她才拿出來（她吃素）。為了避免肉販用膠膜或有塑膠襯膜的紙來包肉，她請肉販把火雞絞肉放到鍋子裡。我注意到她用信用卡付帳。她說她並不介意使用信用卡，這張塑膠能用很久，但是她有點擔心收據，因為這會浪費紙，而且上面塗有雙酚A。（這種無所不在的化學物質的另一個用途：能在無碳複寫紙上與隱形墨水結合，在施壓時〈如簽名時〉就會出現影像。）[56]

好像我還看不出來似的，泰瑞解釋說她不是做事半吊子的人。她開始慢跑後，一定得跑馬拉松；開始織東西後，她為每個認識的人織了圍巾和帽子。所以她減用塑膠的目標，遠超過一

55　作者於二〇一〇年四月採訪貝絲・泰瑞。亦參見泰瑞的部落格http://myplasticfreelife.com/。

56　Janet Raloff，〈BPA的顧慮：檢查你的收據〉（Concerned About BPA: Check Your Receipts），《科學新聞》（Science News），二〇〇九年十月七日。線上資訊http://www.sciencenews.org/view/generic/id/48084/title/Science_%2B_the_Public__Concerned_about_BPA_Check_your_receipts。

般人的重複使用袋子和帶旅行用咖啡杯的做法。她開始追蹤每件通過她家門檻的任何微小塑膠的蹤跡，包括收到的包裹上的膠帶、信封上的塑膠窗片、纏在整串有機香蕉末端的塑膠膜（可用來防止發霉）等。她大費周章的去除不想要的塑膠：她將Tyvek®信封*送回杜邦回收，把更新TurboTax報稅程式時自動寄給她的光碟寄回去，騎著腳踏車（她沒有車）穿越整個城市，將保麗龍球送回替她父親送包裹給她的貨運公司。她很驕傲地在部落格上寫道：在二○○九年全年，她只累積了一．六七公斤的塑膠，大約是美國人平均值的百分之四。她爽朗地承認自己很極端，但是認為自己是在為願意跟隨的人開拓一條道路。

驚人的是有許多人願意嘗試。（不過她的丈夫不在此列，他支持她的努力，但是不肯加入無塑膠生活的聖戰。）有數十名讀者接受了她的挑戰，在一週或更長的時間內收集自己的塑膠垃圾，然後拍照傳給她。事實上，部落格網絡中充滿了塑膠排除者和零廢棄物狂熱者，全都決心要將碳足跡降低到趾尖那麼小。他們分享手工調味料的食譜和防臭劑的製法，因為找不到不含人造纖維的慢跑服或不用塑膠瓶裝的防曬乳而感到挫折、煩惱，為如何再使用像禮物卡等不要的塑膠製品交換意見。泰瑞一位讀者建議：「用禮物卡來刮除桌巾、布料或平面燭臺的蠟淚。」「在摺紙時用卡片來壓折線……把卡片剪成小方塊，貼在軟木塞板上做成杯墊。」他們也在線上坦承自己的消費罪行：「因為懶惰，我忍不住買了用塑膠袋包裝的玉米粉薄烙餅。」一位讀者寫了這段訊息給泰瑞。

即使在這群中堅分子中，極端程度也不同。有個綠色部落客指控泰瑞是個「苦行環保主義

* 譯注：這種信封內部襯有氣泡塑膠。

者」，因為她用小蘇打和醋來洗頭髮。泰瑞說，這是個鼓勵用擦拭布代替衛生紙的女士，「我覺得那才真的很極端。」對泰瑞來說，放棄瓶裝洗髮精，以小蘇打和醋來取代，並不是什麼大犧牲。這比較便宜，剛好符合她節儉的本性。更何況，她又說：「我不是個愛打扮的人，從來不是。」（最早在部落格上反塑膠的那位環保女士經常抱怨的是，很難找到不含塑膠的化妝品。）

「妳曾做過什麼讓妳**真的**覺得像苦行環保主義的事嗎？」我問道。

她神往地笑著說：「我想念乳酪。」她喜歡的重味巧達乳酪都是用塑膠包裝。最後她找到一種乳酪（可惜不是巧達乳酪），是包在天然蜜蠟中。可是她得把整塊六．八公斤重的乳酪買下來才行。偶爾，她試著放自己一馬。「有一天我去了貿易商喬（Trader Joe's）有機超市，想要買點簡單的午餐。以前我可以在那裡吃東西，一點問題也沒有。」她原本打算在下個部落格誌中坦白她的罪過。可是腦海中閃過塞滿塑膠的黑背信天翁的影像。「我就是辦不到。我看著所有塑膠包裝，轉身離去。」

在泰瑞去塑膠化的過程中，她愈來愈常放棄購買東西。泰瑞回想說，最初她只是想要把塑膠製的東西取代為玻璃、木材、紙品或其他天然材料。她買裝在玻璃罐中的醬料，搜索各超市尋找不用塑膠盤承裝的冷凍晚餐，試著用黃豆粉來做豆漿（她表示那很「噁」），放棄拋棄式刮毛刀，在當地古董店找到舊式安全剃刀來取代。

「我以為能為家裡每樣東西找到替代品。」她說。但是隨時間流逝，她發現：「我能買的東西愈來愈少。」吹風機壞掉時，她得放棄吹風機或者找到修理方式，還好找到了。她不買杏仁奶、優格或感冒糖漿，而是學會自己做。她不購買新的工具，而是開始向朋友或當地租借工具計畫中心借用工具。

泰瑞說她發現：「放棄塑膠意味著我也被迫減少消費。」她對塑膠信用卡或許沒有環保上的意見，但是沒有塑膠的生活也意味著她用信用卡的機會愈來愈少。

塑膠如此深入我們的消費文化，使它幾乎和消費成為同義字。看看塑膠村那光鮮亮麗又衛生的外表，你會看見使生活更容易更便利的豐富產品。一旦著手刮開表面，你會開始看到小便利，甚至微不足道的便利也會有深刻的後果，這些後果反映在比我們更經久的拋棄式物件中，或在能決定未來世代健康與繁殖力的化學物質中，或被我們因為無法重複使用或回收而丟棄的物品噎死的信天翁上。

難道這表示我們得跟著泰瑞的腳步走出塑膠村？我們一定得在塑膠和地球之間二擇一嗎？假使這是僅有的選擇，我不確定我信任自己或同胞們能做出恰當的決定。所幸，打造一個永續的未來，並不需要做出如此嚴苛和激烈的選擇。事實上，過度單純地追求完美，可能會阻礙最綠色的物品到來。

想想那些勇氣十足在改良牛奶生產與銷售方式的地區性乳製品廠。在我居住的地區，有一家牛奶公司是用可退瓶的玻璃瓶裝有機牛奶，可是瓶蓋還是塑膠的，而對泰瑞來說，這就會破壞交易了。她說，這是優先順序的問題。「你必須為對你來說重要的事物排出優先順序。我並不需要喝牛奶。」這對泰瑞來說是個合理的選擇，然而一旦有夠多的人跟進她的做法，用可退玻璃瓶裝牛奶的有機乳品廠就得關門大吉。假使我們想要建立一個更綠色的世界，堅持私德時，也得考慮到個人行動在廣大的政治與社會脈絡中的影響。不過，當我終於決定接受她的塑膠挑戰，追蹤我在一星期內消耗的塑膠時，泰瑞毫不妥協的堅定示範，也點醒了我們自己每天所做的取捨。

我一直拖延著，也不知道是為了什麼，只覺得這整個主意使我有種模糊不安的感覺。我很清楚自己不可能將塑膠使用量降到泰瑞做到的程度。我有三個小孩、一份全職工作、性格上也不那麼執著，也從來沒想過要跑馬拉松。我不相信收集塑膠垃圾一星期，能告訴我什麼我還不知道的東西，或者（真要誠實說的話）能告訴我什麼我想知道的東西。

出人意料的是，和我早期寫下碰到的每件塑膠的實驗一樣，這個挑戰竟是個非常有用的練習。它再度提醒我塑膠的無所不在，也提醒我要忘記這個事實是多麼容易的事。明白我得考量並且留下每件用過的塑膠，使每一次的使用（即便是最微不足道的事物）變成一種有意識的決定。在健身房裡，我可以用冰桶旁的塑膠杯倒杯水來喝，把杯子加入我的收集中。或者我可以走到樓下，喝飲水機的水。

看著我在一星期內累積的塑膠物件，共一百二十三件，這可能比泰瑞一年累積的還多，使我看清了幾件事情。一是我在購買時，以便利性決定是否要買的頻率有多高。我真的需要在有機超市買那些躺在塑膠盤中，用塑膠膜包好，每根都有張小貼紙的筍瓜嗎？偶爾吧。但多數時候，我可以撥出時間到農夫市場或鄰近的農產品攤去買菜，那裡所有的水果蔬菜都沒有一層麻煩的合成肌膚貼在身上。

我也很慚愧地發現那週收集的包裝材料中，有許多包著我沒用完而壞掉的食物。我有五個裝麵包的袋子，每一袋都有幾片發霉的麵包，都是孩子們拒絕吃的土司末端外皮層。這些袋子證明我在採買家用時太常處於自動駕駛狀態，而沒有仔細思考真正的需求。這也使我想起我和《少用點東西》（Use Less Stuff）的作者之一勞伯．利廉菲爾德（Robert Lilienfeld）討論塑膠購物袋爭議時，他對我說的話。[57] 他指出就一次性塑膠購物袋帶來的所有環境問題中，更大的衝擊是來自於它們所裝的東西。減少人類的碳足跡意味著要面對根本上不永續的食物消費習慣，例如想在隆冬中吃草莓，想買各種已經被撈捕到近乎絕跡的海產。

貝絲．泰瑞的挑戰掐醒我在採買家用時的覺察力，提醒我在推著購物車穿梭於超市中時要問自己：**我們真的需要這個嗎？**我回答「是」的頻率將比泰瑞高。但這是個值得自問的好問題，尤其在這個鼓勵大家不必仔細思量，要經常刷卡的消費文化中，更是如此。

那些信用卡為形塑出消費者所做的選擇，提供了有力的管道。我們可以用它們為更健康、安

57 作者採訪利廉菲爾德。

全的產品投票，支持發展真正的綠色塑膠產品。我們也可以把它們好好的塞在皮夾裡，拒絕購買過度包裝的物品和無法重複使用或回收的產品。購買力已經使永續性在市場中占有利基，加強了耐用水瓶、環保杯和這類產品的銷售量。這就是為何沃爾瑪現在也賣有機食品，為何高樂氏（Clorox）要推出無毒清潔產品系列，為何奶瓶和運動水瓶製造商會自願改用不含雙酚A的替代成分。我們可以轉變市場，如泰瑞在二〇〇八年所示範的，她成功組織了一項運動，促使高樂氏回收其布麗塔（Brita）濾水器的活性碳濾心，歐洲的布麗塔濾水器製造商在多年前早已經這麼做了，這要感謝生產者延伸責任法的規定。

但是只有個體的行動，很難為目前的現況帶來所需的大規模改變，不論那任務是停止使海洋塑膠化、保護子女不受內分泌干擾素的影響，或是控制使全球暖化的碳釋放量。使我們與塑膠結合的力量，來自於強勢的石化工業、購置的文化，及市郊散居式生活導致社區觀念的消退等，全都是演化自假設這世界沒有自然資源極限的政治文化。被放出來的精靈已經無法塞回瓶中，但我們至少能重塑政治文化，使精靈成為一個更好的公民。

各階層政府，從市議會到國會都有責任重塑我們的社會，使它變成一個人們可以輕鬆、方便、有效率地進行回收和製堆肥的地方，並且少些一次性使用，多些重複性使用；同時也要讓提供資源回收循環利用的服務業能夠生存，使它們生產的所有產品都具有「從搖籃到搖籃」的責任，使海洋被珍視為浩大的資源，而非我們塑膠蠢行的最終傾洩場。

重建健康的關係

要與塑膠這個材料家族重建關係，是一項龐大的工作。

我們在過去十年製造的塑膠，幾乎與之前數十年加總起來的一樣多。不論好壞，我們已經習慣了這些聚合物夥伴。現在的大學畢業生以「塑膠！」為職業的意願，可能不會像達斯汀·霍夫曼（Dustin Hoffman）＊在電影《畢業生》中那麼高，但是塑膠的存在對他們的生活影響將遠勝過從前任何一個世代。塑膠產量仍在加速中，塑膠製品氾濫於整個地球表面，用過即丟的文化出口到開發中國家，估計這些國家將在未來四十年內趕上美國和歐洲的塑膠消費量。如果這個趨勢不變，塑膠年產量將在二〇五〇年達到近九千億公斤。[59] 如果我們現在已經覺得快被塑膠噎死了，到那時候，當我們的消耗量達將近四倍時，又會是什麼感覺？

從塑膠早期提出的承諾到現在，我們走了一段漫漫長路，希望塑膠能使我們從自然界的極限中解脫、使財富大眾化、激發藝術靈感、製造出任何我們想要的東西。雖然一路上我們轉錯了很多彎，塑膠提供的承諾依然不變。尤其在一個有七十億人口（且繼續增加中）的世界裡，我們對塑膠的需求更甚以往。我們必須提醒自己，創造壯麗世界的力量並不存在於我們使用的材料中，而在於我們的想像天賦，和我們創造社群、看清危險，以及尋找更好途徑的能力上。

＊ 譯注：主演電影《畢業生》中班傑明·布拉達克的演員。

59 Li Shen，〈產品概要〉，p. ii。

一如個人行動無法取代集體政治意願的運動一樣，我們也無法單純用立法來找到通往永續而富足的未來之路。要把塑膠村重建成我們的子女和子子孫孫能夠安全生活的地方，我們要做的是正視對自己的假設，正視我們需要什麼才能滿足生命與心智。我們並不需要拒絕物質生活，但必須重新發現物質的價值不在於我們擁有的量，而是如黛拉的髮梳一樣，在於物件的擁有使我們與彼此和地球連結在一起，因為地球才是所有財富的真實來源。

一座塑膠橋

那座橋一點也不顯眼，不過是紐澤西州松林荒原深處，一座連結某條沙土路的簡單單拱橋。剛葉松、冬青葉櫟、黑紫樹林立在前往短橋的小路兩側；藍莓和革質葉面的灌木覆蓋了小溪兩畔。默利卡河（Mulica River）蜿蜒於州立瓦頓森林（Wharton State Forest）區內，這座橋則是諸多跨越默利卡河的橋梁之一。但它有一異於其他橋梁之處，即這整座橋都是由塑膠製成。

不過除非你停下來對它加以端詳，否則不一定會知道這是座塑膠橋。其實都一樣，州立森林局的發言人告訴我：「它看起來並不突兀。」事實上整座橋都是以回收塑膠製成，她說：「這宣導了我們的綠化重點。」[1]

近百萬個用過的塑膠牛奶瓶加上舊汽車保險桿，經擠壓、融化、再製模後，被製造成I型塑膠梁、椿材和板條，用來搭建這座十七公尺長的橋梁。[2]羅格斯大學聚合物科學家湯瑪士・諾斯克爾（Thomas Nosker）發明了將廢棄塑膠轉換為耐用建材的科技，然後將此技術授權給紐澤西州一家艾克森國際公司（Axion International），使這項科技商業化。艾克森公司表示由回收物製成的塑膠能模塑成橋梁、鐵軌枕木、甲板、椿材、堤岸或堤壩，對時間和風雨的耐用性遠勝過木材、水泥或鋼鐵。該公司在兩年內，就為原本要被丟到掩埋場的九十幾萬公斤塑膠，創造了有價值的新生命。對艾克森公司的創辦人吉姆・柯斯登（Jim Kerstein）而言，製造這種產品有如一種因果報應，為他過去製造與銷售以原生塑料製成的衣架事業付出代價，因為他知道那些衣架終將被丟棄。他說：「塑膠所有的缺點，包括耐久和不分化，都化為優點。你可以將這種不分化的材料用在我們希望它耐久長存的地方。」

這座搭建於二〇〇二年的瓦頓森林橋，是該公司建造的第一批橋梁。美國陸軍也被這項

1　州立森林局發言人：採訪州立瓦頓森林客服代表泰瑞・史密特（Terry Schmidt）。

2　近百萬個用過塑膠牛奶瓶：二〇一〇年五月採訪艾克森國際公司創辦人暨總裁吉姆・柯斯登（Jim Kirstein）。關於該公司製造的橋梁資訊，可參見二〇〇九年十月九日Courier News刊載之「陸軍採用的輕型強力橋梁源自於羅格斯實驗室」（Lightweight - But Strong - Plastic Used By Army To Build Bridge Has Origins In Rutgers Labs）。

科技所吸引，因而聘請該公司在伯格堡（Fort Bragg）搭建兩座跨越小溪的橋。艾克森承諾這些橋梁不僅能支撐卡車，也能承載重達七十噸的M1艾布蘭（Abrams）坦克車。陸軍工程師非常懷疑塑膠建材承載坦克車的能力，因此在坦克車第一次試行過橋時準備了一臺吊車，深信他們一定得將坦克車吊出溪流。龐大的坦克車隆隆駛過跨距六公尺的橋身，整座橋幾乎彎也沒彎一下。「別人搭建堅固的橋梁，但這座橋可是如陸軍一般堅固。」陸軍一位代表在二〇〇九年的啟用典禮時給予如此的稱讚。[3]

他說軍方每年花費二百二十五億美元修建遭受風雨侵蝕的建築結構。這座橋的造價比使用其他材料的橋梁更低，不僅耐腐蝕，還幾乎不用維修費用。繼伯格堡橋梁之後，陸軍又為維吉尼亞州的尤斯特司堡（Fort Eustis）訂製了兩座橋，預定用來載運重達一百二十噸的火車頭。[4]

艾克森公司在州立瓦頓森林中替換掉的那座腐敗木橋，至少已有五十年歷史，它在瓦頓家族於一九五四年將土地捐給州政府時就已經存在。[5] 這座塑膠橋延續的時間將遠超過五十年。除了戰爭和天災之外，在鄰近的橡樹和松樹都老死，新生樹木取而代之的許久之後，它將持續存在，等待著尚未出世的遙遠世代在未來跨越它的橋身。塑膠頑固的耐久性往往是一種對自然世界的羞辱與傷害，但這座位在森林深處的謙卑橋梁，對永恆不死的材料來說似乎是正確的應用方式。或許它不適用於紐約大班吉大橋（Tappan Zee）或舊金山金門大橋那種長墩距的大橋，但柯斯登說，美國境內有約六十萬座橋是小跨距的橋梁，跨距不及二十一公尺，因此可輕易以回收塑膠取代傳統材料。

世界上最古老的橋是希臘南部的阿爾卡迪科橋（Arkadiko Bridge）。三千年前，石匠將粗

3 橋梁啟用典禮的影片可見於http://www.youtube.com/watch?v=0hE-ymdio44。

4 這些橋梁將接受評鑑：二〇一〇年五月採訪艾克森國際公司董事長馬克・格林（Marc Green）。

5 敗壞的木橋：採訪史密特。

糙的石灰石鑲嵌在一起，組成一座三・六公尺高、十八公尺長的單拱橋，跨越曾經流水滔滔，而今長滿乾草的溝渠。看著這古老的結構，你幾乎能聽見由馬匹拉的戰車卡噠卡噠行走於邁錫尼諸城（Mycenaean cities）＊之間。阿爾卡迪科橋建於青銅器時代末期，這個時期在火山爆發、地震、文化間的掠劫及氣候變遷等各種因素的影響下，慘烈地崩潰瓦解。

如今，不論好壞，我們已篤定進入了塑膠時代，且面對著生態崩潰的駭人通告。我們手上握有能夠防止生態崩潰的材料，及創造永續遺產的工具。幾千年後的考古學家挖掘到我們這個年代的地層時，是否會發現這個時代塞滿了瓶蓋、塑膠袋、包裝紙、吸管、打火機等萬古不化的廢棄物，證明我們以垃圾噎死自己的文明？或者他們會發現諸如州立瓦頓森林中的塑膠橋，儘管不甚美觀，卻有個重要的故事要說，那就是：我們不僅有創造這些神奇材料的心靈巧手，也有使用它們的智慧。

＊ 譯注：邁錫尼為古希臘文明。

演出角色

最容易遇見的塑膠製品（依常見程度排序）

聚乙烯（Polyethylene）：若在聚合物之間來一場普及度比賽，聚乙烯將輕鬆獲勝。全球製造與銷售的塑膠製品中，超過三分之一屬於這個塑膠家族。它們既堅韌、有彈性、防水，而且非常容易製造，因此成為最受喜愛的包裝材料。這個家族成員包括：

低密度聚乙烯（LDPE），可用來製作塑膠袋（包裝報紙、乾洗衣物、冷凍食物等）、收縮膜、擠壓瓶、牛奶盒內膜、冷熱飲料瓶蓋。

線型低密度聚乙烯（LLDPE），更具延展性，用於製成塑膠袋、收縮膜、塑膠蓋子、囊狀錢包袋、玩具和柔韌的管子。

高密度聚乙烯（HDPE），質地較硬，用於到處可見的雜貨購物塑膠袋，乃至特衛強（TYVEK ®）家用隔熱防護材料。更硬的種類可用以製作裝牛奶、果汁、洗衣精和家用清潔劑的瓶子，及早餐穀片盒中的塑膠袋。

聚丙烯（Polypropylene，簡稱PP）：雖然和聚乙烯有親緣關係，但因為能承受較高溫度及較強的撞擊，而在包裝界中具有不同利基。它能承受一般瓶蓋及上推蓋需要的壓力與扭力。高熔點使它能用在裝剩菜的保鮮盒、裝熱食的容器上，不論是用來裝熱騰騰的糖漿、發酵的優格或熟食店的外帶食物都沒問題。汽車裡外都充滿了聚丙烯製品，從避震器到地毯，到內裝底下的基底層都是聚丙烯。它還能在保持乾燥的狀態下，允許濕氣發散，所以也被用在拋棄式尿片、保暖背心乃至太空人的太空裝之中。

聚氯乙烯（乙烯基，Polyvinyl chloride，簡稱PVC）：用途最廣（爭議也最大）的塑膠。PVC能有多種性格，堅硬的、薄膜的、柔韌的、革質的都可以，一切都拜它能輕易與其他化學物質混合的特質。乙烯基包圍了每個角落，覆蓋在房子外表、牆面、地板和天花板；電線絕緣塑膠；製成人造皮的服裝和家具、水管的外殼和接頭，以及醫療儀器中的軟膠。

聚苯乙烯（Polystyrene，簡稱PS）：最常見的型式是當空氣注入所謂「發泡聚苯乙烯」這種合成蛋白後膨脹的模樣，也就是常見的保麗龍。以保麗龍型式出現時，它是個非常優秀的隔絕體，可用來保暖屋子、熱咖啡、外帶炒麵，保護易碎郵件或我們的腦袋（騎車時）。但它也能化身為強硬的塑膠，製成光碟片收納盒、珠寶盒、卡式錄影帶、拋棄式刮鬍刀及塑膠餐具。高耐撞性的聚苯乙烯則可化身為衣架、煙霧偵測器外殼、汽車牌照框架、阿司匹靈藥罐、試管、培養皿和模型玩具組件。

聚氨酯（Polyurethane）：於一九五四年問世，最常見的是發泡型態，包括柔軟具彈性的（如家中和汽車內裝的坐墊），也有強固堅硬的（建築和冰箱內的隔絕內襯），或介於兩者之間的（如儀表板的襯墊）。它的支撐特性可以更上一層樓，織就成彈性吊纖維，或噴射成一層無乳膠的保險套薄膜。

聚對苯二甲酸乙二酯（Polyethylene terephthalate，簡稱PET）：為聚酯家族中最傑出的成員，PET在二次世界大戰後以防皺纖維之姿首度登臺亮相，如今紡織品仍是多數聚酯的最終用途。PET很快在照片、X光片、錄音及錄影帶上獲得利用，但最有名的用途是來自於它在包裝材料上的優勢，即具有玻璃般的清晰度及可製成密封容器的空前能力，能把造成食物腐敗的氧氣擋在外面，又能將產生氣泡的二氧化碳留在裡面。如今，幾乎每種飲料都包裝在PET之中，可能連你的下一瓶葡萄酒也不例外。

丙烯丁二烯苯乙烯（Acrylonitrile-butadiene-styrene，ABS樹脂）：科學家在一九四〇年代末期為了製出人造橡膠而創造了ABS樹脂。這是由三種原料製成的「共聚物」，形成一種堅硬、光滑、防震且完全不像橡膠的材料，用來製作樂高玩具、八孔直笛和塑膠豎笛等樂器、高爾夫球桿頭、電話及廚房用品的外殼、汽車車體和其他輕型堅硬的鑄型產品。

酚樹脂（Phenolics）：這個聚合物家族是從第一個完全合成塑膠——電木衍生而成。酚樹脂無法和其他常見塑膠一樣融化再鑄。這類塑膠牢固、堅硬、能隔絕電流，可運用在電器用品、開關、抗熱膠板及餐具把手等。酚樹脂中最著名的電木曾經觸及人類生活每個角落，如今已退居到遊戲的世界，主要用來製作西洋棋子、跳棋、骨牌和麻將牌。

尼龍（**Nylon**）：絲襪所具備的強韌、耐用、有彈性特質，使尼龍也成為許多物品的理想材料。在追尋人造絲料的努力下誕生的尼龍纖維，也運用在衣料、新娘面紗、樂器弦線、地毯、魔鬼氈和繩索上。實心尼龍可鑄成機械螺栓、齒輪、船的螺旋槳和梳子。尼龍刷毛則可用在牙刷和毛刷上。

聚碳酸酯（**Polycarbonate**）：為「工程塑料」家族成員之一，是為了與壓鑄金屬競爭而發展出來的材料。它在塑膠中不僅質地最堅硬，且完全透明，這種特性組合使它成為齒輪、光碟片、影碟片、藍光碟片、眼鏡鏡片、實驗器材、電力工具外殼、奶瓶和運動水瓶等不希望會破碎的容器的最佳選擇。不過，由於擔心聚碳酸酯會釋放出雙酚A的化學物，奶瓶和運動水瓶已逐漸不再使用這種材料。

丙烯酸（**Acrylic，壓克力塑料**）：和玻璃一樣清澈透明，卻更強硬百倍，一片透明壓克力塑料就能抵擋子彈的射擊，所以在二次世界大戰中，它被用在保護空中砲手上。如今，丙烯酸出現在總統保護車隊中、安裝在教宗汽車上，以及免下車銀行的櫃臺窗戶上。不過壓克力塑料也服務於不那麼光輝燦爛的任務中，包括飛機艙窗及潛艇舷窗、戶外招牌、汽車尾燈、住家及商用水族箱、白內障患者的替代晶體，也取代了浴室的玻璃門。

致謝

最初我提議要寫一本關於整個塑膠世界的書時，並不知道這項任務有多龐大。塑膠深入了現代生活的許多層面，我的研究工作也一樣，帶我進入數十個我當初一點概念也沒有的領域。所以我也運用了許多資源與協助，來組織這段文獻的長鏈。要感謝每一位和我談過話的人，可能得花上第二冊才寫得完。不過，除了在文中已經提到的人之外，我也要感謝下列人士大方地分享了他們的時間和專長。

史基德摩爾大學（Skidmore College）的化學家Raymond Giguere為我提供了我在高中時打瞌睡混過的基礎化學課。在麻州的里歐明斯特（Leominster），我很幸運地會見了自一九二七年就在塑膠業界工作的Louis Charpentier，他不僅和我分享了記憶中塑膠工業的早年歷史，也讓我見識了他的鈕釦收藏。里歐明斯特的美國國家塑膠博物館（可惜已於二〇〇九年閉館）的前館長Marianne Zephir，對我的研究幫助非常大。我很幸運能透過賽璐珞史學家Julie robinson，及塑膠粉紅鶴的創造者Don Featherstone，獲得關於早期塑膠的洞見。

關於聚合物科技的基本指導功課，我要感謝陶氏化學公司的Jeffrey Wooster及Bob Donald；麻州大學洛威爾校區的Dan Schmidt；及《塑膠科技》雜誌編輯Matt Naitove。我要感謝材料連結（Material ConneXion）及該公司職員Beatrice Rammarine及Cynthia Tyler，使我能一瞥聚合物各種狂野的可能性。

感謝以下諸位與我分享了各種與塑膠相關的業界觀點：美國化學委員會的Chris Bryant、Keith Christman、Steve Hentges、Jennifer Killinger、Steve Russell及Jim Shestek；Glenn Beall顧

問公司的Glenn Beall；Roplast Industries的Robert Bateman；超級塑膠袋企業的Isaac Bazbaz；MBA聚合物公司的Mike Biddle；食品服務包裝協會（Foodservice Packaging Institute）的John Burke；塑膠工業協會的威廉・卡特奧克斯；西萊克斯寶利公司（Hilex Poly Company）的Mark Daniels；Townsend Solutions的David Durand；艾克森國際公司的Marc Greene；Trex Inc.,的David Heglas；Emerald Packaging, Inc.,的Kevin Kelley；陶氏化學公司的Tong Kingsbury；一份未出版的塑膠袋戰爭記錄作者暨顧問George Mackinrow；麻州大學洛威爾校區聚合物工程部主任Robert Malloy；即將出版塑膠於醫學角色之書的作者Ken Pawlak；Savemart Corp.的Alicia Rockwell；及Preserve Inc.的C. A. Webb。密西根大學包裝學院的Rafael Auras、Dian Twede及Susan Selke協助我對包裝的科學與科技有深入的了解。在以下這些人的幫助下，使我了解玩具工業在帶來歡樂之外，還是個多麼嚴肅的行業；Learning Mates的Bill Hanlon；Green Toys的Robert von Geoben；Discovering the World的Dan Mangone；麻州大學洛威爾校區永續生產中心的Sally Edwards；《惠姆歐全書：歡樂工廠六十週年慶》（WHAM-O Superbook: Celebrating 60 years Inside the Fun Factory）作者Tim Walsh。Goody的Kelly Chapman及Stan Chudzik提供了許多關於髮梳生意和科技的有用資訊。

工藝設計對我來說是個新領域，感謝以下人士的協助使我能夠對此領域有所領悟：材料連結的喬治・貝瑞里安（George Beylerian）；倫敦佳士得拍賣公司（Christie's）的Cristiano de Lorenzo；維察設計博物館（Vitra Design Museum）的Alexander von Vegesack。此外，也要感謝曾任職於維察家具的設計工程師Manfred Dieboldt提供了他所記得關於製造潘頓椅的過程。

我的中國之旅若少了這些人士的協助與洞見，將會徒勞無功，感謝廣東塑膠工業協會的

Fu An；狂野星球玩具公司（Wild Planet）的Victor Chan；錦發製造廠（Canfat Manufacturing）的Tony Lau；Forward Winsome Industries的L. T. Lam；香港玩具工業年代記史者Sarah Monks；及《塑膠新聞》的Steve Toloken的無價協助。

為我解釋內分泌干擾素的複雜機制及塑膠在醫療上的用途對人體健康影響，我要感激的有德州大學奧斯汀分校的George Bittner；Warren Wilson學院的John Brock；疾病控制中心的Antonia Calafat；美國環保署的厄爾．格雷（Earl Gray）；哈佛大學公共衛生學院的Russ Hause；華盛頓州立大學的Patricia Hunt；Hospira Inc.的Mark Ostler；哥倫比亞大學的大衛．羅斯納（David Rosner）；科學與環境健康網絡的Ted Schettler；美國環境工作團隊（Environmental Working Group）的Rebecca Sutton；及即將出版關於雙酚A政治學之書的作者Sarah Vogel。感謝以下醫療照護體系中的管理及醫療人員與我探討醫療塑膠的角色與風險：約翰繆爾醫療中心（John Muir Medical Center）的Valerie Briscoe；塔夫斯大學（Tufts University）的John Fiascone；布里罕婦女醫院（Brigham and Women's Hospital）新生兒加護病房的Julianne Mazzawi及Irena Solodar；Premier Inc.的Gina Pugliese；實踐綠色健康組織（Practice Green Health）的Laura Sutherland；西部天主教醫療保健（Catholic Healthcare West）的Susan Vickers。也感謝路易西安納州查爾斯湖的Billy Baggett、德州鮑蒙得（Beaumont）的Herschel Hobson兩位律師描述了他們在處理氯乙烯訴訟的經驗。

為了加速學習認識複雜的海洋科學及海洋垃圾問題，我請教了華盛頓大學的Joel Baker；斯克里普斯海洋研究所（Scripps Institution of Oceanography）的James Dufour、Peter Niiler及Miriam Goldstein；美國國家海洋及大氣管理局（National Oceanographic and Atmospheric Administration

）的Holly Bamford；英國南極觀測站（British Antarctic Survey）的大衛．巴恩斯（David Barnes）；曾任職於美國國家海洋及大氣管理局的James Ingraham；海洋教育協會（Sea Education Association）的Kara Lavender Law；東京農業及科技大學的Hideshige Takada。還要特別感謝全心投注於海星計畫（Project Kaisei）的許多人士，花了很多時間與我討論他們的工作，這些人包括Mary Crowley、Michael Gonsior、Andrea Neal、George Orbelian、Dennis Rogers及胡榮德（Douglas Woodring）。

多位政治運動人士及政策專家對於各種複雜的塑膠相關議題的解釋，使我獲益良多，這些人士包括ResuableBags.com的Vince Cobb；奧瑞岡州環境品質部的David Allaway；曼哈頓沙灘市的Lindy Coe-Juell；塑膠提基號帆船探險計畫（Plastiki Expedition）的大衛．羅斯柴爾（David de Rothschild）；加州人反廢棄物聯盟（Californians Against Waste）的Bryan Early；埃爾加利塔海洋研究基金會（Algalita Marine Research Foundation）的Marcus Erikson；療癒海灣（Heal the Bay）的Mark Gold；淨水運動組織（Clean Water Action）的Miriam Gordon；奇克州立大學（Chico State Unviersity）的Joe Greene；西雅圖公共事業部的Richard Lilly；不遺留塑膠組織（Leave No Plastic Behind）創辦人Cheryl Lohrmann；塑膠沙灘垃圾藝術家Pam Longobordi；山岳協會西雅圖分會Brady Montz；加州產品管理委員會（California Product Stewardship Council）的Heidi Sanborn；德州傑克森湖區環保運動人士Sharron Stewart；第七世代顧問組織（Seventh Generation Advisors）的萊絲莉．坦明南（Leslie Tamminen）；曾任職於奇哥袋公司（ChicoBag）的Emily Utter；加州柏克萊大學Michael Wilson。諾克斯學院（Knox College）的Tim Kasser為消費主義的心理學提供了相當有用的洞見。《塑膠新聞》的Mike Verespej為塑膠袋戰爭和其他關於塑膠

的政治爭議，協助提供了大量資料。

我要感謝以下諸位資源回收及廢棄物處理專家，協助解釋我用完塑膠物件後它們的下場為何：塔夫斯大學的Frank Ackerman；加拿大安大略省環保監察組織（Stewardship Ontario）的Lyle Clark；容器回收機構（Container Recycling Institute）的Susan Collins及前任職員Betty McLaughlin；WRAP的Paul Davidson；Nextek Ltd.的Edward Kosior；海特艾許貝里社區委員會資源回收中心（Haight Ashbury Neighborhood Council Recycling Center）的George Larson；能源回收委員會（Energy Recovery Council）的Ted Michaels；摩爾及夥伴公司（Moore Associates）的Patty Moore；CM顧問公司的Clarissa Morawski；美國全國廢棄物管理協會（National Solid Waste Management Association）的Bruce Parker；《資源回收及塑膠袋回收新知》期刊（Resource Recycling and Plastics Recycling Update）編輯Jerry Powell；瑞卡羅基（Recology）垃圾處理公司的Robert Reed及Leno Bellomo；美國PET容器資源協會（National Association for PET Container Resources）的Dennis Sabourin；老鷹顧問公司（Eagle Consulting）的Alan Silverman；奧克蘭廢棄物處理及回收部門的Peter Slote；資源回收論壇（Resource Recovery Forum）的Kit Strange；帕爾克企業（Parc Corporation）的Kathy Xuan。

指導我認識嶄新的後石化塑膠世界的指導老師包括了達爾茅斯學院（Dartmouth College）的Tilman Gerngross；美塔波利斯（Metabolix）的布萊恩・伊格爾（Brian Igoe）；地方性自助自立中心（Institute for Local Self-Reliance）的Brenda Platt；Cereplast公司的Frederic Scheer。

我也要感謝幫助我了解遭到過度濫用的「永續性」一詞的多重意義的各位永續大師：雅詩蘭黛（Estée Lauder）的John Delfausse；永續包裝聯盟（Sustainable Packaging Coalition）的Ann

Johnson；《少用點東西：真實自我的環保主義》（Use Leff Stuff: Environmentalism for Who We Really Are）共同作者勞伯・利廉菲爾德（Robert Lilienfeld）；洛威爾永續生產中心（Lowell Center for Sustainable Production）的Cathy Crmbley及肯尼斯・蓋斯（Kenneth Geiser）；此外我還要對毒物減用研究中心（Toxics Use Reduction Institute）的專家小組，及麻州大學洛威爾校區聚合物工程系成員，花一天匯集在一起讓我能聽取專家的意見，這些人士包括：Pam Eliason、Greg Morose、Liz Harriman及Ramaswamy Nagarajan。

以下人士非常善心的閱讀了部分文稿，並且給予回饋：Susan Collins、Cathy Crumbley、彼得・費爾（Peter Fiell）、羅伯特・費道爾（Robert Friedel）、勞伯・黑利（Robert Haley）、Russ Hauser、Marianna Koval、Naomi Luban、Donald Rosato、Dan Schmidt、莎芭・雪弗利（Seba Sheavly）、Shanna Swan、Brenda Platt、Jerry Powell、裘爾・提克納（Joel Tickner）及Nan Wiener。書中若有任何錯誤，都是我的失誤。

當然，少了強有力的編輯引導和龐大的支持，這些專家提供的訊息根本無法組織成一個和諧流暢的整體。我非常幸運能兩者都有，首先要感謝美好的經紀人Michelle Tessler及我那傑出的編輯Amanda Cook，她是一位非常投入、有洞見又要求極高的讀者，是作家在現代出版世界中夢寐以求卻難得一見的讀者。感謝超級審稿編輯Tracy Roe，使我免於在無數寫作風格及文法問題上丟臉，感謝Lisa Glover一路護衛這本書直到出版為止。我的姊妹麗莎・弗蘭克（Lisa Freinkel）幫助我建立了寫作計畫，吸收了太多她並不想知道的塑膠細節。我的兄弟安得魯・弗蘭克（Andrew Freinkel）、母親露絲・弗蘭克（Ruth Freinkel）、我三個小孩伊萊（Eli）、以撒克（Isaac）和莫里亞・沃夫（Moriah Wolfe）全都給了我重要的支持。我很幸運在家族裡就有個很會找書的人，非常感謝我的妹婿Ezra Tishman經常為我找到各種艱澀的聚合物文章。此外也非常感謝Leslie Landau及Jim Shankland再度讓我使用他們美麗的木屋做為我非常需要的寫作閉關場所。我很難想像少了我那群充滿智慧的美好North 24th寫作團隊，怎麼可能完成如此漫長艱苦的寫作過程，團隊成員包括Allison Bartlett、Leslie Crawford、Frances Dinkelspiel、Sharon Epel、Kathy Ellison、Katherine Nielen、Lisa Okuhn、Julia Flynn Siler及Jill Storey。最重要的是對我的先生艾瑞克・沃夫（Eric Wolfe）無盡的感激，感謝他的支持、耐心、熱忱和在這一切當中尋得意義的驚人能力。

名詞英中對照（按英文字母排序）

Acrylic　丙烯酸，壓克力塑料
acrylonitrile　丙烯腈
Acrylonitrile-butadiene-styrene
丙烯丁二烯苯乙烯, ABS樹脂
alkylphenol　烷基酚
antiandrogen　抗雄性素
Bakelite　電木、膠木
biodegradable　可生物降解
bioplastic　生質塑膠
biopolymer　生物聚合物
Bisphenol A　雙酚A
celluloid　賽璐珞
cellulose acetate　乙酸纖維素
collodion　膠棉
copolymer　共聚物
Di-2-ethylhexyl phthalate（DEHP）
鄰苯二甲酸二（2-乙基己基）酯
diethyl phthalate（DEP）
鄰苯二甲酸二乙酯
Diethylstilbestrol（DES）
雌激素，雌性激素黃體素
diisodecyl phthalates（DIDP）
鄰苯二甲酸二異癸酯
di-isononyl phthalate（DiNP）
鄰苯二甲酸二異壬酯
dimethyl phthalates（DMP）
鄰苯二甲酸二甲酯
di-n-butyl phthalates（DBP）
鄰苯二甲酸二丁酯
epoxy　環氧樹脂
Estradiol　雌二醇
HDPE　高密度聚乙烯
Kevlar　克維拉（防彈纖維）
LDPE　低密度聚乙烯
LLDPE　線型低密度聚乙烯
Mono（2-ethylhexyl）Phthalate
鄰苯二甲酸單（2-乙基己基）酯
Monobutyl Phthalate（MBP）
鄰苯二甲酸單丁酯
monoethylene glycol　乙二醇
Nitrocellulose　硝化纖維素
Nylon　尼龍
oligomer　低聚合物；寡聚物
oxo-biodegradable　氧化式生物降解
Phenolics　酚樹脂
photodegradation　光降解
phthalate　鄰苯二甲酸鹽
Phthalate Ester　鄰苯二甲酸酯
PlantBottle　植物性塑膠瓶
Polycarbonate　聚碳酸酯
polychlorinated biphenyl（PCB）
多氯聯苯
polyester　聚酯纖維
Polyethylene　聚乙烯
polyethylene film　聚乙烯膜
Polyethylene terephthalate（PET）
聚對鄰苯二甲酸乙二酯
polyhydroxyalkanoate　聚羥基烷酯
polylactic acid　聚乳酸
Polypropylene　聚丙烯
polypropylene carbonate　聚碳酸丙烯酯
Polystyrene　聚苯乙烯
Polyurethane　聚氨酯
Polyvinyl chloride（PVC）
聚氯乙烯（乙烯基）
Saran　賽綸塑料紙、保鮮膜、合成樹脂
Teflon　鐵氟龍
veneer　膠合板
vinyl chloride　氯乙烯
vinylidene chloride　氯化亞乙烯
virgin plastic　原生塑料

名詞中英對照（按中文筆畫排序）

乙二醇　monoethylene glycol
乙酸纖維素　cellulose acetate
丙烯丁二烯苯乙烯, ABS樹脂
Acrylonitrile-butadiene-styrene
丙烯腈　acrylonitrile
丙烯酸，壓克力塑料　Acrylic
可生物降解　biodegradable
尼龍　Nylon
生物聚合物　biopolymer
生質塑膠　bioplastic
光降解　photodegradation
共聚物　copolymer
多氯聯苯　polychlorinated biphenyl（PCB）
低密度聚乙烯　LDPE
低聚合物；寡聚物　oligomer
克維拉（防彈纖維）　Kevlar
抗雄性素　antiandrogen
原生塑料　virgin plastic
氧化式生物降解　oxo-biodegradable
高密度聚乙烯　HDPE
烷基酚　alkylphenol
酚樹脂　Phenolics
氯乙烯　vinyl chloride
氯化亞乙烯　vinylidene chloride
硝化纖維素　Nitrocellulose
植物性塑膠瓶　PlantBottle
電木、膠木　Bakelite
聚乙烯　Polyethylene
聚乙烯膜　polyethylene film
聚丙烯　Polypropylene
聚乳酸　polylactic acid
聚苯乙烯　Polystyrene
聚氨酯　Polyurethane
聚氯乙烯（乙烯基）
Polyvinyl chloride（PVC）
聚羥基烷酯　polyhydroxyalkanoate
聚酯纖維　polyester
聚對鄰苯二甲酸乙二酯
Polyethylene terephthalate（PET）
聚碳酸丙烯酯　polypropylene carbonate
聚碳酸酯　Polycarbonate
雌二醇　Estradiol
雌激素，雌性激素黃體素
Diethylstilbestrol（DES）
線型低密度聚乙烯　LLDPE
膠合板　veneer
膠棉　collodion
鄰苯二甲酸鹽　phthalate
鄰苯二甲酸二（2-乙基己基）酯
Di-2-ethylhexyl phthalate（DEHP）
鄰苯二甲酸二乙酯
diethyl phthalate（DEP）
鄰苯二甲酸二丁酯
di-n-butyl phthalates（DBP）
鄰苯二甲酸二甲酯
dimethyl phthalates（DMP）
鄰苯二甲酸二異壬酯
di-isononyl phthalate（DiNP）
鄰苯二甲酸二異癸酯
diisodecyl phthalates（DIDP）
鄰苯二甲酸單（2-乙基己基）酯
Mono（2-ethylhexyl）Phthalate
鄰苯二甲酸單丁酯
Monobutyl Phthalate（MBP）
鄰苯二甲酸酯　Phthalate Ester
環氧樹脂　epoxy
賽綸塑料紙、保鮮膜、合成樹脂　Saran
賽璐珞　celluloid
雙酚A　Bisphenol A
鐵氟龍　Teflon

〔推薦〕

以科學、求真的態度，終結生活中的隱形殺手

李俊璋（國立成功大學環境微量毒物研究中心主任）

在塑化劑事件發生後，我常對學生說我花了十一年的時間針對塑化劑「鄰苯二甲酸酯」進行全面性的研究，研究內容從臺灣數十條河川環境中水體、底泥及魚體的濃度調查，到塑化劑暴露對孕婦及其胎兒之健康影響、性早熟女童尿液中鄰苯二甲酸酯代謝物檢測與家戶灰塵暴露之相關性研究、男性不孕症與鄰苯二甲酸酯暴露之相關性及影響機制探討，進行這些研究的目的在於希望利用科學的數據，來說明在生活中的隱形殺手對環境及人體健康的影響，也希望藉著這些研究結果，喚醒民眾一起來捍衛自己及下一代的健康。

《塑膠：有毒的愛情故事》一書，作者從前言就開始當頭棒喝地告訴讀者，塑膠已經充斥在生活當中。全書鉅細靡遺地敘述塑膠的起源及發展歷史，亦述及塑化劑之相關研究結果，作者對文獻收集整理之精準更令人驚訝。此外，由塑膠之回收至最後一章讓讀者深思「綠色的定義」，以及了解地球才是所有財富的真實來源。作者在書中展現以科學求真的態度，收集豐富的研究文獻與史料，說明塑膠的演進與歷史，亦用環境研究數據說明塑膠對環境及人體健康的危害。若我們再不覺醒，化領悟為行動，將難以建立一個安全、永續的未來。希望讀者在讀完本書後起而行動，不要再視而不見，以便將生活中的隱形殺手逐出生活環境。

〔推薦〕

客觀全面，盡量小心但不過度擔心

林志清（財團法人塑膠工業技術發展中心前總經理）

塑膠和人類相處已超過百年，近十年來，塑膠材料的使用量成長更加迅速，等同於廿世紀使用量的總和。我們幾乎沒有一刻能離開它，包括我們現在使用的筆、身上的手機、桌上的電腦、眼鏡……等，數不完。它帶給我們生活上的便利，但也對環境造成很大的衝擊。

本書中有許多的建議，如何降低對地球環境的衝擊，同時也帶給我們生活上的便利。因此我推薦每個人都能閱讀此書，對塑膠材料和它的添加劑有所了解，能做到謹慎小心使用，但不用過度擔心。作者收集千篇以上的資料，同時也參觀了石化廠、塑膠加工廠、回收處理廠和禁用塑膠的會議和活動。將大量的資料整理成書，真是難能可貴，實值大家參考。

書中從生活中離不開塑膠談起，到石化產業的興起。塑膠原料是使用石化業的副產品乙烯、丙烯，聚合而成PE、PP等。這些副產品原來是廢料要燒掉的，經由化學家的努力，將它聚合成塑膠原料。而塑膠原料只占我們使用石油量的很小部分。作者以很客觀的立場，將塑膠的好處、壞處和正反面的意見，都有詳細的說明，最後讓消費者自己去做選擇。

我在塑膠工業工作了三十多年，當然了解到，我們必須回收再利用任何使用過的塑膠。同時為了降低由原油而來的塑膠原料，所產生的二氧化碳造成的溫室效應及氣候變遷，我們必須研發改由生質材料（可再生的植物來源）來製造塑膠原料。在本書中都有詳細說明其過程。

我非常佩服作者能收集這麼多的資料，而且是以一般消費者都能了解的方式來寫作。我更建議環保團體和政府機關（中央和地方），都能參考本書的資料，使我們能安全使用塑膠製品，同時也降低對地球環境的衝擊。

〔推薦〕

永續的課題

謝文權（義守大學生物科技學系教授）

工業革命短短數百年，造就現今社會的進步與繁榮；卻也給人類帶來無窮的禍害。塑膠製品更是深深地影響了我們的生活與生理。所以，解決塑膠問題是當前的重要課題。野人文化出版的《塑膠：有毒的愛情故事》，深深打動我的心。從梳子到醫療器材，從拋棄式到回收與再利用，解決塑膠問題、環保問題，就必須要有如此的認識。這是一本非常有意義的書，尤其臺灣的環境更需要這本書籍來讓大家認識塑膠的汙染與危害。除了泛用性塑膠之外，也讓大家了解還有別的選擇，就是生物可分解塑膠，可以解決環境汙染並永續經營臺灣。期待著更多的讀者來分享書中的故事。

〔推薦〕

不只是塑化劑，而是人生已被塑化！

南方朔（作家）

這本書來的正是時候。在塑化劑風暴已使得人們聞塑兒色變的此刻，它以堅強的事實、流暢的文筆，把近百年來人類對塑膠這種物質，如何一步步的上癮的過程娓娓道來，它也警示人們塑化劑風暴其實只是冰山的一角而已，現在的人，早已陷入了一種塑化的人生。

五月份，臺灣出現塑化劑風暴，原來過去二、三十年，臺灣業者為了貪圖降低成本的便宜，竟然將必須由精製棕櫚油製造的起雲劑（Clouding Agents），用工業用的塑化劑來冒充，混用在各類食品中，而應該為食品業把關的政府也顢頇無能，這使得整個臺灣的食品、飲料、健康食品等幾乎全面淪陷。臺灣的食品塑化劑，不但淹沒了臺灣本身，更透過商品出口擴延到港澳、中國大陸、東南亞，甚至歐美。臺灣商品的安全一向有國際評價，但塑化劑風暴，已使所謂的「黑心商品」之名，由中國大陸被移轉到了臺灣，國際媒體在報導此事時，已稱它是近年來全球最嚴重的「食品安全醜聞」。

臺灣的塑化劑風暴，最主要的腳色成分乃是「鄰苯二甲酸二酯」（DEHP）。在近代聚合物化學裡，使用最廣泛的乃是聚氯乙烯（PVC）。聚氯乙烯很容易與其他分子結合，而產生各種新用途的材料。添加DEHP對物質的均勻柔軟上有極大的作用，例如醫學器材上的點滴管、各種軟管、新生嬰兒器材、血袋，甚至如葉克膜等都大量用到，其他如防火劑、防水劑、化妝藥物等也都大量使用。但近代化學醫學已察覺這種DEHP實質上具有環境荷爾蒙的特性，它的分子構造會對內分泌的腺體系統發出訊息，干擾到內分泌系統，暴露在DEHP下的男子，容易造成隱睪症、精蟲數目減少、陽具短小、尿道下裂，甚至不孕等病態現象，而女子方面則容易造成乳房早熟、子宮腫瘤等現象。以前的人認為暴露在有害物質下，都以劑量為準，而對DEHP的研究則發現劑量並非唯一的標準，暴露的時間如果是在生長期，效果就會很明顯，而且它對內分泌的干擾甚至可能造成跨代遺傳。上述這些症狀還是暴露在工業DEHP的結果，而臺灣的塑化劑風暴，乃是把這種物質直接吃進胃裡，怪不得已有人懷疑，近年來臺灣生育率已降到全球最低，這是不是塑化劑所致？有些父母發覺到他們的男嬰正常情況下，小雞雞應該有一、兩公分，現在怎麼只有小花生米那麼一點點，這是不是塑化劑的飲料、食品及營養品所致？

最近臺灣的塑化劑風暴已進入起訴審判和登記求償的階段。臺灣從日治時代起，在食品加工上即已漸次發展，化學工業和化學的醫學研究經多年發展已有一定基礎，這樣的社會居然會出現塑化劑風暴，這實在是臺灣食品加工業之恥。而現在塑化劑風暴既然已經發生，我們但願政府及學界能有懍於這次教訓，做好下述兩件事：

（一）乃是我們期望政府的司法體系，能透過起訴與審判，在司法過程中廣泛的邀請食品業者、食品安全機構與學者廣泛參與。透過審判而讓整個塑化劑問題能夠有更徹底的理解，臺灣的塑化劑風暴不是憑空產生的，它從工業塑化劑的製造，非法摻用到食品中，必然有著整個機制在運作。透過專業的聽證與審判，才有可能理解整個運作的機制，對往後的食品安全也才能得到真正的教訓和經驗。

（二）臺灣的食品飲料界混用塑化劑長達二、三十年，這麼漫長的時間，相信已使得臺灣成了DEHP的生理即病理研究的樣板，已值得臺灣醫學界投注精神去加以研究，這也是塑化劑風暴將來求償所必須。全世界不可能有第二個地方那麼長期的食用DEHP，相信好好地研究，必能對塑化劑的毒害做出學術研究的重大貢獻。

而對臺灣大多數普通百姓而言，這次塑化劑風暴，也的確顯示出，人們應該警惕到，我們其實早已生存在一個充分被塑化的時代。不論所謂的塑膠時代到底始於何時，當一九二〇至三〇年代，聚合物化學與當時新興的石化工業結合後，所謂的塑膠時代即快速發展，新的聚合物也不斷出現。在一九六〇年，一般美國人一年只消耗十三公斤塑膠產品，現在則每人一年消耗一百卅六公斤，塑膠這種高分子聚合物具有大量、廉價、產品推陳出新、可仿製各類天然材料等特性，它很快就創造出了無物不塑的新文明，它也是這個用後即丟的時代最大的項目。以前一九七〇年代我們在學校讀高分子聚合物化學時，正是塑膠產業快速發展、塑化材料快速創新的時代，人們都相信塑膠時代乃是材料科學進展一日千里、各類塑膠製造品不斷出現，人們真的相信塑膠工業的發展真的可以解決天然材料不足、許多東西難免匱乏的難題。正是人們對塑膠時代有著這樣的想像，塑膠製品才開始大量侵入到我們的生活世界中，今天我們上午起床，即可發現我們一天的生活軌跡，幾乎很少項目能夠離得開塑膠，由於高度依賴並依賴到彷彿上了癮，人們突然發現到這個塑膠文明已使人陷入到一種兩難的困境中，一方面人們享用到它所帶來的富足方便，但另方面卻也必須負起它所造成的環境成本，甚至到現在已察覺到，但尚不是完全明瞭的毒害。人們到現在似乎已體會到塑膠時代不是原本以為的那麼光鮮亮麗，它的另一面充滿了各類風險。

因此，在臺灣塑化劑風暴的此刻，我們似乎已應該對生命被塑化這種趨勢現象多做一些反省了。對個人，是不是在個人的生活塑膠用品上多做一些約束與自我管理；對政府則是否應對塑膠產品多做出一些規範；而對公衛醫學界，是否應利用這起塑化劑風暴，強化這方面的追蹤研究，只有強化研究，對塑化劑的生理病理多了解，才對臺灣自己有意義，也對人類能做出貢獻，塑化劑食品淹沒全臺灣的教訓，也才有意義。臺灣塑膠品氾濫，人們用後即丟的習慣早已養成，現在已到了改變恨晚的時候！

作　　者　　蘇珊・弗蘭克Susan Freinkel
譯　　者　　達娃、謝維玲
中文版專業名詞審定　謝文權

社　　長　　張瑩瑩
總 編 輯　　蔡麗真
責任編輯　　張瑩瑩
協力編輯　　蔡麗真
校　　對　　李依蒨、魏秋綢
行銷企劃　　林麗紅

封面設計　　兒日設計
內頁排版　　洪素貞
出　　版　　野人文化股份有限公司
發　　行　　遠足文化事業股份有限公司
地址：231新北市新店區民權路108-2號9樓
電話：（02）2218-1417　傳真：（02）8667-1065
電子信箱：service@bookrep.com.tw
網址：www.bookrep.com.tw
郵撥帳號：19504465遠足文化事業股份有限公司
客服專線：0800-221-029

讀書共和國出版集團
社　　長　　郭重興
發行人兼出版總監　　曾大福
印　　務　　黃禮賢、李孟儒
法律顧問　　華洋法律事務所　蘇文生律師
印　　製　　成陽印刷股份有限公司
初　　版　　2011年8月
二版1刷　　2018年11月

歡迎團體訂購，另有優惠，請洽業務部（02）22181417分機1124、1135

國家圖書館出版品預行編目(CIP)資料

塑膠：有毒的愛情故事 / 蘇珊・弗蘭克(Susan Freinkel)作；達娃, 謝維玲譯. -- 二版. -- 新北市：野人文化出版：遠足文化發行, 2018.11
面；　公分. -- (地球觀；13)
減塑推廣版
譯自：Plastic : a toxic love story
ISBN 978-986-384-319-1(平裝)
1.塑膠 2.通俗作品

467.4　　107017813

野人

野人文化
讀者回函卡

書　名

姓　名　　　　　　　　□女　□男　　年齡

地　址

電　話　　　　　　　　手機

Email

□同意　□不同意　　收到野人文化新書電子報

學　歷　□國中（含以下）□高中職　□大專　□研究所以上

職　業　□生產/製造　□金融/商業　□傳播/廣告　□軍警/公務員
□教育/文化　□旅遊/運輸　□醫療/保健　□仲介/服務
□學生　□自由/家管　□其他

◆你從何處知道此書？
□書店：名稱 ＿＿＿＿＿＿＿＿　□網路：名稱 ＿＿＿＿＿＿＿
□量販店：名稱 ＿＿＿＿＿＿＿　□其他 ＿＿＿＿＿＿＿＿＿＿

◆你以何種方式購買本書？
□誠品書店　□誠品網路書店　□金石堂書店　□金石堂網路書店
□博客來網路書店　□其他 ＿＿＿＿＿＿＿＿＿＿

◆你的閱讀習慣：
□親子教養　□文學　□翻譯小說　□日文小說　□華文小說　□藝術設計
□人文社科　□自然科學　□商業理財　□宗教哲學　□心理勵志
□休閒生活（旅遊、瘦身、美容、園藝等）　□手工藝／DIY　□飲食／食譜
□健康養生　□兩性　□圖文書／漫畫　□其他 ＿＿＿＿

◆你對本書的評價：（請填代號，1. 非常滿意　2. 滿意　3. 尚可　4. 待改進）
書名 ＿＿＿ 封面設計 ＿＿＿ 版面編排 ＿＿＿ 印刷 ＿＿＿ 內容 ＿＿＿
整體評價 ＿＿＿

◆你對本書的建議：

野人文化部落格 http://yeren.pixnet.net/blog
野人文化粉絲專頁 http://www.facebook.com/yerenpublish

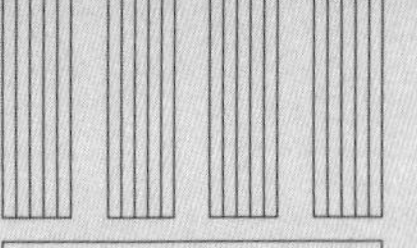

廣　告　回　函
板橋郵政管理局登記證
板 橋 廣 字 第 143 號

郵資已付　免貼郵票

23141
新北市新店區民權路108-2號9樓
野人文化股份有限公司 收

請沿線撕下對折寄回

書號：0NEV4013